省部级科技项目研究成果

工程机械车载热电制冷器具产品研发与虚拟仿真

何世松　贾颖莲　著

U0310765

东南大学出版社
SOUTHEAST UNIVERSITY PRESS

基金项目

本书是作者承担国家自然科学基金委员会、教育部、江西省教育厅、江西省交通运输厅等有关部门立项项目的研究成果。

序号	项目类型	项目名称	项目编号	批准文号
1	国家优质高职院校立项建设项目	重点建设专业"汽车制造与装配技术"	XM-3	赣教职成字〔2016〕35号
2	江西省教育厅科学技术研究项目	基于Creo的车载热电制冷器具关键塑件及其模具设计	GJJ161389	赣教高字〔2017〕1号
3	江西省教育厅科学技术研究项目	工程机械随车热电制冷设备结构设计与虚拟仿真研究	GJJ151427	赣教高字〔2016〕7号
4	省级教改课题	汽车制造与装配技术专业"校厂交替"人才培养模式的研究与实践	JXJG-15-53-6	赣教高字〔2015〕81号
5	江西省交通运输厅科技计划项目（教改专项）	服务交通运输业发展的高素质技术技能人才培养体系研究与实践	2016J0046	赣交科教字〔2016〕44号
6	国家自然科学基金项目	喷丸对自冲铆接性能影响机理研究	51565014	国科金发计〔2015〕59号

前　言

工程机械是用于交通运输建设、农林水利建设、工业与民用建筑、城市建设、矿山等原材料工业建设和生产等领域土石方施工、起重装卸等工作的机械装备，是装备工业的重要组成部分。

大多数工程机械都是在野外露天作业，作业环境恶劣，尤其是在夏天，操作人员在高温环境下作业易发生疲劳、中暑等症状。如何在已有的工程机械或研发新型工程机械上配备车载热电制冷设备，是研发人员要考虑的重要问题。

热电制冷具有寿命长、噪音小、可靠性高、节能省电等优点，广泛应用于制冷器具的设计当中。当前市场上用于工程机械的热电制冷产品种类少，推出周期较长。企业要在激烈的竞争中占得先机，必须改进研发手段，在产品结构和功能上进行创新，以缩短开发周期、降低开发成本，提升企业的市场竞争力。

本书首先介绍了工程机械及其车载设备研发现状，热电制冷器具制冷原理及其车载方法，然后介绍了 3D 设计软件与 2D 绘图软件的优势与局限，并以美国 PTC 公司的 Creo、SolidWorks 公司的 SolidWorks 和 Autodesk 公司的 AutoCAD Mechanical 为设计平台，示例了 3D 设计与 2D 绘图的具体流程，详细阐述了工程机械车载热电制冷器具关键零部件设计、装配与仿真，列举了几款典型产品的研发与虚拟仿真案例，并对工程机械车载热电制冷器具等产品的维护、维修与回收进行了必要的论述，全书最后阐述了科技成果的培育与申报流程。出于实用性、借鉴性的考虑，书中附有工程机械厂商目录、2016 年度江苏省科学技术奖获奖名单、2016 年度江西省科学技术奖获奖名单等资料，供有关科研人员参考借鉴。

详细阐述如何将科研成果发表出版或申报专利，是本书的另一个突出特色。书中以案例的方式详细讲解了专利等成果申报的关键要点和具体流程，可以帮助读者将科研成果固化落地。

本书是省部级科技项目"基于 Creo 的车载热电制冷器具关键塑件及其模具设计"（项目编号：GJJ161389）和"工程机械随车热电制冷设备结构设计与虚拟仿真研究"（项目编号：GJJ151427）等课题的研究成果，书中吸纳了企业在转型升级过程中使用的部分先进技术和先进工艺。

　　本书由国家优质高等职业院校立项建设单位江西交通职业技术学院何世松教授和贾颖莲教授合著,第1章至第4章由何世松教授写作,第5章、第6章和附录由贾颖莲教授写作,两人共同统稿。书中参考了国内外相关领域的论文论著等资料,大都列在了各章的参考文献中,在此向原作者致以诚挚的谢意。囿于作者水平和最新版设计软件应用经验,书中定有不少缺点甚至错误,敬请读者批评指正。

　　本书可供从事机械工程领域的科研人员或工程技术人员使用,也可作为普通高等学校机械类专业大学生和研究生计算机辅助设计课程的教材。

著　者

2017 年 8 月 20 日

目　　录

第1章 绪 论

工程机械行业在国民经济中的地位独特而不可或缺,属于国家重点鼓励发展的领域之一。工程机械行业是我国装备制造业一个最重要的子行业,工程机械为我国众多超级工程如京沪高铁、港珠澳跨海大桥、南水北调工程、三峡工程等项目的建设起着保驾护航的作用。

本书聚焦工程机械的一个细分领域——工程机械车载热电制冷器具的研发,希望能为已有的工程机械或新研发的工程机械配备用于改善作业人员工作条件的制冷器具,也为工程机械其他车载设备的研发提供一个全新的思路。

1.1 工程机械及其车载设备研发现状

工程机械有其工作场所的特殊性。随着经济社会发展的速度越来越快,参与作业的人员不断增多,工人的劳动强度也在不断增大,用于改善作业环境、增强舒适性和安全性的车载设备越来越受到大家的重视,所以工程机械车载设备的研发也就显得越来越迫切。

1.1.1 工程机械综述

1. 工程机械的概念

工程机械是用于交通运输建设、农林水利建设、工业与民用建筑、城市建设、矿山等原材料工业建设和生产等领域土石方施工、起重装卸等工作的机械装备,是装备工业的重要组成部分。

在世界各国,对工程机械这个行业的称谓基本相同,其中美国和英国称为建筑机械与设备,德国称为建筑机械与装置,俄罗斯称为建筑与筑路机械,日本称为建设机械。在中国,部分产品也称为建设机械;而在机械系统,国务院组建该行业批文时统称为工程机械,一直延续到现在。各国对该行业划定产品的范围大致相同,我国的工程机械与其他各国比较还增加了铁路线路工程机械、叉车与工业搬运车辆、装修机械、电梯、风动工具等行业。

工程机械的存在由来已久,如人类采用起重工具代替体力劳动就已经有 3000 余年的历史。据记载,公元前 1600 年左右,中国已使用桔槔和辘轳,前者为一起重杠杆,后者为手摇绞车的雏形。近代工程机械的发展,始于蒸汽机发明之后,19世纪初,欧洲出现了蒸汽机驱动的挖掘机、压路机、起重机等。此后由于内燃机和电机的发明,工程机械得到较快的发展。第二次世界大战后其发展更为迅速。

工程机械的品种、数量和质量直接影响一个国家生产建设的发展,故各国都给予很大重视。

2. 工程机械的分类

我国工程机械行业产品范围主要从通用设备制造专业和专用设备制造业大类中分列出来。1979年由原国家计委和原第一机械工业部对中国工程机械行业发展编制了"七五"发展规划,产品范围涵盖了工程机械大行业18大类产品,并在"七五"发展规划后的历次国家机械工业行业规划都确认了工程机械这18大类产品,其产品范围一直延续至今。

这18大类产品,包括挖掘机械、铲土运输机械、工程起重机械、压实机械、桩工机械、混凝土机械、钢筋及预应力机械、装修机械、路面机械、凿岩机械、气动工具、铁路路线机械、军用工程机械、电梯与扶梯、市政工程与环卫机械、工业车辆、工程机械专用零部件、其他工程机械等。

(1)挖掘机械,用于土石方挖掘等工作,如单斗挖掘机(又可分为履带式挖掘机和轮胎式挖掘机)、多斗挖掘机(又可分为轮斗式挖掘机和链斗式挖掘机)、多斗挖沟机(又可分为轮斗式挖沟机和链斗式挖沟机)、滚动挖掘机、铣切挖掘机、隧洞掘进机(包括盾构机械)等。

(2)铲土运输机械,用于土石方铲运等工作,如推土机(又可分为轮胎式推土机和履带式推土机)、铲运机(又可分为履带自行式铲运机、轮胎自行式铲运机和拖式铲运机)、装载机(又可分为轮胎式装载机和履带式装载机)、平地机(又可分为自行式平地机和拖式平地机)、运输车(又可分为单轴运输车和双轴牵引运输车)、平板车和自卸汽车等。

(3)工程起重机械,用于各类起重工作,如塔式起重机、自行式起重机、桅杆起重机、抓斗起重机等。

(4)压实机械,用于筑路压实等工作,如轮胎压路机、光面轮压路机、单足式压路机、振动压路机、夯实机、捣固机等。

(5)桩工机械,用于打桩等工作,如钻孔机、柴油打桩机、振动打桩机、破碎锤等。

(6)混凝土机械,用于混凝土搅拌、输送等工作,如混凝土搅拌机、混凝土搅拌站、混凝土搅拌楼、混凝土输送泵、混凝土搅拌输送车、混凝土喷射机、混凝土振动器等。

(7)路面机械,用于路面平整等工作,如平整机、道砟清筛机等。

(8)凿岩机械,用于凿岩等工作,如凿岩台车、风动凿岩机、电动凿岩机、内燃凿岩机和潜孔凿岩机等。

（9）其他工程机械，用于其他工程建设上的有关工作，如架桥机、气动工具（风动工具）等。

3. 工程机械作业特点

种类繁多的工程机械大多数在野外作业，其作业特点和对机械的性能要求有着特殊的考虑。

（1）工程质量是百年大计，对机械作业质量的要求越来越高，光、机、电、液一体化技术得到了广泛的应用。

（2）工程机械工况复杂，作业对象多变，常常在变载荷情况下工作，对机器的可靠性和适应能力有较高的要求。

（3）机器工作装置与作业对象的相互作用过程和机理的研究，是设计机器和改善其性能的关键。

（4）机器的性能应与施工工艺相适应。采取先进的施工工艺，改进传统的施工方法，不仅能保证施工质量，而且会带来巨大的经济和社会效益。

（5）对作业人员的技术水平和敬业精神要求较高。工程项目的不断增多，对工程机械的质量、寿命、舒适性等提出了更高的要求。

4. 工程机械的世界之最

近年来，世界各国对工程机械的设计制造与使用越来越重视，更大、更强、更快的工程机械不断涌现，表 1-1 列举了当前部分工程机械之最。

表 1-1　当前部分工程机械之最

序号	工程机械类型	品牌型号
1	中国最大的铲斗式矿用挖掘机	太原重工 WK55 铲斗式矿用挖掘机
2	国内首辆最大吨级自卸车	湘潭重工 HMTK-6000
3	世界最大的电动挖掘机	P&H5700 矿用挖掘机
4	世界最大的液压挖掘机	美国特雷克斯- O&KRH400 挖掘机
5	世界最大的轨道式链斗挖掘机	TAKRAF ES 3750
6	世界最大的轮斗式挖掘机	Bagger 293 挖掘机
7	日本第一台建筑机械	神户制钢所 50K 电动采矿单斗挖掘机
8	最大的自行式排土设备	Absetzer
9	最大号的轨道运输车辆	爬行者运输车
10	载重量世界排名第一的矿用卡车	卡特 797F
11	最大功率的矿用卡车	卡特 797F

（续表）

序号	工程机械类型	品牌型号
12	体型最大的自行式设备	F60 表土输送桥
13	世界上最大的拉铲	比塞洛斯 4250W
14	世界上最大的电铲	马里昂 6360
15	亚洲最大的迈步式拉铲	比塞洛斯 8750 型步进式拉铲

1.1.2 车载设备概述

除了常规的车载收音机、车载空调、车载导航仪、行车记录仪等车载设备外，出于对工程机械作业人员的人文关怀、作业环境改善或特殊用途考虑，随车配备车载冰箱、车载电视、车载信号发射仪、车载专用监控器等设备是今后的一个发展趋势。

这些车载设备中，有些是随整车出厂即已设计安装的，有些是追加安装的，所以，两种不同的情况决定了车载设备的结构、形状、功能及固定方式。

随着人工智能技术的不断发展和完善，越来越多的车载智能产品应运而生，如已经出现在汽车和工程机械上的智能后视镜、车载吸尘器、车载按摩器、车载空气净化器等，为缓解司机（工程机械操作人员）的疲劳有着明显的辅助作用。

可以预见，随着科技的发展和市场需求的变化，越来越多提升操作人员舒适性的产品将被迁移到工程机械上来，也会促使研发人员将焦点转向车载设备这个领域，进一步丰富车载设备的产品类型和功能。

1.1.3 工程机械车载设备研发进展

工程机械车载设备的研发从无到有、从弱到强，得到了各方面的高度重视，尤其在产业结构调整和发展方式转变的当下，改变车载设备研发手段、扩大车载设备范围和功能，是今后一段时期的发展方向。

随着人文关怀、可持续发展等理念在行业科技创新中的不断深入，工程机械车载设备的研发也在不断进步。随着科学技术的进步，人类对生活质量的不断追求以及对尊严的重视，为工程机械发展提出了许多新的课题。我国工程机械行业顺应需求，在车载设备的研发方面更加重视加强微电子技术、信息技术、光电技术、新材料技术与机械制造技术之间的结合、融合，促进车载设备向多样化、智能化、绿色化等领域攻关与创新。

就车载制冷器具而言，目前市场上有车载热电制冷器具、压缩式制冷器具两大类，市场占有率较高的国内外车载制冷设备企业见表 1-2。

要说明的是，上述车载制冷设备企业主要研发制造面向商旅用车的车载冰箱，针对大型工程机械研发制造的车载制冷设备涉足甚少。

表 1-2 市场占有率较高的国内外车载制冷设备企业

排名	品牌名称	企业名称
1	MOBICOOL 美固	多美达唯固贸易(深圳)有限公司
2	普能达 PNDA	深圳市普能达实业有限公司
3	纽福克斯 NFA	纽福克斯光电科技(上海)有限公司
4	IndelB 英得尔	广东英得尔实业发展有限公司
5	婷微	宁波婷微电子科技有限公司
6	米其林	米其林(中国)投资有限公司
7	澳特赛	北京壹伍陆科技发展有限公司
8	圣莱欧	河北圣莱欧电器有限公司
9	福意联 FIYILIAN	北京福意电器有限公司
10	易泽特 Ezetil	北京易泽特贸易有限公司

1.1.4 背景与作用

从制冷行业角度看,我国的制冷行业发展由于起步较晚,时间比较短,因此大多数制冷产品与发达国家同类产品相比,普遍存在其制冷的能耗高、污染严重、效率低下等问题。

热电制冷是一种新型的应用于制冷器具的制冷方法,由于这种制冷器具采用电能作为动力来源,具有功率小、能耗低等优良特性,因此,从环境保护方面主要是要求这种制冷器具的发泡剂或制冷剂对环境没有影响。一些热电制冷器具的制冷系统中没有使用制冷剂或使用无污染的制冷剂,同时该种制冷器具没有压缩机,因而具有便于控制、无噪音和环境污染、设备运行的稳定性好、产品结构布局较灵活、对环境的适应能力强等特性,因此被广泛应用。

当前,国内外已经开发出很多的热电制冷器具产品并将热电制冷技术应用于商业产品开发上。但此前普遍采用传统的设计方法进行产品设计,存在其设计效率低、产品变更较难等不足,因此导致热电制冷器具产品的市场竞争力不够。在节约能源和环境保护的大前提下,借助国外热电制冷器具设计的先进经验,分析传统热电制冷器具的结构和散热效率等问题,在研究与产品更新换代如此快的今天,让热电制冷器具的结构设计成为企业立于不败之地的法宝。

从工程机械行业角度看,2008 年爆发全球性金融危机以后的近十年来,我国工程机械行业在发展方式转变、经济结构调整方面取得了明显成效,综合实力迅速增强,国际竞争力和产业地位大大提升。我国工程机械行业各类产品的技术水平及可靠性大多已达到甚至超过了国际先进水平,在世界工程机械领域有了诸多响当当的中国品牌。"十三五"期间,稳健向上的中国经济将为工程机械行业的发展提供重要而持续的动力,再加上企业创新能力及综合竞争力的不断提升,我国工程机械行业将继续保持高位运行。

因此,不论是工程机械行业的发展,还是制冷行业的发展,都将为两者的交叉行业——车载制冷器具的研发提供巨大的需求和广阔的舞台。两个行业的发展相互促进,也相互掣肘。在这种大背景下,研发制造工程机械车载制冷器具,有助于工程建设项目更有力地推进,在工程建设项目提质、增效、节能等方面将有着明显的推动作用。

1.2 热电制冷技术及应用

热电制冷器具又称绿色制冷器具,主要是采用电能作为能源,并且不会排出污染气体,从环境保护方面来看,主要是要求这种制冷器具的发泡剂或制冷剂等材料对环境不会产生影响。由于采用热电技术制冷器具的制冷系统中没有压缩机,具有便于控制、无噪音和环境污染、设备运行的稳定性好、产品结构布局较灵活、对环境的适应能力强等特性,因此被广泛应用在不同的场合。在全球性的禁止使用氟利昂的背景下,在节约能源和环境保护的新时代,研究在工程机械、汽车和宾馆等地方使用的小型热电制冷器具的设计,就显得意义重大。

1.2.1 热电制冷的原理

制冷是指把介质中含有的热量传递到外界,从而使介质的温度降低,达到制冷的目的。但是随着科技的发展和社会的进步,在各行各业中,制冷技术的应用已经非常广泛,其中具有代表性的制冷技术的应用就是制冷器具。在制冷器具的发展历史进程中,在制冷器具中应用热电制冷技术是制冷器具发展史上的一个划时代的飞跃。

制冷技术是一种把待降温物体利用机械设备降到设定的温度并维持这种状态不变的技术,制冷器具就是利用制冷技术来储存食品、饮料等的一种专用器具。

热电制冷技术利用的是在直流电通过具有热能和电能相互转换能力的材料时所表现出的制冷性能。在 19 世纪初,科学家们在进行电磁能科学实验时,无意间发现具有热电效应的一些金属材料。在这里面最著名的就是温差电流和温度反常现象,分别是由塞贝克(Seebeck)和珀尔帖(Peltier)发现的。在随后的科学实验中,科学家们还研究出了热电制冷和热电发电。但由于当时对热电材料性能的研究较浅,所使用的金属材料的热电性能较差,材料的能量相互转换的效率很低,因此当时热电技术基本上都是应用在温度测量方面。

由于半导体材料的迅速发展,在 20 世纪 50 年代以后,半导体技术在许多技术领域得到了广泛应用。随着在半导体材料中逐渐发现具有较好的热电性能的材料,热电制冷的效率明显提高,从而让热电制冷和发电进入工程实践中。其实,热电材料发生的效应是由同时出现的 5 种不同效应所组成的总的热电效应,其中在这 5 种效应里面的珀尔帖(Peltier)效应、塞贝克(Seebeck)效应和汤姆逊(Thomson)效应反映出在进行热能与电能的相互转换过程中的直接可逆,焦耳(Joule)效应和傅立叶(Fourier)效应则体现的是不可逆效应。

1. 制冷器具的分类

制冷器具的分类方法有很多种,其中比较常见的分类方法有三种,即按用途分类、按容积规格分类和按制冷方式分类。

(1)制冷器具按用途分类

制冷器具按用途一般分为冷藏制冷器具、冷冻制冷器具和冷藏冷冻制冷器具三种,详见表 1-3。

表 1-3　制冷器具按用途分类

序号	种类	特　点
1	冷藏制冷器具	冷藏制冷器具是以冷藏食品为主并且只有一个外箱门,箱内的温度一般保持在 0~10 ℃之间的单门制冷器具
2	冷冻制冷器具	冷冻制冷器具即冰柜或冷柜,箱内没有高于 0 ℃的冷藏区域,一般温度在 -18 ℃以下。冷冻制冷器具为顶开式或移动式的箱门,位于顶部,容积一般在 200~500 L 之间,专供饮食业、医院和科研等单位的食品冷冻和储存
3	冷藏冷冻制冷器具	冷藏冷冻制冷器具是指具有单独冷藏和冷冻外箱门的双门或多门制冷器具。其中冷冻室可对食品进行速冻或冷冻,容积相对比较大,整个制冷器具容积的四分之一到一半为冷冻室,一般温度在 -18 ℃以下

(2)制冷器具按容积规格分类

制冷器具的规格定义为制冷器具内的有效容积,其单位为升(一般用 L 表示)。按容积不同,制冷器具可分为:

① 微型制冷器具,容积小于 50 L,多用于车载、宾馆等场所。

② 小型制冷器具,容积为 50~120 L,多用于单身公寓等场所。

③ 中型制冷器具,容积为 130~250 L,多用于普通的工薪阶层家庭。

④ 大型制冷器具,容积为 300 L 以上,多用于人口较多的家庭和单位。

(3)制冷器具按制冷方式分类

制冷器具按制冷方式可分为:

① 压缩机制冷器具。

② 吸收式制冷器具。

③ 热电制冷器具。

2. 制冷器具的制冷方法

根据制冷所能达到的温度不同,制冷技术一般分为三种:普通制冷,温度为环境温度以下至-153.15 ℃;深度制冷,温度在-153.15 ℃至-253.15 ℃之间;低温和超低温度制冷,温度在-253.15 ℃至绝对零度(即-273.15 ℃)之间。其中制冷器具的制冷属于上述三种制冷中的普通制冷。制冷器具的制冷方法比较多,比较典型的有压缩机制冷、吸收式制冷和热电制冷三种(见图1-1)。

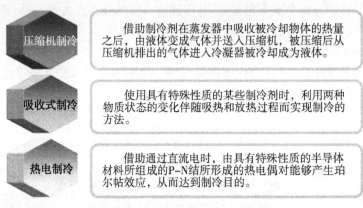

压缩机制冷　借助制冷剂在蒸发器中吸收被冷却物体的热量之后,由液体变成气体并送入压缩机,被压缩后从压缩机排出的气体进入冷凝器被冷却成为液体。

吸收式制冷　使用具有特殊性质的某些制冷剂时,利用两种物质状态的变化伴随吸热和放热过程而实现制冷的方法。

热电制冷　借助通过直流电时,由具有特殊性质的半导体材料所组成的P-N结所形成的热电偶对能够产生珀尔帖效应,从而达到制冷目的。

图1-1　三种典型的制冷方法

(1) 压缩机制冷

压缩机制冷的工作原理是借助制冷剂在蒸发器中吸收被冷却物体的热量之后,由液体变成气体并送入压缩机,变成气体的制冷剂被压缩机压缩后其温度上升,因而从压缩机排出的气体进入冷凝器被冷却成为液体。制冷剂离开冷凝器变成液体流经节流元件后,液体本身的压力和温度降低从而形成了由气、液组成的混合物,又进入蒸发器吸收其四周被冷却物体的热量,使物体本身的温度降低实现制冷。

该方法的特点是制冷器具的制冷效率高、体积大,但不足是压缩机的机械运动会产生较大的噪音和振动。最为致命的是,由于大多数制冷剂中含有的氟利昂会破坏大气臭氧层,污染环境,已被限制使用。

(2) 吸收式制冷

吸收式制冷的工作原理是使用具有特殊性质的某些制冷剂时,利用两种物质状态的变化伴随吸热和放热过程而实现制冷的方法。其最为常用的制冷剂有氨水和水/溴化锂。这种制冷方法使用的制冷剂是水或氨等,其驱动能源为热能,并且可以实现在同一机构中同时制冷和制热的两种功能。

吸收式制冷与压缩机制冷相比具有噪音小、没有环境污染（制冷剂本身对环境没有污染）、使用寿命长、驱动能源还可选用废热、太阳能、余热等低档次的热能等优点；但也存在制冷效率低、能耗大、制冷系统结构复杂和维修不方便等不足。

（3）热电制冷

热电制冷（即电子制冷）是当通过直流电时在这种具有热和电能量转换特性的材料——比如半导体材料中有制冷效应，把这种效应应用于制冷技术则称为热电制冷。从 20 世纪 50 年代起，处在半导体技术与制冷技术边缘的一门学科逐渐发展起来。

热电制冷是借助通过直流电时，由具有特殊性质的半导体材料所组成的 P-N 结所形成的热电偶对能够产生珀尔帖效应，从而达到制冷目的的一种新型制冷方法，属于三大制冷方式之一。由热电制冷技术的本质可知，这是一种不同于以前压缩机制冷的新的制冷技术。由于热电制冷的实质是利用当热电偶回路通过直流电时会使热电偶的一侧降温、另一侧升温，从而实现热电偶的一端制冷、一端制热，这种制冷方式在制冷的过程中没有机械运动，不使用任何化学制冷剂，是一种新型的无氟制冷方法。

由此看来，热电制冷具有使用周期长、没有污染、无噪音、耗电量小、可靠性高等优点，在国内外逐渐成为各种制冷器具的优良冷源，是一种环保型的制冷方法。

压缩机制冷、吸收式制冷和热电制冷三种制冷方法的优缺点对比见表 1-4 所示。

表 1-4　三种制冷方法的优缺点

项目 制冷方法	优　点	缺　点
压缩机制冷	压缩制冷的最大优点就是其制冷效率高、能制作大体积的制冷器具	不足是其噪音大，压缩机在工作中一般不允许振动和倾斜，制冷剂通常会污染环境
吸收式制冷	吸收式制冷具有噪音小、没有污染、使用寿命长、驱动能源可用低档次的热能等优点	存在制冷效率低、能耗大、制冷系统结构复杂和维修不方便等不足
热电制冷	热电制冷具有使用周期长、没有污染、无噪音、耗电量小、可靠性高等优点	存在价格贵、制冷效率低等不足

3. 国外的制冷技术

制冷技术的发展已经有近 300 年的历史，国外的制冷技术经历了几代发展变迁后越来越成熟。

（1）第一台蒸发式制冷机

从英国人柯伦在 1748 年证明了乙醚这种物质在真空状态下蒸发会有制冷效

应,到苏格兰人 W. Callen 在 1755 年研制出第一台蒸发式制冷机,人工制冷的发展已经逐渐进入质的变革。

（2）压缩式制冷机的出现

意大利人凯弗罗在 1781 年进行实验研究乙醚蒸发制冷,美国人 J. Perkins 在 1834 年荣获在封闭循环中乙醚膨胀制冷的专利,苏格兰人 J. Harrison 在 1856 年创造了压缩式制冷机,其制冷剂使用二氧化硫、二氧化碳、氨等物质,使制冷技术的发展进入了历史性的转折点。

法国人 F. Garre 在 1859 年研制出吸收式氨制冷机,美国人 D. Byok 在 1873 年发明了第一台氨压缩机,德国人 Linde 在 1874 年创造出氨压缩式制冷系统,此后,在工业上采用氨作为制冷剂的压缩式制冷机得到了广泛推广。

（3）氟利昂压缩式制冷机的影响

直到氟利昂在 1929 年被发现后,采用氟利昂作为制冷剂的压缩式制冷机迅速发展起来,由于氟利昂压缩式制冷机的制冷效果明显优于氨压缩式制冷机,因此迅速超过了氨压缩式制冷机的应用。在氟利昂压缩制冷的应用中,人们逐渐发现氟利昂压缩制冷存在很多问题,例如噪声大、氟利昂会破坏大气中的臭氧层等不足。

（4）热电制冷的应用

到 20 世纪 50 年代,人们发现制冷冷源使用热电堆具有不需要制冷剂、没有机械运动等优点,同时热电制冷技术能实现某些具有特殊要求的制冷场合,因此热电制冷技术在实际应用中表现出其独具的特性,受到人们越来越广泛的关注。

4. 国内的制冷技术

国内的制冷工业起步比较晚,制冷技术研究从无到有主要经历了三个阶段(见图 1-2)。

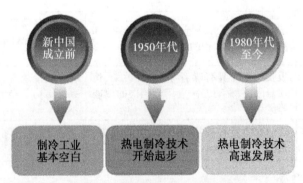

图 1-2 我国制冷工业的发展历程

（1）新中国成立前没有能力制造制冷机

旧中国,制冷工业基本处于空白状态,那时国内仅有 35000 t 的冷库总容量,相对现在只相当于一个城市的冷库拥有的容量。新中国成立后,制冷工业迅速发展,到1957年年底,制冷机制造企业已经达到十几家之多,产品多达30余种。

（2）热电制冷技术的开始

我国研究热电制冷技术是从20世纪50年代初开始的,在国际上属于研究热电制冷技术比较早的国家之一。至20世纪60年代中期,我国的半导体材料的性能研究已经达到了国际顶尖的水平。

（3）热电制冷技术发展的飞跃

我国在20世纪60年代末期到80年代初期是研究热电制冷技术史上的一个历史性转折期,在这期间我国花费了很多的人力、物力来研究半导体材料的性能和热电制冷技术,并取得了一定的成果,研制出了国内第一台半导体制冷器（Thermo Electric Cooler,TEC）,为现在的半导体制冷器件的发展和新产品的二次开发奠定了坚实的基础。

伴随经济社会的发展和科学技术的进步,制冷技术将逐渐向节能、环保的方向和与其他学科相互结合的方向发展,对于制冷产品无论是设计还是制造加工也将逐渐形成向个性化与智能化方向发展的趋势。

5. 热电制冷工作原理

热电制冷是利用热电材料在发生热电效应时同时存在的五种效应之一（即珀尔帖效应）在人工制冷中的应用。热电制冷片一般是由半导体材料所组成的热电偶,如图1-3所示。

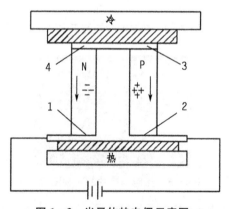

图1-3 半导体热电偶示意图

由图1-3半导体热电偶的示意图可知,其实热电偶是一个半导体回路,由一个P型半导体和一个N型半导体所组成。当热电偶回路中通以直流电流I时,则在外电场的作用下回路中的N型半导体内的电子与P型半导体内的空穴产生相对运动。但是在P型、N型半导体中的载流子的运动方向与电流方向不同,其中P型半导体中载流子的运动方向和电流的方向相同,而N型半导体与金属片的载流子的运动方向则与电流的方向反向。

在热电偶回路中,当载流子产生相对运动时,由于其金属中的电子的能量比在 N 型半导体中电子的能量低,因此当电子从金属片中进入 N 型半导体时,需要增加能量——吸收热量。而由于 P 型半导体中的空穴的运动方向与电子反向,当空穴在 2 处与电子相遇并导致其内部能量增加,因此,其温度上升并释放热量。在 3 处,由于电子和空穴相互分开,则产生了一个个的"电子-空穴"对,因此导致其减少内部能量并降低温度,并从外界吸收热量。

热电偶回路中由于 P 型、N 型半导体中载流子的运动方向不同,最终导致在回路的节点 1、2 处释放热量,在节点 3、4 处吸收热量。另外,还可以通过改变直流电源的电流方向满足对周围环境的制冷和加热的互换。半导体制冷片其实是由多对由 P 型和 N 型半导体所组成的热电偶对构成的,其热电制冷片的工作原理如图 1-4 所示,热电制冷片的实物图如图 1-5 所示。

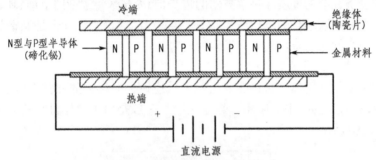

图 1-4　热电制冷片的工作原理图

图 1-5　热电制冷片的实物图(2 片)

1.2.2　热电制冷的特点

热电制冷技术采用热电制冷片作为应用于制冷方式中的特种冷源,其结构和性能具有以下特点。

1. 结构简单

制冷片是由热电偶组成的,其中没有任何结构部件会产生机械相对运动,因此,热电制冷片这种冷源具有结构简单、没有噪声、使用时间长、安装容易和方便维修等优点。

2. 体积小且无污染

热电制冷片由于本身体积小,制冷时没有压缩机,整个制冷系统与压缩制冷比体积明显小很多,因此非常适合应用在小体积和小负荷的制冷和用冷场所。另外,在制冷片工作时其散热系统中没有使用任何制冷剂或使用无污染的制冷剂,因此对环境来说在制冷系统中不存在任何污染源。

3. 启动快和控制灵活

热电制冷片由于热惯性小,制冷和制热的反应速度快,一般在热端散热条件良好且冷端空载的状态时,在通电时间 60 s 内就可实现制冷设备所设定的温差最大值。另外,制冷设备的制冷温度与冷却速度都可借助工作电流来调节,实现制冷和制热温度的高精度控制,因此,热电制冷技术应用于制冷设备中非常易于实现自动化控制。

4. 功能具有可逆性

热电制冷片的结构功能的特殊性使其既可以用来产生制冷功能,又可以通过简单地改变电流的方向来实现制热功能。虽然热电制冷片的制冷效率不是很高,但其另外的一个功能——制热的效率却是很高并永远大于 1。

5. 制冷功率及温差范围大

热电制冷片中的单个热电偶对的功率虽然不大,但如果组合成热电制冷片并用相同类型的电堆采用串联或并联的方式构成设备中的制冷系统时,其制冷功率就能实现从几毫瓦到上万瓦的制冷范围。另外,热电制冷片的制冷环境温度可以在 +90 ℃ 到 −130 ℃ 的范围内变化。

6. 制冷效率相对较低

在制冷设备的有效容积大的时候,热电制冷的制冷效率没有压缩式制冷的效率高,并且其本身的价格在现阶段相对较高。

但是压缩式制冷存在制冷效率随制冷环境的有效容积的减小而下降、压缩制冷不方便实现小容量的制冷等不足,而热电制冷的制冷效率却与制冷空间的有效容积无关,热电制冷的制冷系统可以仅由一对热电偶构成。当产冷量小于 20 W 且温度变化范围不超过 50 ℃ 时,热电制冷比压缩式制冷的效率要高。

1.2.3 热电制冷的应用

随着制冷技术的发展和人们生活水平的提高,制冷技术的应用已经涉及人类生产和生活的很多领域。其主要的应用领域有以下 7 个方面。

1. 食品工程

制冷技术在食品工程上的应用主要是对食品进行冷加工、冷藏、保鲜,从而减少食品损耗和腐蚀变质。

2. 空气调节

制冷技术在空气调节方面的应用主要是保证在普通的空气环境条件下不能完成的某些生产、科学实验等活动的顺利进行。另外,随着人们对生活质量要求的提高,在一些公共场所如宾馆、剧院、商场等,以及在家庭住宅、办公室中使用空气调节设备来提高人们的生活和工作舒适性。

3. 农牧业

制冷技术在农牧业上的应用主要是对农作物种子和良种精液进行低温保存,以保证它们的质量和功能。

4. 工业生产

在机械生产中,制冷技术应用主要是保证机械加工、设备装配、电子测试等生产过程正常进行。另外,在化学工业上借助制冷技术使各种化学实验正常进行。

5. 建筑工程

制冷技术在建筑工程上的应用主要有冻土法开采土方和制作大型独柱混凝土构件等领域。

6. 国防科技

制冷技术在国防科技中的应用主要有进行坦克和大炮在特殊环境模拟试验与航空航天器等模拟高空环境条件下的试验。

7. 医疗卫生

医疗卫生中应用制冷技术主要包括特殊的低温切除手术及需要在低温保存的血浆和某些药品等。

1.2.4 热电制冷器具在工程机械上的车载方法

1. 新产品一体化设计

新产品一体化设计是指在研发工程机械时即考虑车载设备类型、大小、功能的一种车载设备设计方法。

2. 现有产品追加设计

现有产品追加设计是指在已生产出来的工程机械基础上,根据已有空间、大小、接口类型等因素进行车载设备设计的方法,属于先有工程机械后加装附属设备的方法。

具体而言,不论是新产品一体化设计,还是现有产品追加设计,大都可用焊接、螺纹链接、胶接、活扣、捆扎等方法在工程机械上安装固定热电制冷器具。

1.2.5 车载可靠性与技术评价

车载可靠性是指车载产品在既定的工作条件下,在规定的时间内,在工程机械上完成车载产品定位、固定、拆卸等方面的能力。可靠性是评价车载技术水平的综合性使用性能的指标。车载可靠性取决于工程机械本身的固有可靠性以及车载产品的使用可靠性,如使用维修水平、工作态度等。固有可靠性是产品设计制造者必须确立的可靠性,即按照可靠性规划,从原材料和零部件的选用,经过设计、制造、试验,直到产品出产的各个阶段所确立的可靠性。使用可靠性是指已生产的产品,经过包装、运输、储存、安装、使用、维修等因素影响的可靠性。一般来说,车载产品使用时间越长,其出现故障的可能性就越大,车载可靠性也就会随之下降。对产品或技术而言,可靠性越高就表明产品或技术越好,可靠性高的产品或技术,可以保证长时间的正常工作,即无故障工作的时间就越长。

车载技术评价也称车载技术评估,是对车载技术可能带来的生产生活、社会影响进行定性或(和)定量的全面研究,从而对其利弊得失做出综合评价的技术。技术评价一词起源于美国,1966 年美国众议院科学技术委员会首先提出要开发技术评价。1976 年,科学技术开发分会主席达达里奥向美国国会提出制定技术评价法。进入 70 年代以来,技术评价已成为一项政策研究,广泛用于制定政策和规划,确定评价开发项目等活动。日本在 60 年代末 70 年代初,由于经济高速发展,公害日趋严重,引起了社会各方面的重视,于是派调查团到美国考察,并决定把技术评价引入日本。此外,东欧、西欧、苏联等许多国家,从 70 年代开始应用技术评价,并制定了技术评价法律条款。为了增进各国的情报交流,1972 年成立了国际技术评价委员会。车载技术评价主要包括技术价值的评价、经济价值的评价和社会价值的评价。

(1) 技术价值的评价。这里主要是从车载技术角度做出评价,包括两项内容:一是技术的先进性,如技术的指标、参数、结构、方法、特征,以及对科学技术发展的意义等;二是技术的适用性,如技术的扩散效应、相关技术的匹配、实用程度、形成的技术优势等。

(2) 经济价值的评价。这里主要是对车载技术的经济性做出评价。其评价是多方面的,可以从市场角度进行评价,如市场竞争能力、需要程度、销路等;也可以从效益上进行评价,如新技术的投资、成本、利润、价格、回收期等。

(3) 社会价值的评价。这主要是对车载技术从社会角度上做出评价。如车载新技术、制冷新技术的采用和推广应符合国家的方针、政策和法令,要有利于保护环境和生态平衡,有利于社会发展、劳动就业、社会福利以及人民生活、健康和文化技术水平的提高、合理利用资源等。

1.3 产品研发技术的发展

产品研发(Product Research and Development)是指个人、科研机构、企业、学校、金融机构等,创造性研制新产品,或者改良原有产品。产品研发的方法可以为发明、组合、减除、技术革新、商业模式创新或改革等方法。例如：制冷器具的发明、电灯的发明、汽车设计的更新换代、饮食方式的创新、洗发水增加去头屑功能、变频空调等。

1.3.1 产品研发过程及影响因素

1. 产品研发过程

典型的产品研发过程包含 4 个阶段：概念开发和产品规划阶段、详细设计阶段、小规模生产阶段、增量生产阶段。

(1) 概念开发和产品规划阶段。将有关市场机会、竞争力、技术可行性、生产需求、对上一代产品优缺点的反馈等信息综合起来，确定新产品的框架。这包括新产品的概念设计、目标市场、期望性能的水平、投资需求与财务影响。在决定某一新产品是否开发之前，企业还可以用小规模实验对概念、观点进行验证。实验可包括样品制作和征求潜在顾客意见。

(2) 详细设计阶段。一旦概念设计和产品规划方案通过，新产品项目便转入详细设计阶段。该阶段基本活动是产品原型的设计与构造以及商业生产中使用的工具与设备的开发。详细设计的核心是"设计—建立—测试"循环。所需的产品与过程都要在概念上定义，而且体现于产品原型中（可在计算机中或以物质实体形式存在），接着应进行对产品的模拟使用测试。如果原型不能体现期望性能特征，研发人员则应寻求设计改进以弥补这一差异，重复进行"设计—建立—测试"循环。详细设计阶段结束以产品的最终设计达到规定的技术要求并签字认可作为标志。

(3) 小规模生产阶段。在该阶段中，在生产设备上加工与测试的单个零件装配在一起，作为一个系统在工厂内接受各种工况环境的测试。在小规模生产中，应生产一定数量的产品，也应当测试新的或改进的生产过程应付商业生产的能力。正是在产品研发过程中的这个阶段，整个系统（设计、详细设计、工具与设备、零部件、装配顺序、生产监理、操作工、技术员）才会组合在一起接受考验。

(4) 增量生产阶段。在增量生产中，开始是在一个相对较低的数量水平上进行生产；当组织对自己（和供应商）连续生产能力及市场销售产品能力的信心增强时，产量开始增加，直至最终的批量生产。

2. 产品研发影响因素

产品研发应选择那些能够顺应并且满足客户需求的产品样式，同时又必须是设计出来后能生产加工出来的产品。产品研发能够为企业带来收益和利润，是企业一直保持市场竞争优势的关键手段之一。

产品的研发受多种因素的影响，如：① 产品的市场潜力；② 产品的收益性；③ 市场竞争力的综合考虑，市场的容量、设计并开发出的产品能否具有竞争优势，考虑市场的竞争弱点，选择有利于发挥企业核心技术优势的产品进行设计开发；

④ 可利用的资源条件,如产品的材质、工艺、便利程度、经济性和环保性;⑤ 现有的技术水平和生产能力,在设计产品的过程中充分地考虑设计出的产品能否制造加工出来,能否用现有的生产能力把产品生产出来;⑥ 经销能力、销售渠道、市场的服务能力;⑦ 国家政策、法律法规等。

1.3.2 产品研发手段

不管是全新产品的研发,还是换代产品或改进产品的研发,合理、科学、有效的研发手段都是至关重要的。当然,不同的产品研发手段和方法面向的企业、所处的背景、应用的场所也各不相同,企业应根据需要进行选取。

1. 自顶向下设计

自顶向下设计是从装配体开始设计的一种产品研发模式,一般用于全新产品的研发。这种模式一般需要功能强大的设计工具如三维参数化 CAD 软件来辅助,否则设计效率较低、出错概率较大、研发周期较长。

2. 自底向上设计

自底向上设计是先设计零件再做装配的一种产品研发模式,一般用于换代产品或改进产品的研发。这种模式经常在借鉴同行产品进行研发的时候采用。

3. 逆向设计

逆向设计(又称逆向技术),是一种产品设计技术再现过程,即对一项目标产品进行逆向分析及研究,从而演绎并得出该产品的处理流程、组织结构、功能特性及技术规格等设计要素,以制作出功能相近,但又不完全一样的产品。逆向工程源于商业及军事领域中的硬件分析,其主要目的是在不能轻易获得必要的生产信息的情况下,直接从成品分析,推导出产品的设计原理和思路。

1.3.3 2D 绘图软件与 3D 设计软件的优缺点

1. 2D 绘图软件

2D 绘图软件是一种计算机辅助绘图(Computer Aided Drawing,CAD)软件,用于绘制平面图样,取代传统的手工绘图,具有绘图效率高、图样清晰、修改方便等优点。

但大多数 2D 绘图软件仅仅是一种代替图板的工具,无法辅助设计人员进行产品研发,且对绘图人员的绘图基础知识要求较高。

2. 3D 设计软件

3D 设计软件是一种计算机辅助设计(Computer Aided Design,CAD)软件,用于进行产品的三维建模,是今后计算机辅助设计的发展趋势,具有立体模型易懂、修改方便等优点。

与 AutoCAD、CAXA CAD 电子图板这些二维(2D)软件主要用于绘图不同,

Creo、SolidWorks、SIEMENS NX、Catia 等三维（3D）设计软件一般都具有参数化设计功能，所以能实现真正意义上的计算机辅助设计，而不仅仅是计算机辅助绘图。但大多数 3D 设计软件的工程图模块对中国国标（GB）的支持不是很合理，所以，对于有图纸存档要求的企业来说，往往最后都要通过 AutoCAD、CAXA CAD 电子图板等 2D 绘图软件打印出图、签名存档。

在实际的产品研发过程中，经常将 2D 绘图软件与 3D 设计软件混合使用，充分利用各自的优势，尽最大可能提高产品研发效率。

1.3.4　Creo 设计示例

下面以某型工程机械固定车载热电制冷器具的蝶形螺母的三维建模为例，说明如何运用美国 PTC 公司的最新版 Creo 3.0 M080 进行三维建模和产品设计。蝶形螺母一般用于用手直接拆装的场合，《蝶形螺母　方翼》（GB/T 62.2—2004）对蝶形螺母进行了标准化，双翼形状以方翼为主，实际工程应用中也将方翼进行改形设计。

1. 任务下达

本任务通过二维工程图的方式下达（未给出图框及标题栏），要求按如图 1－6 所示的尺寸完成蝶形螺母的三维建模。建模完成后将模型着色为蓝色，并以轴测图视图输出为背景是白色的.jpg 图片文件。

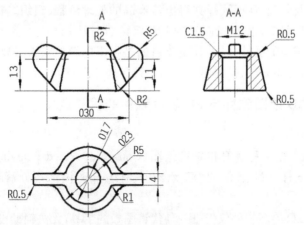

图 1－6　蝶形螺母

2. 任务分析

根据上述工程图来看，蝶形螺母零件的建模难度不大，基体结构是一个圆台，左右两侧设有双翼。圆台中间部分是 M12 的螺纹通孔。Creo 中的"模型"选项卡"工程"组"修饰螺纹"命令可用来创建修饰螺纹，但不是实体螺纹，从模型上不容易看出螺纹效果，所以需要以螺旋扫描切除的方式进行螺纹的建模。

完成该模型的创建需用到 Creo 的"草绘""旋转""拉伸""倒圆角""倒角""螺旋扫描"等特征命令,主要建模流程如图 1-7 所示。

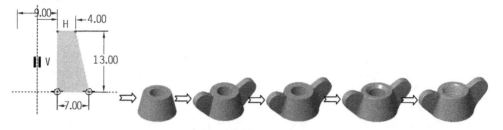

图 1-7 蝶形螺母建模流程

3. 任务实施

表 1-5 详细说明完成如图 1-6 所示蝶形螺母的建模步骤及注意事项。

表 1-5 蝶形螺母的建模步骤及注意事项

步骤	操作说明	图 例	备 注
1	打开 Creo 软件,在未新建任何文件之前,首先设置工作目录:单击"主页"选项卡"数据"组"选择工作目录"命令,或单击"文件"选项卡"管理会话""选择工作目录"命令,选择硬盘中已存在的目录作为工作目录		设置工作目录是 Creo 中非常重要的理念,对于非单个零件的设计(如装配、模具设计等)此步骤不能省略
2	单击"快速访问工具栏"—"新建",按右图步骤新建一个名为"3-1"的实体文件(默认扩展名为.prt),选择公制模板 mmns_part_solid,以确保建模时长度单位为mm		

（续表）

步骤	操作说明	图例	备注
3	首先完成圆台的建模。单击"模型"选项卡"形状"组中的"旋转"命令按钮。选择Front基准面为草绘平面，选项卡随即打开"旋转"和"草绘"选项卡，系统自动进入Creo的草绘环境，分别用"草绘"组中的"中心线""线链"命令绘制如右图所示草绘（中心线为竖直方向，经过坐标原点），并标注尺寸。尺寸$\phi10$在工程图中并未给出，需由M12螺纹查表或计算得出，螺纹小径$D1=$大径$D-1.0825$×螺距P，M12粗牙螺距为1.75	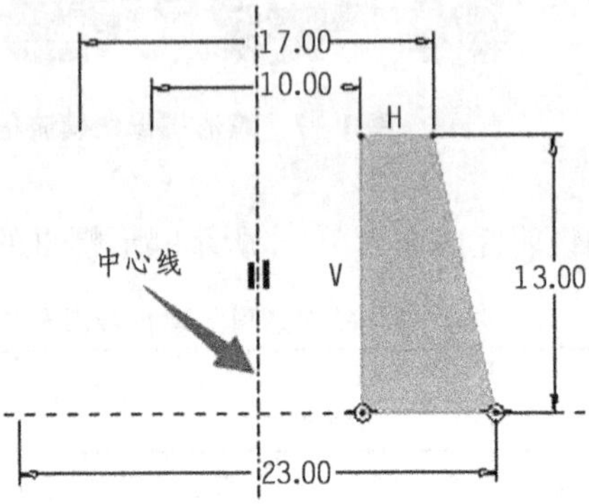	为了标注图中的尺寸$\phi10$、$\phi17$、$\phi23$（字母ϕ在Creo中无须标注），须先绘制一条"中心线"，然后单击"尺寸"组"法向"命令，依次单击图中相应点、中心线、点，按中键完成直径尺寸标注
4	单击"草绘"选项卡中的"确定"按钮，系统自动保存草绘图形并退出草绘环境。按右图步骤完成"旋转"特征建模	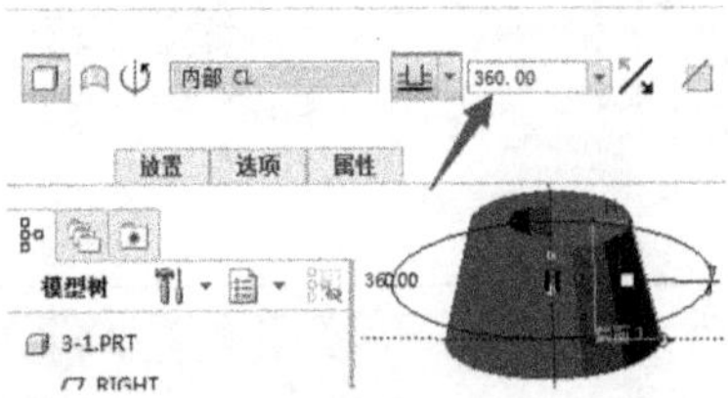	即使不是为了标注尺寸$\phi9$，"旋转"也需要在草绘中绘制中心线作为旋转中心
5	单击"模型"选项卡"形状"组中的"拉伸"命令，在操控板上单击"放置"集中的"定义"命令进入草绘环境，在Front基准面上绘制如右图所示的右翼草绘，并修改尺寸。尺寸4并未出现在工程图中，是有一个估计值，目的是为了让两翼与圆台建模时融为一体	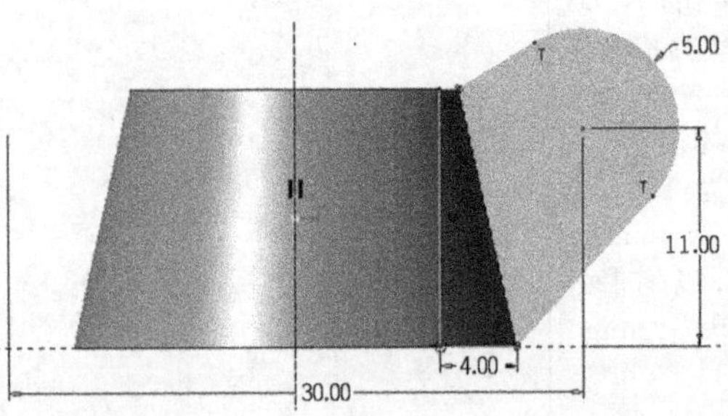	可通过"草绘"选项卡"约束"组的"相切"命令约束草绘中的两条直线和圆弧相切

（续表）

步骤	操作说明	图 例	备 注
6	用鼠标框选上述右侧的草绘，单击"草绘"选项卡"编辑"组中的"镜像"命令，按提示单击经过坐标原点的竖直中心线，完成草绘镜像	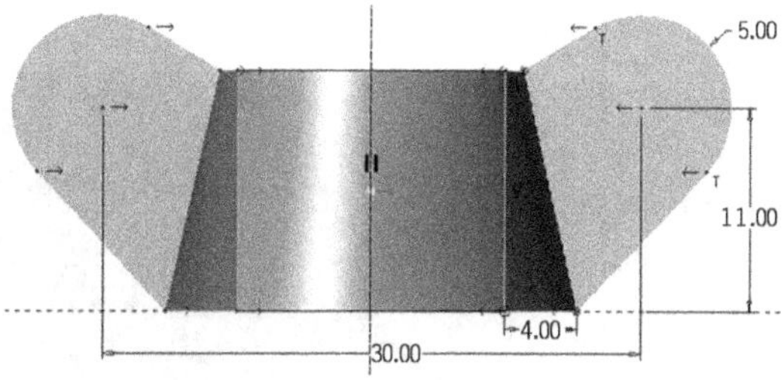	
7	按右图步骤完成拉伸建模。箭头 1 指的是对称拉伸，箭头 2 处是双翼的厚度	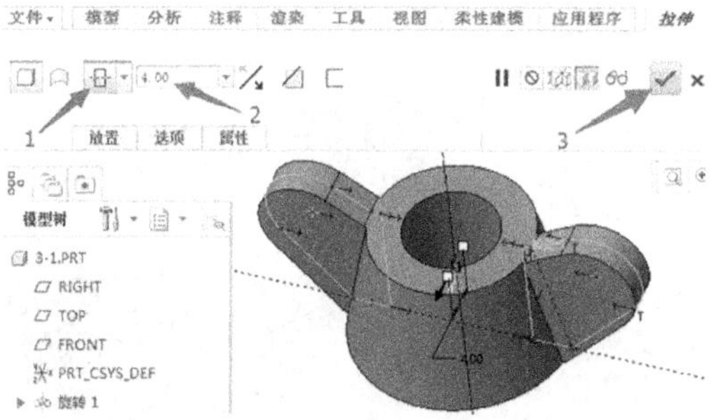	双翼的左右方向关于 Right 基准面对称，前后方向关于 Front 基准面对称
8	接下来对两翼与圆台的四条交线进行倒圆角。选中其中一条交线，单击"模型"选项卡"工程"组"倒圆角"命令，单击步骤 1 处的"集"选项卡，在步骤 2 所指的空白处右击，选择"添加半径"，输入顶部位置的半径值 1、顶部的半径值 5，完成变半径倒圆角特征	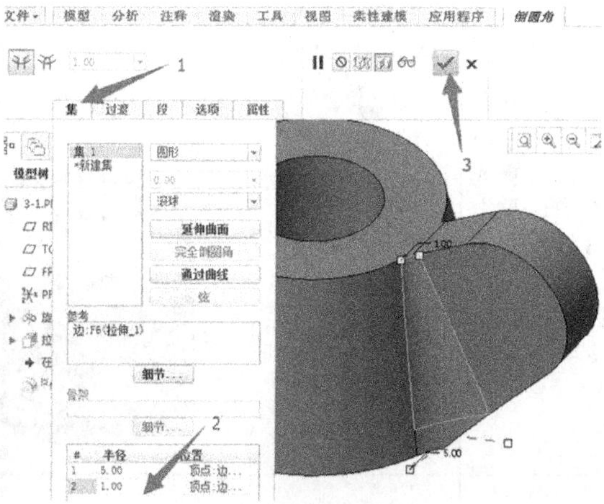	Creo 可以进行变半径倒圆角建模
9	用上述同样的方法，完成其他三条交线的变半径倒圆角特征建模，结果如右图所示	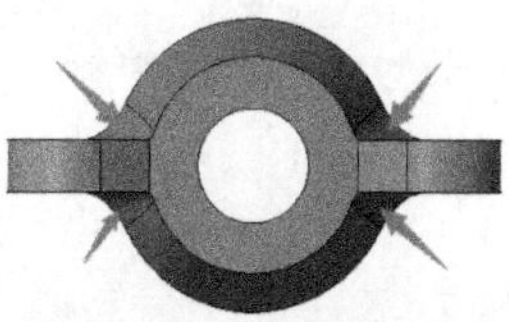	

（续表）

步骤	操作说明	图 例	备 注
10	单击"模型"选项卡"工程"组"倒圆角"命令,按住 Ctrl 键的同时,依次单击选中两翼与圆台上下面的四条交线,如右图所示,圆角半径为2	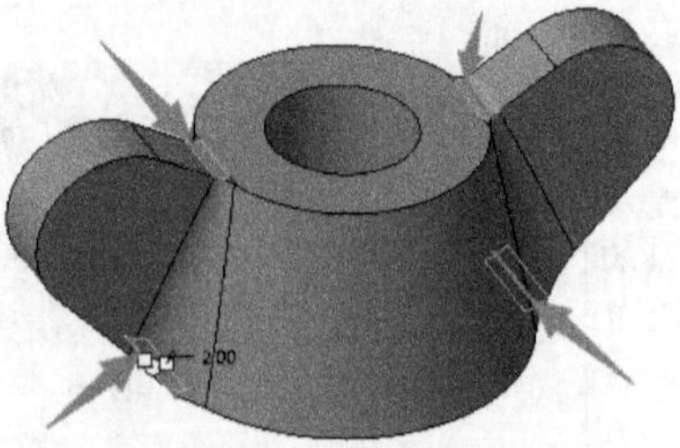	
11	单击"模型"选项卡"工程"组"倒圆角"命令,按住 Ctrl 键的同时,依次单击选中如右图所示的两条交线,其他和这两条交线相切的轮廓线会自动被选中,修改圆角半径为 0.5,单击✓保存有关参数并退出操控板	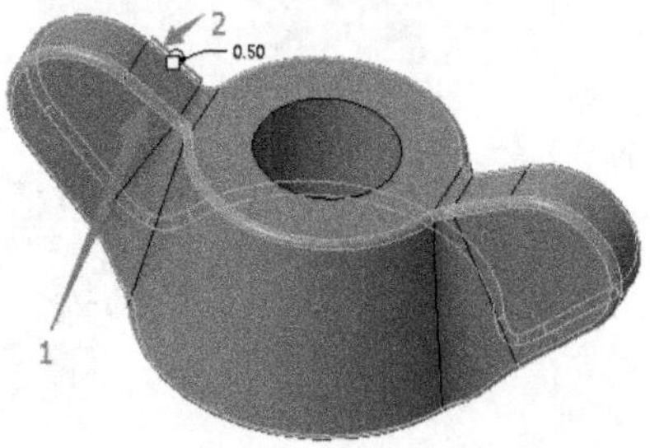	
12	单击"模型"选项卡"工程"组"倒角"命令,在箭头 2 处修改倒角大小为 1.5,单击右图步骤 3 所示的圆台上部内孔边线,其他参数保持默认值,即完成 1.5 导直角特征建模	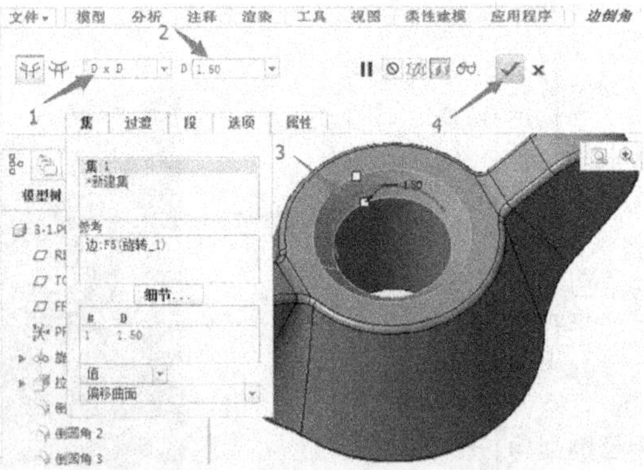	
13	接下来完成内螺纹的建模。单击"模型"选项卡"形状"组"扫描"命令右侧的向下实心黑色三角形扫描▼,选择"螺旋扫描"命令	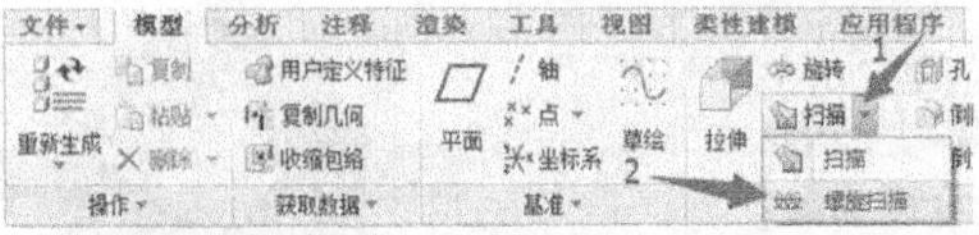	

（续表）

步骤	操作说明	图 例	备 注
14	在弹出的"螺旋扫描"选项卡中按右图步骤定义螺旋扫描轮廓（即扫描轨迹）：选择Fron基准面为草绘平面	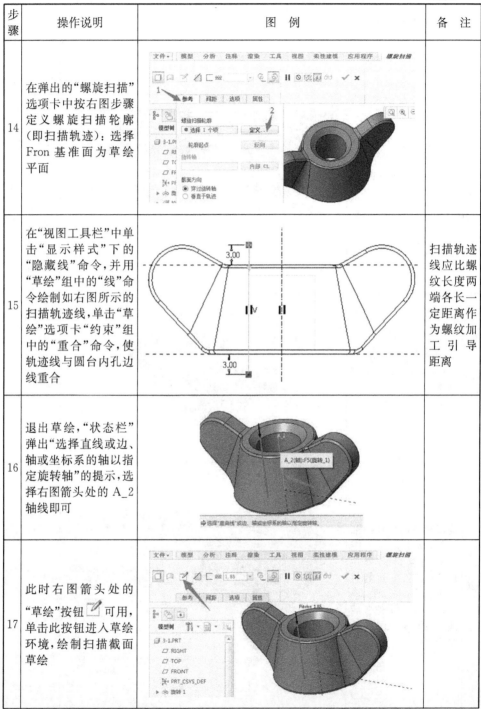	
15	在"视图工具栏"中单击"显示样式"下的"隐藏线"命令，并用"草绘"组中的"线"命令绘制如右图所示的扫描轨迹线，单击"草绘"选项卡"约束"组中的"重合"命令，使轨迹线与圆台内孔边线重合		扫描轨迹线应比螺纹长度两端各长一定距离作为螺纹加工引导距离
16	退出草绘，"状态栏"弹出"选择直线或边、轴或坐标系的轴以指定旋转轴"的提示，选择右图箭头处的A_2轴线即可		
17	此时右图箭头处的"草绘"按钮⚟可用，单击此按钮进入草绘环境，绘制扫描截面草绘		

（续表）

步骤	操作说明	图　例	备　注
18	在右图位置绘制一个边长为1.7的等边三角形作为扫描截面草绘	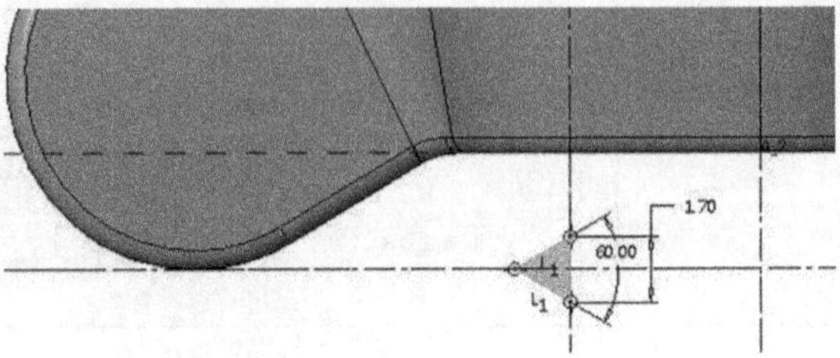	理论上说，等边三角形的边长应等于螺距1.75，但为了避免牙顶过于锋利，一般取边长小于螺距的值
19	其他参数保持默认值，完成后的螺旋扫描特征（内螺纹）如右图所示	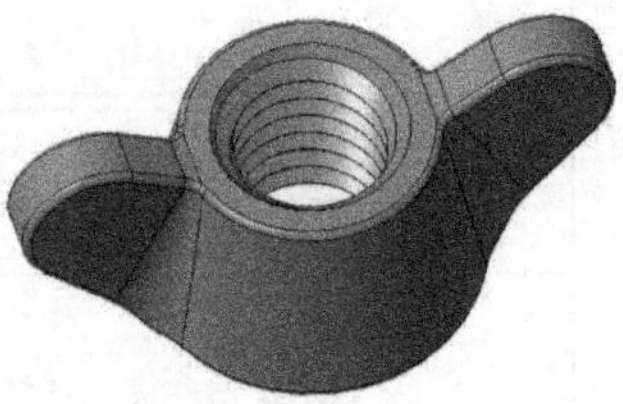	
20	为了看清内螺纹内部结构，接下来按右图步骤将蝶形螺母在Right基准平面的位置进行全剖处理。单击箭头4所指位置后应选择Right基准平面	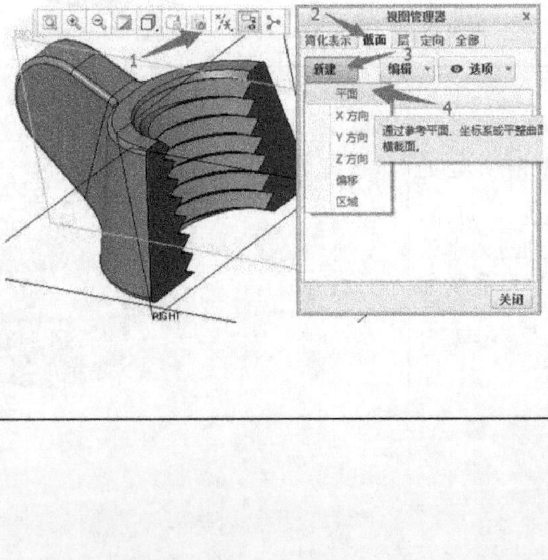	

（续表）

步骤	操作说明	图 例	备 注
21	要回到未剖切的状态显示模型,双击右图箭头处的"无横截面"即可	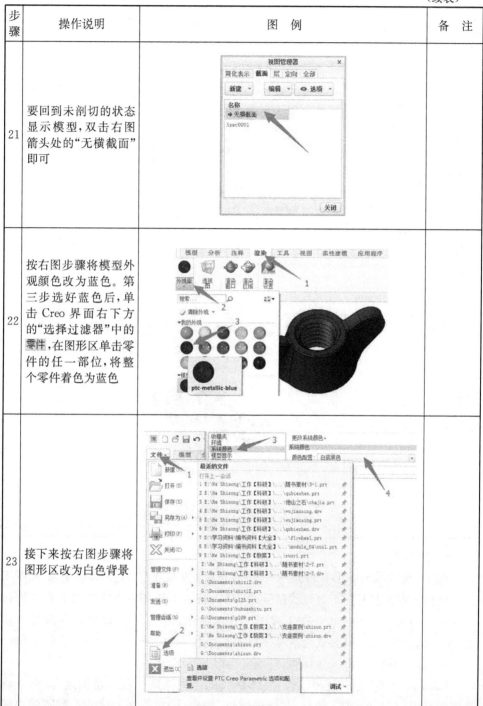	
22	按右图步骤将模型外观颜色改为蓝色。第三步选好蓝色后,单击 Creo 界面右下方的"选择过滤器"中的**零件**,在图形区单击零件的任一部位,将整个零件着色为蓝色		
23	接下来按右图步骤将图形区改为白色背景		

（续表）

步骤	操作说明	图　例	备　注
24	按住鼠标中键（滚轮）并移动鼠标，将模型旋转到合适的轴测图角度，在"视图工具栏"中取消所有基准特征的显示。按 Ctrl＋S 保存模型文件。最后单击"文件"选项卡"另存为"菜单，自行命名文件名，并在弹出的"保存副本"对话框中的"类型"下拉菜单中选择"JPEG（＊.jpg）"，即可将 Creo 图形区可见模型另存为.jpg 图片文件	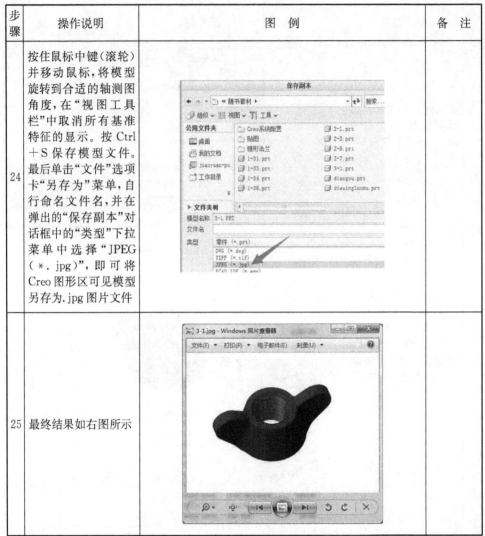	
25	最终结果如右图所示		

4. 任务评价

图1-6所示的蝶形螺母是一种可用手直接拆装的紧固件，本身建模难度不大。此前大家都没有进行过螺纹的建模训练，所以本任务主要建模重点在于螺纹的建模。但是圆台内径 $\phi 10$ 在工程图中并未给出，需由 M12 螺纹查表或计算得出，若采用计算方法，其公式为：内（外）螺纹小径＝大径－1.0825×螺距，内（外）螺纹中径＝大径－0.6495×螺距。

Creo 是一款参数化建模软件，实体螺纹的建模需要后台大量的运算，对于标准螺纹来说，在 Creo 中一般只用"修饰螺纹"来表达，主要用于后续工程图输出时能转换符合标准的工程图。

上述"任务实施"过程中两翼是采用"拉伸"命令建模的,事实上,此处的两翼也可以用 Creo 的"轮廓筋"命令实现建模(如表 1-6 所示)。不过用"轮廓筋"设计的两翼无法在后期光滑地完成全部边线的倒圆角,而蝶形螺母作为用手直接接触的零件,其外表面一般需要倒圆角处理,所以本例只采用"拉伸"命令完成两翼的建模。

表 1-6　使用"轮廓筋"命令实现建模

步骤	操作说明	图　例	备　注
1	完成圆台的建模后,单击"模型"选项卡"工程"组中的"轮廓筋"命令,在弹出的"轮廓筋"选项卡"参考"集下单击"定义",进入草绘环境,在 Front 基准面上绘制如右图所示的右翼草绘,并修改尺寸。可单击"草绘"选项卡"设置"组中的"参考"命令 □ ,补选箭头处的已有边为参考,用于辅助右翼草绘左侧两个端点的快速捕捉	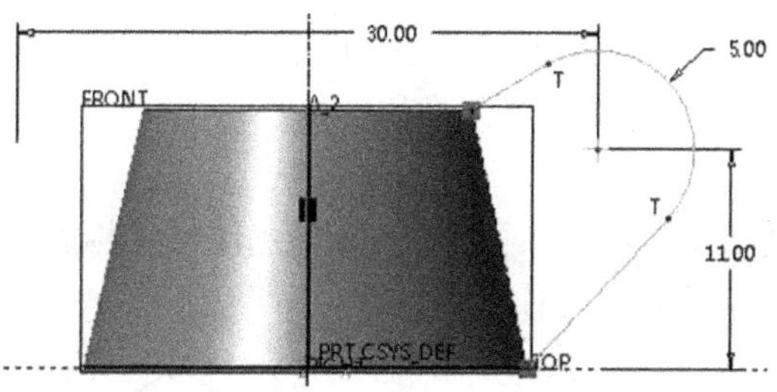	注意三点:一是轮廓筋的草绘必须是开放的轮廓;二是尺寸 $\phi30$ 的标注要事先画好中心线;三是可通过"草绘"选项卡"约束"组的"相切"命令约束草绘中的两条直线和圆弧相切
2	退出草绘环境后,按如右图所示步骤完成"轮廓筋"命令	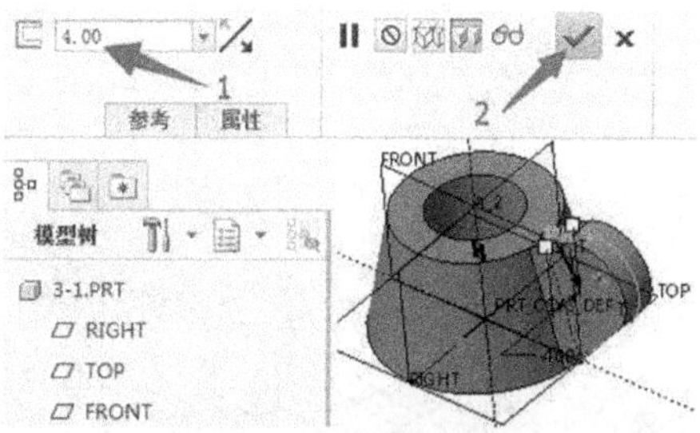	
3	用上述创建右翼同样的方法完成左翼的创建,结果如右图所示	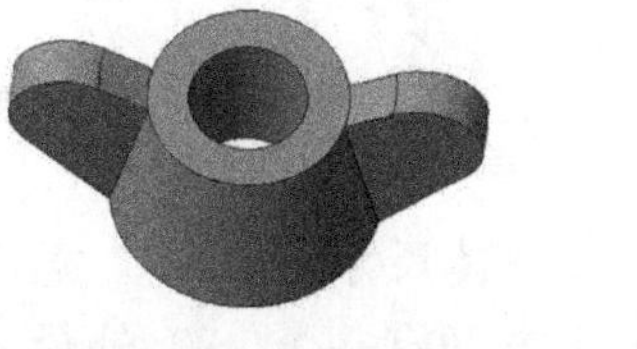	双翼的左右方向关于 Right 基准面对称,前后方向关于 Front 基准面对称

1.3.5 SolidWorks 设计示例

SolidWorks 三维参数化软件是美国 SolidWorks 公司基于 Windows 操作系统研发的一款三维 CAD/CAM/CAE 软件,该公司的主要发展历程和 SolidWorks 软件的主要发展历程如图 1-8 所示。

图 1-8 SolidWorks 主要发展历程

下面以 2017 年 10 月推出的最新版 SolidWorks 2018 为例,阐述利用 SolidWorks 进行三维建模的思路和步骤。

1. 任务下达

本任务通过轴测图的方式下达(未给出图框及标题栏),要求按如图 1-9 中的尺寸完成连接座的三维建模。

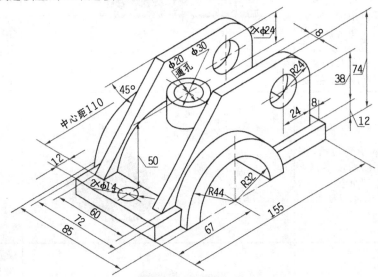

图 1-9 连接座轴测图

2. 任务分析

图 1-9 中是一个总体尺寸为长 155、宽 84、高 75 的连接座,底部是一个 $R32$ 的半圆柱孔,圆柱孔上方开有一个 $\phi20$、外径 $\phi30$ 的圆柱形通孔,底板上竖立两块

厚度为 8 的直立板,板左侧斜切了 45°的缺口,右侧开有 $\phi24$ 的通孔。对该零件进行三维建模时,可先通过 SolidWorks 的拉伸命令完成宽度 72 的底板(含半圆柱孔)实体建模,并再次对称拉伸至宽度 85,接下来完成圆柱孔上方 $\phi20$ 通孔建模,然后完成两个直立板的建模,最后完成底板上两个 $\phi14$ 通孔的建模。

完成该模型的创建需用到 SolidWorks 的"草绘""拉伸""基准平面""镜像"等特征命令。连接座主要建模流程如图 1-10 所示。

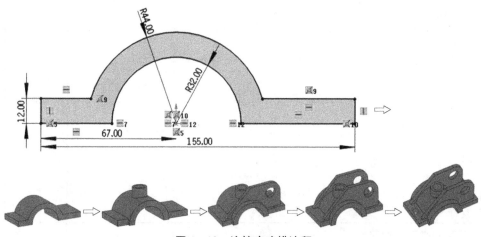

图 1-10 连接座建模流程

3. 任务实施

表 1-7 详细讲解完成如图 1-9 所示连接座的建模步骤及有关说明。

表 1-7 连接座的建模步骤及有关说明

步骤	操作说明	图 例	备 注
1	按企业需要及有关要求完成 SolidWorks 的安装与配置	(略)	进行三维建模前完成软件安装与配置
2	打开 SolidWorks 软件,在"欢迎-SolidWorks 2018"对话框"主页"标签中单击"零件",新建一个默认文件名为"零件 1"的实体文件	欢迎 - SOLIDWORKS 2018 主页 最近 学习 提醒 新建 零件 装配体 工程图 高级...	

（续表）

步骤	操作说明	图　例	备　注
3	进入建模环境后，可修改视区背景颜色（本例因后续要截图，故改为白底），方法：菜单栏"工 具"—"选项"—"系统选项"	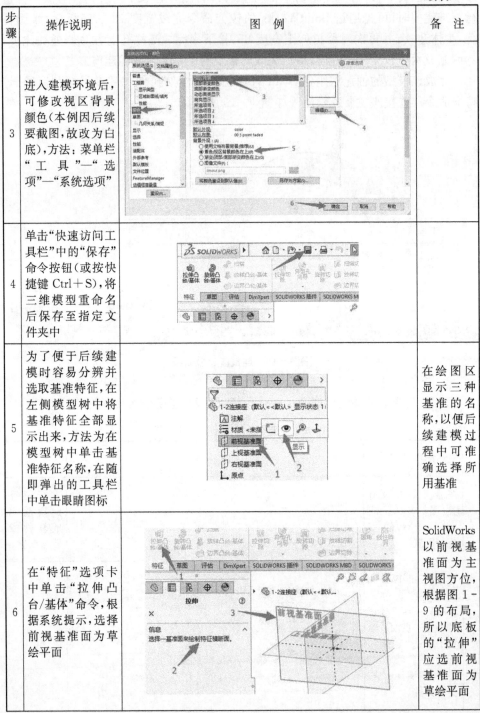	
4	单击"快速访问工具栏"中的"保存"命令按钮（或按快捷键 Ctrl＋S），将三维模型重命名后保存至指定文件夹中		
5	为了便于后续建模时容易分辨并选取基准特征，在左侧模型树中将基准特征全部显示出来，方法为在模型树中单击基准特征名称，在随即弹出的工具栏中单击眼睛图标		在绘图区显示三种基准的名称，以便后续建模过程中可准确选择所用基准
6	在"特征"选项卡中单击"拉伸凸台/基体"命令，根据系统提示，选择前视基准面为草绘平面		SolidWorks以前视基准面为主视图方位，根据图1-9的布局，所以底板的"拉伸"应选前视基准面为草绘平面

（续表）

步骤	操作说明	图 例	备 注
7	此时系统自动进入草绘环境。在随即弹开的"草图"选项卡，单击"圆弧"和"直线"命令，画如右图所示的草图（尺寸任意），双击结束当前命令	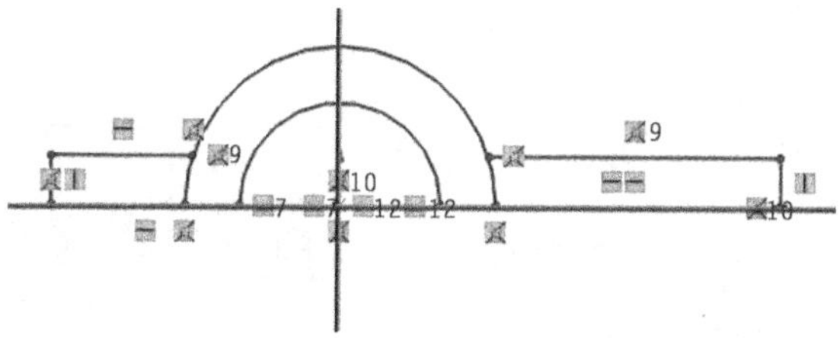	按 Ctrl＋8 或按空格键后单击"正视于"命令，可将草绘平面摆成与显示器屏幕平行，有助于准确绘制二维草图
8	单击"草绘"选项卡中的"裁剪实体"命令，将草图中多余的线段删除，结果如右图所示	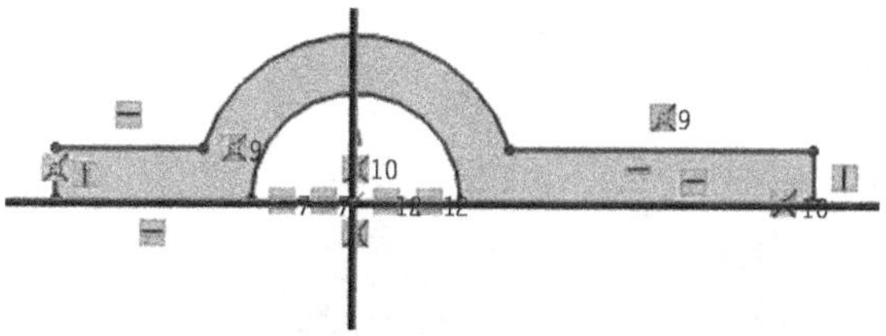	删除线段时，可在单击"裁剪实体"命令后按住鼠标左键并移动鼠标，光标所经过的线段将被一一删除
9	接下来标注尺寸。单击"草绘"选项卡中的"智能尺寸"命令，按照抽测图的尺寸一一标注对应的尺寸大小，此时有可能发现尺寸数值太小，原因可能是绘图标准为默认的ISO，按右图步骤修改为GB即可	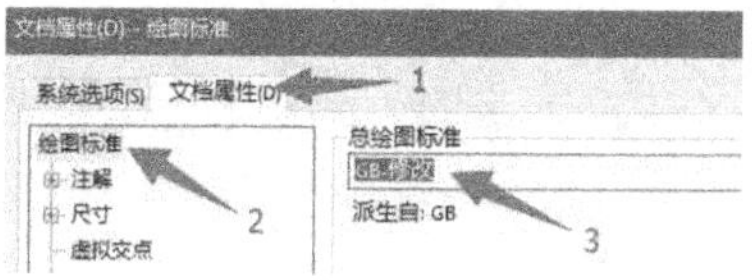 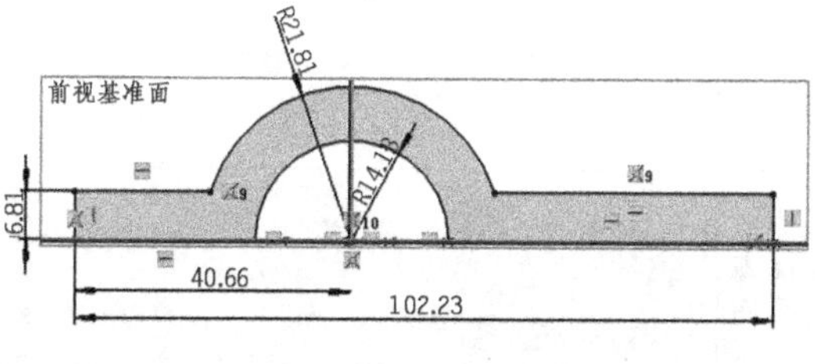	"草图"的含义是指绘图时仅需按大概形状草草绘制图形即可，尺寸通过手动方式精确修改，SW会按修改的尺寸重新生成精准的图形
10	接下来修改尺寸。单击待修改的尺寸，输入精准的尺寸数值，系统会自动按输入尺寸生成新的图形。全部修改后的结果如右图所示	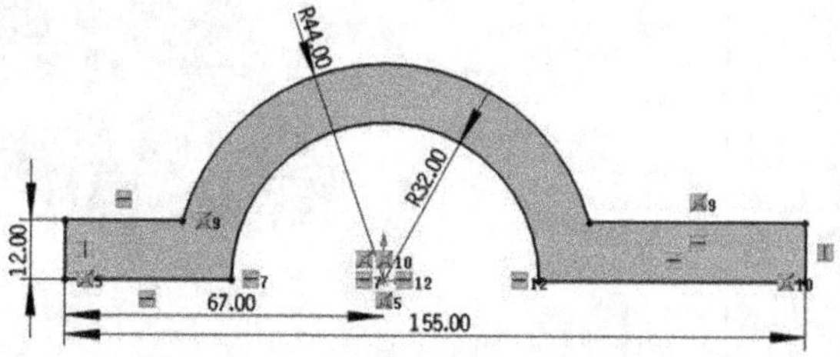	草图中约束符号"丨"表示竖直，"一"表示水平

（续表）

步骤	操作说明	图 例	备 注
11	单击草图区右上角的关闭按钮，保存并退出草图环境。此时工作区自动切换为轴测图模式，且左边切换为拉伸属性管理器，按图修改属性，完成拉伸特征建模	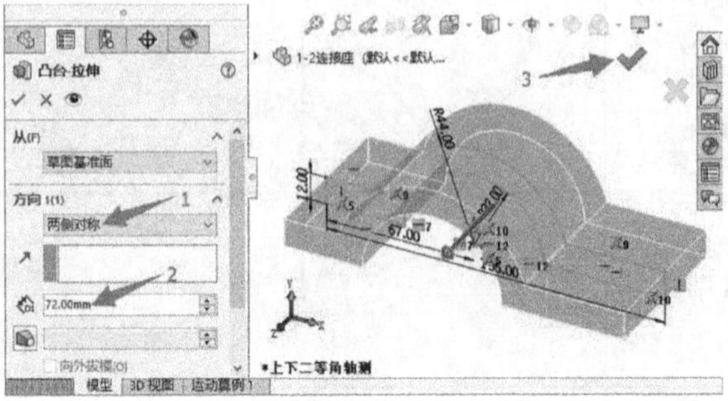	该零件前后对称，所以用"两侧对称"拉伸材料
12	接下来再次拉伸半圆柱体长度为85。在"特征"选项卡中单击"拉伸凸台/基体"命令，根据系统提示，选择前视基准面为草绘平面，按 Ctrl＋8 摆正草绘平面，绘制如右图所示草图	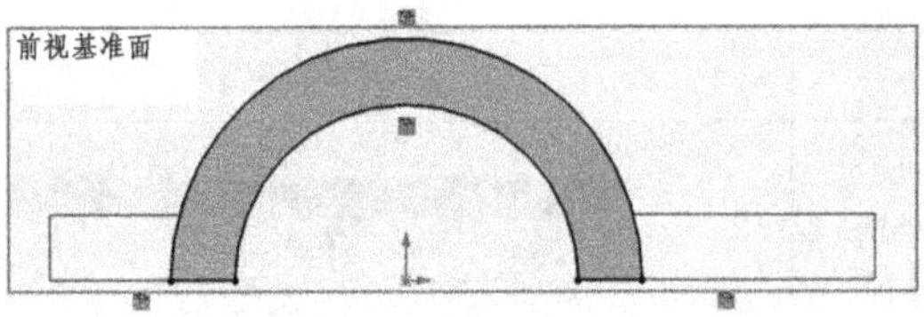	单击"转换实体引用"命令可快速绘制与已有轮廓重合的线条。"延伸实体"命令可将 R44 圆弧延伸至下面直线位置结束
13	单击草图区右上角的关闭按钮，保存并退出草图环境。此时工作区自动切换为轴测图模式，且左边切换为拉伸属性管理器，按图修改属性，完成拉伸特征建模	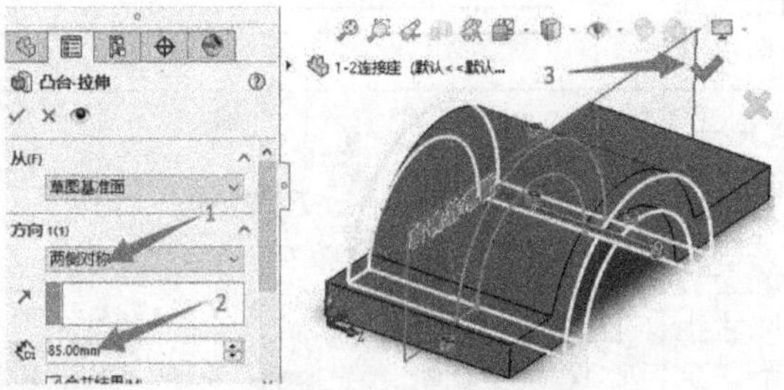	通过按住鼠标中键并移动鼠标，可查看刚刚做好的三维模型

（续表）

步骤	操作说明	图 例	备 注
14	接下来完成圆柱孔上方 $\phi20$ 通孔建模。首先新建一个基准平面：单击"上视基准面"后单击"特征"选项卡中的"基准面"命令	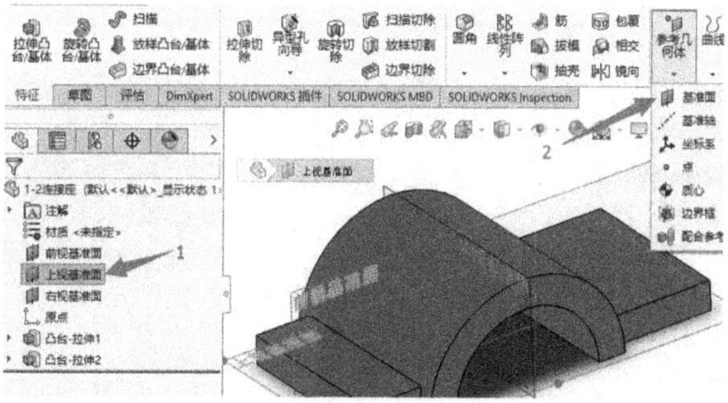	
15	输入偏移距离 62（即轴测图中的 12 ＋50)后确定	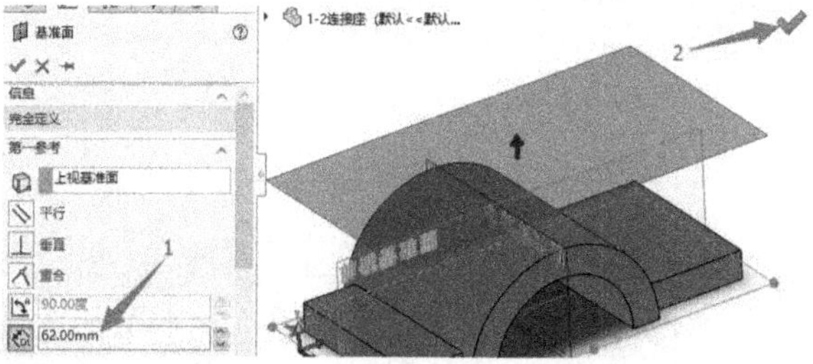	
16	选择刚刚创建的"基准面 4"后单击"拉伸凸台/基体"命令，将视区摆正后绘制如右图所示草图并修改尺寸	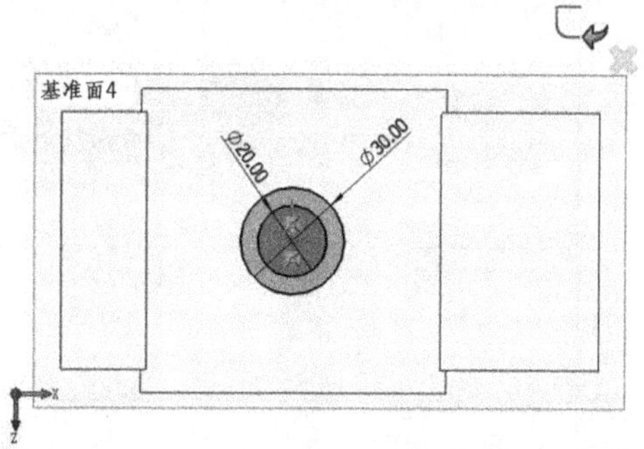	
17	按右图步骤完成圆柱孔的建模	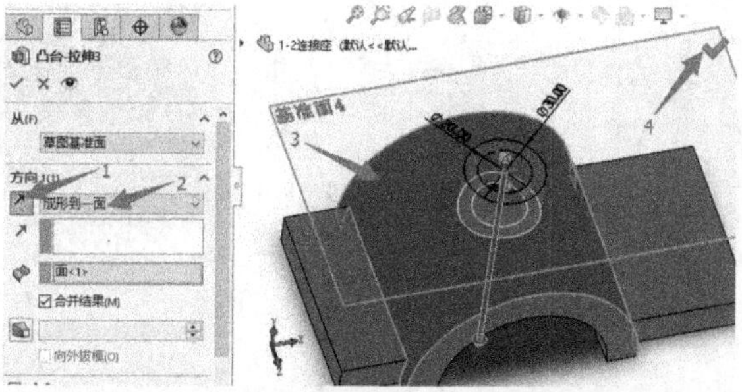	

（续表）

步骤	操作说明	图　例	备　注
18	但此时发现，$\phi 20$的圆柱孔并未通过下面的半圆柱体，所以接下来通过拉伸（切除）材料的方式完成通孔的建模。选择"基准面4"后单击"拉伸切除"命令，将视区摆正后通过"转换实体引用"绘制如右图所示草图	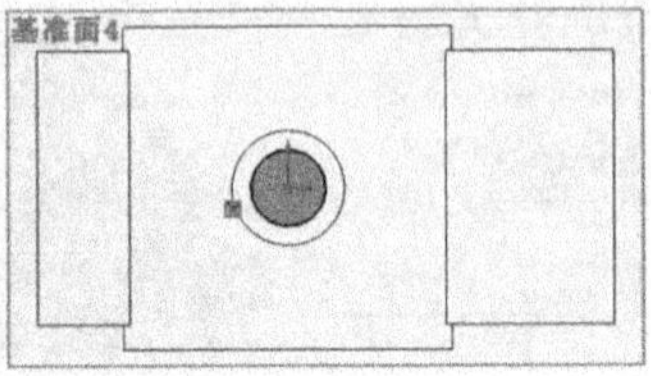	
19	按右图步骤完成通孔的建模	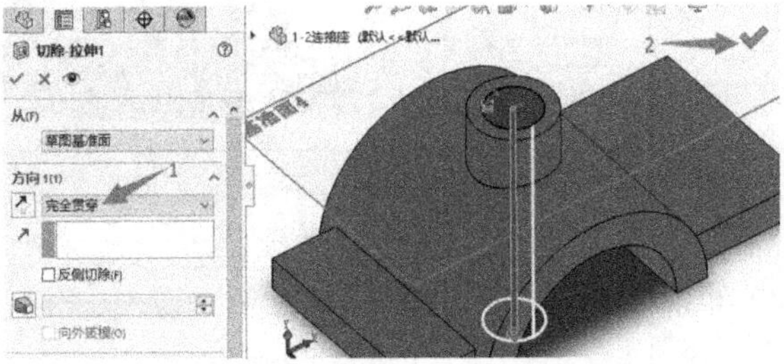	结果如下图： 
20	接下来做两个直立板的建模，考虑到两个板关于"前视基准面"对称，所以做一个，另一个通过镜像的方式完成。在模型树（设计树）中单击"前视基准面"，单击"特征"选项卡中的"基准面"命令，按右图完成基准面5的创建	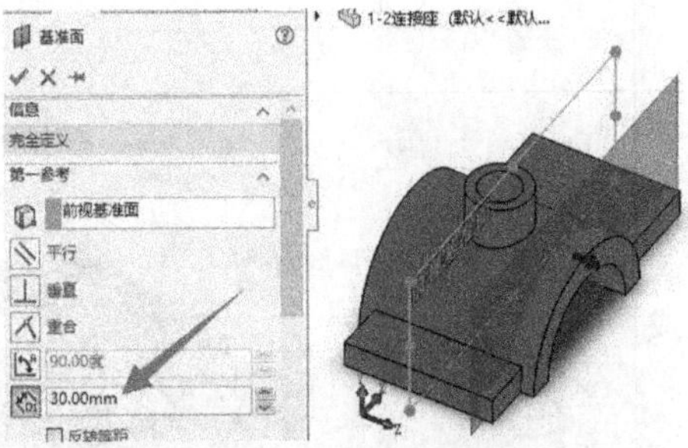	偏移距离：30＝60/2

（续表）

步骤	操作说明	图 例	备 注
21	选择刚刚创建的"基准面 5"后单击"拉伸凸台/基体"命令，将视区摆正后绘制如右图所示草图并修改尺寸	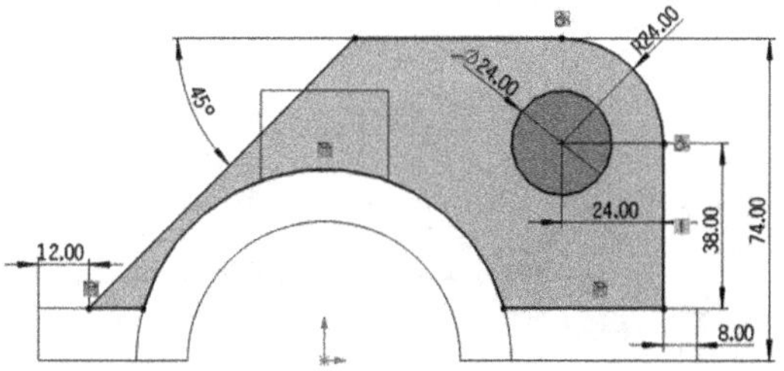	
22	退出草图环境，将拉伸方向更改为向内（指向 φ20 圆柱孔），并给定拉伸深度为 8，即可完成一个直立板的建模	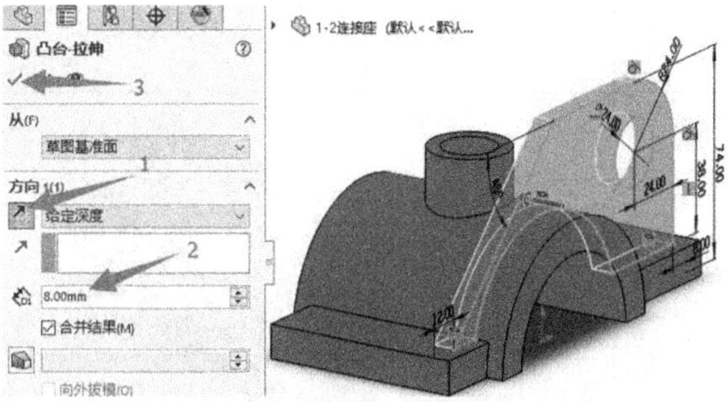	
23	按住 Ctrl 键，依次选中刚刚创建的直立板和前视基准面，然后单击"镜像"特征命令	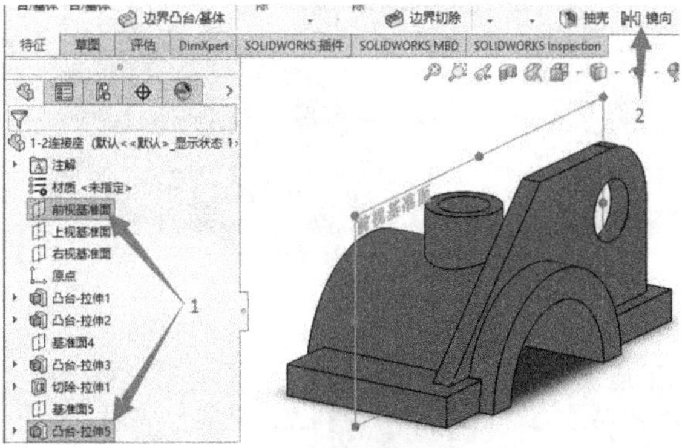	
24	镜像后的结果如右图所示		

（续表）

步骤	操作说明	图　例	备　注
25	最后完成底板上两个 $\phi14$ 通孔的建模。单击底板上表面后单击"拉伸切除"命令，摆正视区后绘制右图所示的草图	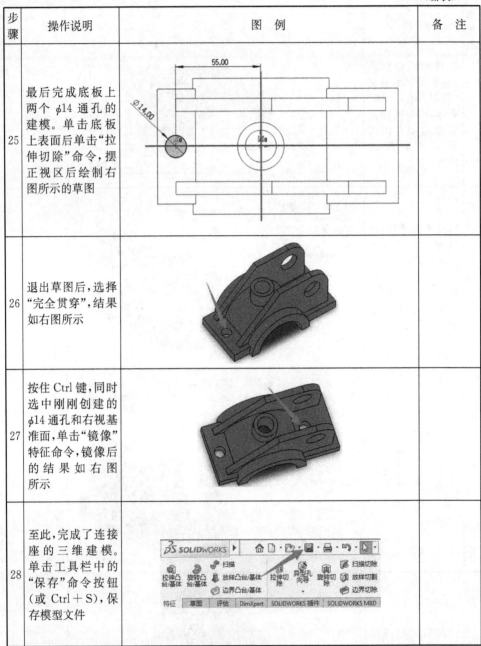	
26	退出草图后，选择"完全贯穿"，结果如右图所示		
27	按住 Ctrl 键，同时选中刚刚创建的 $\phi14$ 通孔和右视基准面，单击"镜像"特征命令，镜像后的结果如右图所示		
28	至此，完成了连接座的三维建模。单击工具栏中的"保存"命令按钮（或 Ctrl＋S），保存模型文件		

4. 任务评价

对于初学者来说，如图 1-9 所示的连接座三维建模有一定的难度，建模过程主要用到了"拉伸""镜像""拉伸切除""基准面"等特征命令，总体上来说，还是一个特征的堆积过程。上述建模过程中，最后一步的两个 ϕ14 通孔是通过特征层面的镜像方式完成的，其实也可以在草图中通过镜像草图的方式完成。

　　本任务涉及"基准面"的创建，要注意灵活运用，在很多建模场合是没有现成的草绘平面或参考平面的，这时候就需要先用"参考几何体"命令自行创建"基准面"，然后才能完成其他特征的创建。

1.3.6　AutoCAD Mechanical 设计示例

　　AutoCAD(Autodesk Computer Aided Design)是 Autodesk(欧特克)公司于 1982 年开发的计算机辅助设计软件，用于二维绘图、详细绘制、设计文档和基本三维设计，现已成为国际上广为流行的绘图工具。AutoCAD 可以用于土木建筑、装饰装潢、工业制图、工程制图、电子工业、服装设计等多种领域，一般针对不同的领域开发有专门版本的 AutoCAD，如针对机械领域有 AutoCAD Mechanical，针对电子电路领域有 AutoCAD Electrical，针对土木工程领域有 Autodesk Civil 3D。

　　下面以一个典型的箱体类零件(滑动轴承座底座)为例，说明如何运用最新版 AutoCAD Mechanical 2018 进行二维图形的绘制。滑动轴承座底座是用来支撑轴及轴上零件的，需要有一定的承载能力和抗震性能。

　　1. 任务下达

　　本任务通过二维工程图的方式下达(未给出图框及标题栏)，要求按如图 1-11 中的形状和尺寸完成轴承座底座的二维图样绘制。

　　2. 任务分析

　　从上述工程图来看，轴承座底座的二维图形绘制难度不大，主要用到了 AutoCAD Mechanical 2018 的"圆""直线""偏移""修剪""镜像""图案填充""拉长""极轴""图层特性""尺寸标注""粗糙度标注""形位公差标注"和"基本标识标注"等命令。图中考验绘图技术人员的主要在于如何通过修改标注样式使得尺寸标注等符合国家标准的要求。

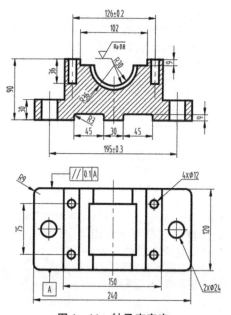

图 1-11　轴承座底座

　　3. 任务实施

　　表 1-8 详细说明完成如图 1-11 所示轴承座底座的建模步骤及注意事项。

表 1-8 轴承座底座的建模步骤及注意事项

步骤	操作说明	图　例	备　注
1	启动 AutoCAD Mechanical 2018，单击"快速访问工具栏"—"新建"按钮，系统弹出"选择样板"对话框，按如右图所示步骤选择样板文件后新建一个绘图文档	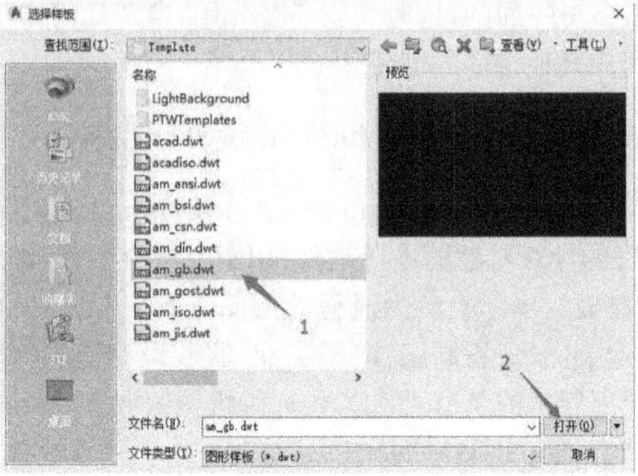	此时新建的文件系统会自动生成一个文件名drawing1.dwg
2	根据需要，可对系统自动生成的文件名通过另存的方式进行修改，在"图形另存为"对话框中，选好文件保存位置，输入新文件名（如轴承座底座），单击"保存"按钮即可完成文件的重命名		
3	首先选择"视图"选项卡"选项板"组中的"Mechanical 图层管理器"命令，弹出"Mechanical 图层管理器"对话框，按右图步骤完成图层的设置。如果需要多个图层，重复步骤1~5即可	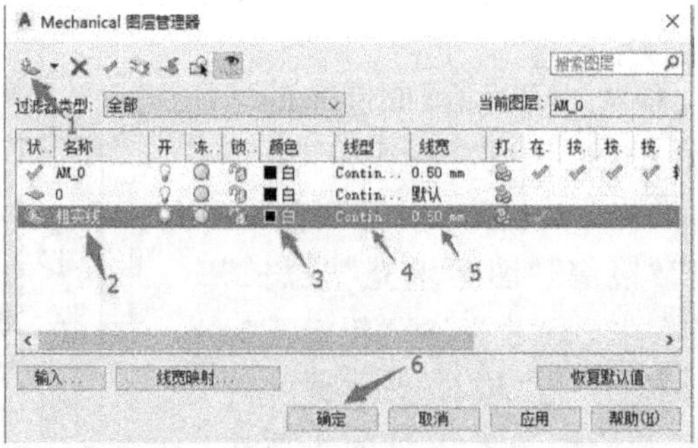	按照 GB 的要求，粗细线线宽比例为2∶1
4	按右图步骤，在状态栏中依次激活"极轴""对象捕捉"和"线宽"功能	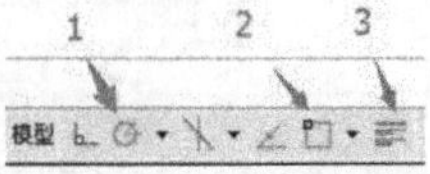	

（续表）

步骤	操作说明	图 例	备 注
5	首先进行主视图部分结构的绘制。单击"常用"选项卡"构造"组中的"构造线"命令,在中心线图层内绘制一条水平构造线和一条垂直构造线（右图中的红色线条）	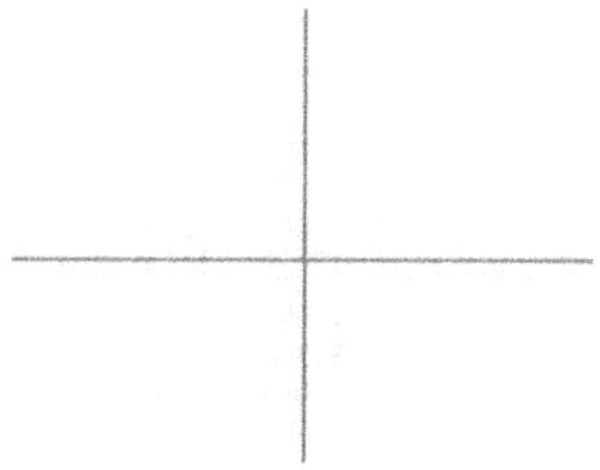	这两条构造线作为主视图的对称线和基准线
6	单击"常用"选项卡"绘制"组中的"直线"命令,在"粗实线"图层内绘制主视图的外轮廓线,如右图所示	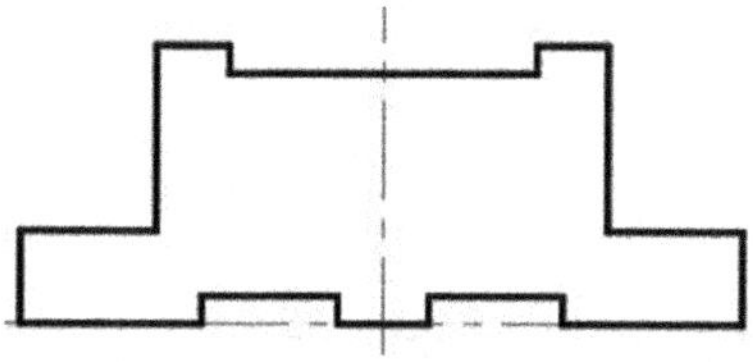	绘图前先选择"粗实线"图层
7	单击"常用"选项卡"修改"组中的"偏移"命令,将垂直构造线分别向左右两边各偏移63和97.5,结果如右图 $L1$、$L2$ 和 $L3$、$L4$ 所示	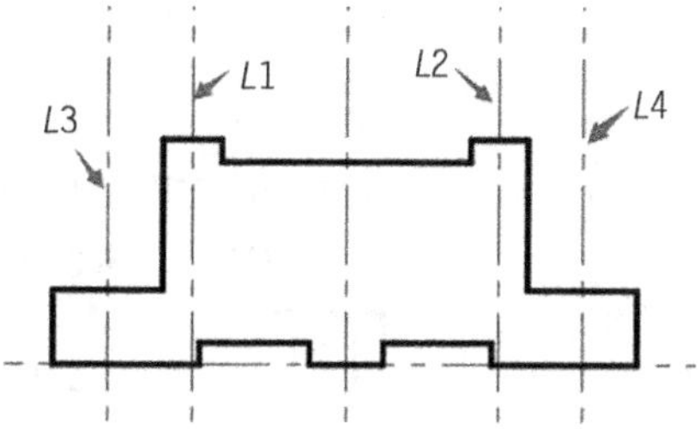	
8	重复"偏移"命令,将上一步中的 $L3$、$L4$ 分别向左右两边偏移12,将 $L1$、$L2$ 分别向左右偏移6,将水平中心线向上偏移54,结果如右图所示	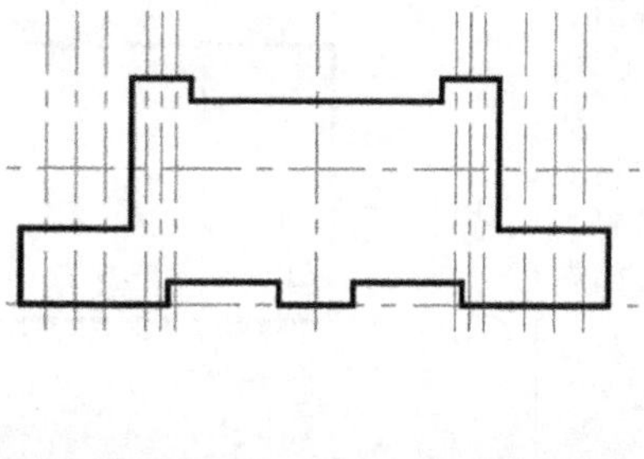	

（续表）

步骤	操作说明	图 例	备 注
9	将部分构造线的图层特性更改为"粗实线"，并使用"常用"选项卡"修改"组中的"修剪"命令修剪图形，结果如右图所示	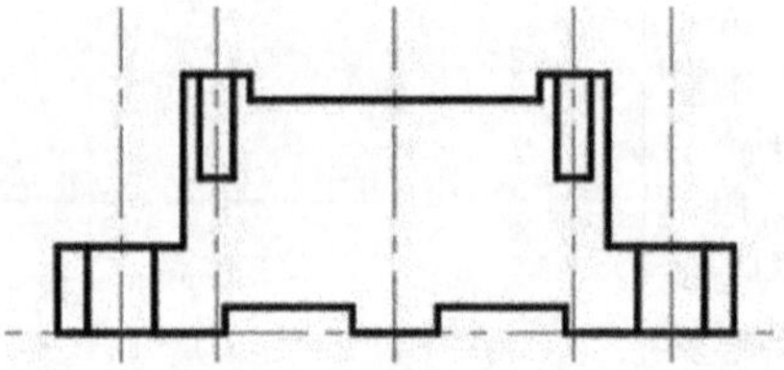	
10	将"粗实线"设置为当前图层，单击"常用"选项卡"绘制"组中的"圆"命令，绘制如右图所示的直径分别为60和72的同心圆	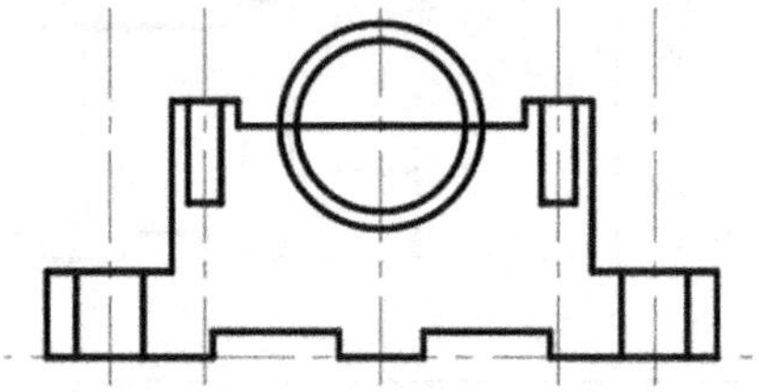	
11	单击"常用"选项卡"修改"组中的"修剪"命令，对视图进行完善，并删除多余的线段，结果如右图所示	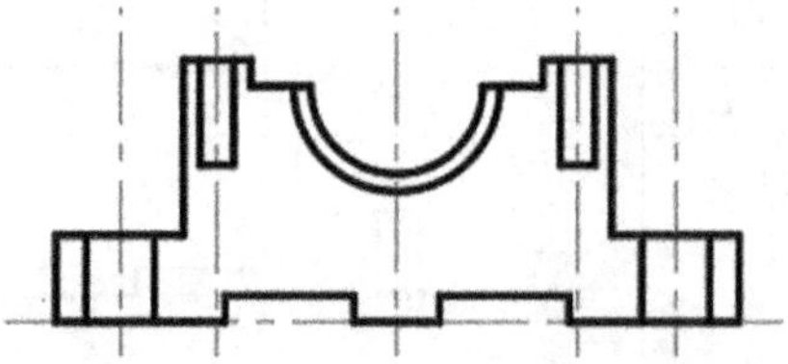	
12	接下来进行俯视图的绘制。单击"常用"选项卡"绘制"组中的"直线"命令，在"粗实线"图层内绘制俯视图的外轮廓线，如右图所示	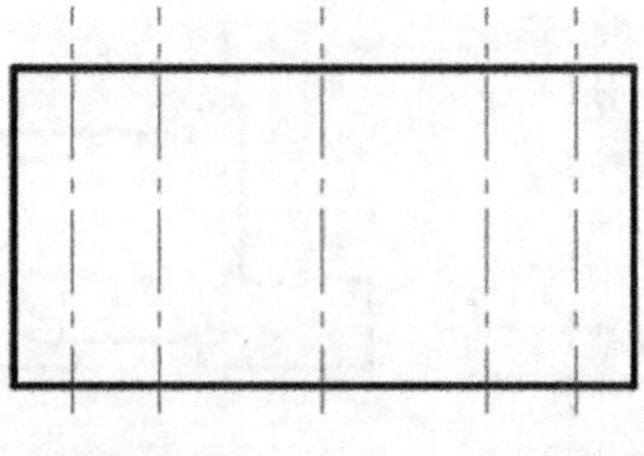	

（续表）

步骤	操作说明	图 例	备 注
13	继续使用"直线"命令，根据长对正原则，利用主视图轮廓线，结合"对象捕捉"命令，绘制如右图所示的直线	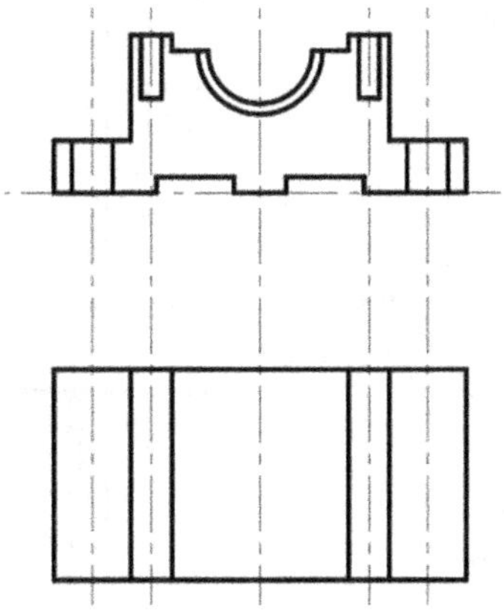	
14	单击"常用"选项卡"修改"组中的"偏移"命令，将俯视图上侧轮廓线，分别向下偏移 22.5、97.5 和 60，结果如右图所示	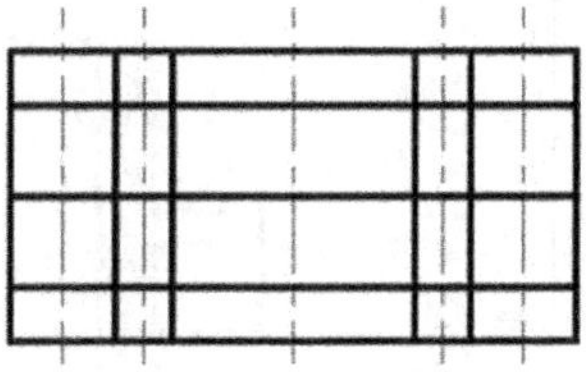	
15	将上一步刚刚偏移的水平线段的图层特性更改为"中心线"，结果如右图所示	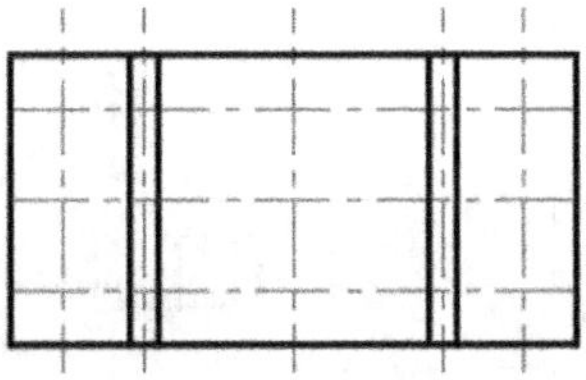	
16	单击"常用"选项卡"绘制"组中的"圆"命令，在"粗实线"图层内绘制俯视图左侧中直径分别为 12 和 24 的圆	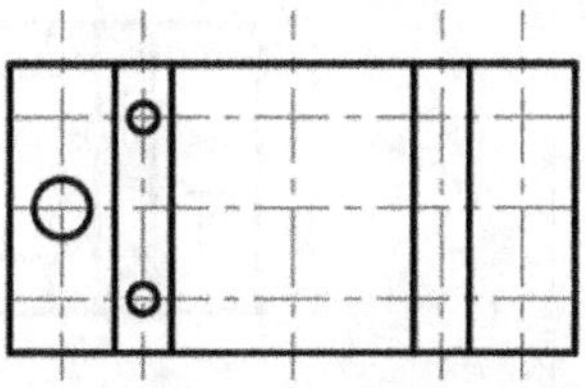	

步骤	操作说明	图　例	备　注
17	单击"常用"选项卡"修改"组中的"镜像"命令,选择上一步绘制的三个圆,鼠标右击,选择垂直构造线,完成俯视图中右边三个圆的绘制	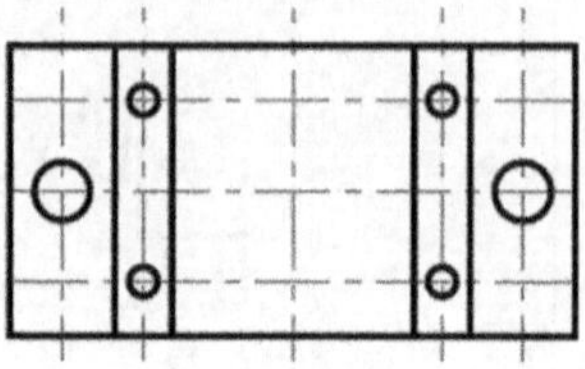	
18	根据主视图的轮廓线,单击"常用"选项卡"绘制"组中的"直线"命令,在"粗实线"图层内绘制俯视图的外轮廓线	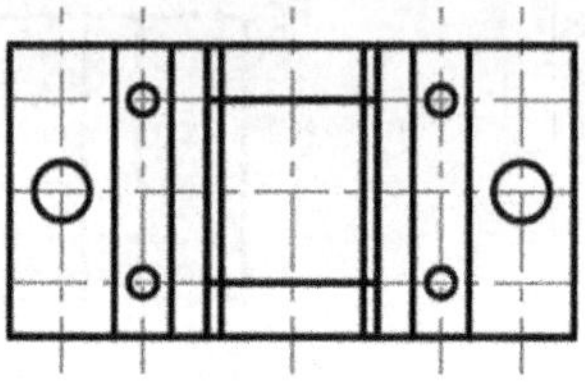	
19	单击"常用"选项卡"修改"组中的"修剪"命令对俯视图内轮廓进行完善,并删除多余的线段,结果如右图所示	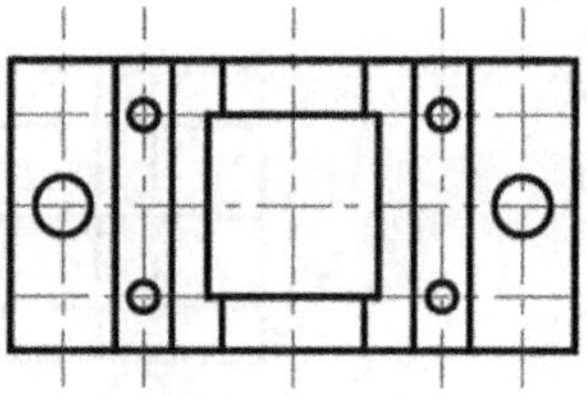	
20	单击"常用"选项卡"修改"组中的"修剪"命令对主、俯视图进行完善,同时利用快捷键 LEN 激活"拉长"命令,将辅助线拉长 3,结果如右图所示	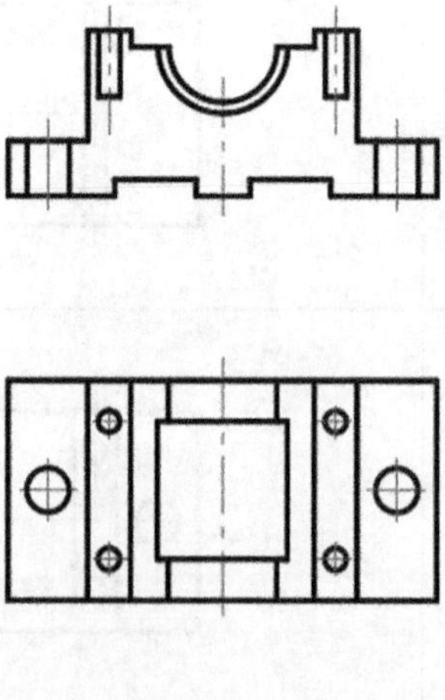	

（续表）

步骤	操作说明	图 例	备 注
21	单击"常用"选项卡"修改"组中的"圆角"命令,对主、俯视图中的倒圆角部分进行倒圆角,其半径分别为 3 和 9,结果如右图所示	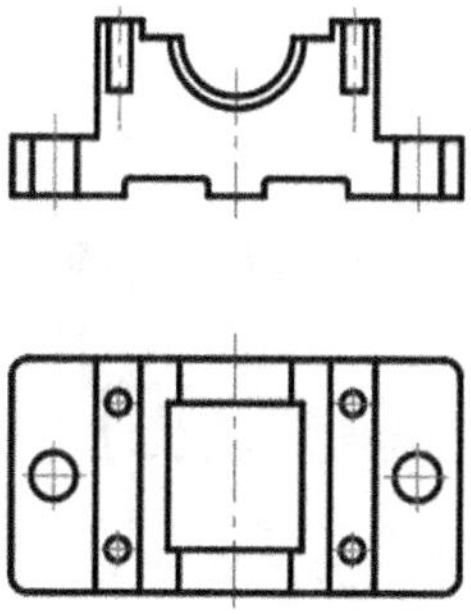	
22	单击"常用"选项卡"注释"组中的"标注"命令下的 按钮,配合捕捉和追踪功能,标注尺寸,结果如右图所示	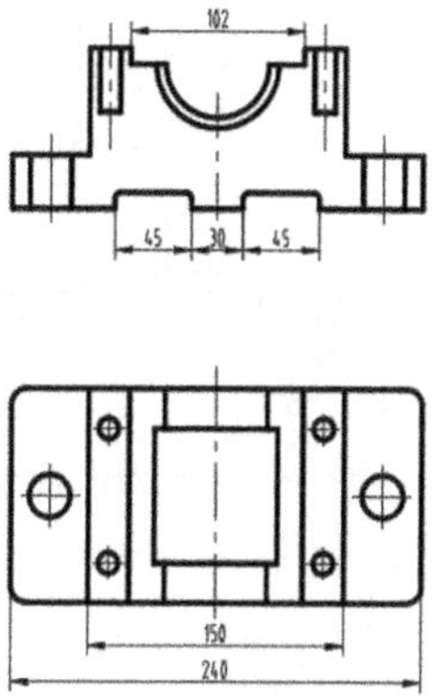	标注前须先修改标注样式,使其符合国标的要求
23	单击"常用"选项卡"注释"组中的"标注"命令下的 按钮,弹出"增强尺寸"选项卡,选择"配合与公差"组中的"公差"命令,分别设置公差值为±0.2、±0.3 和标注方式,配合捕捉和追踪功能,标注如右图所示	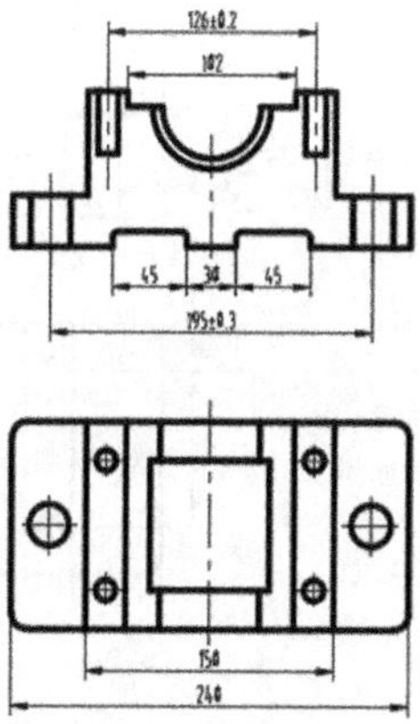	

（续表）

步骤	操作说明	图　例	备　注
24	单击"常用"选项卡"注释"组中的"标注"命令下的▯竖直按钮，配合捕捉和追踪功能，标注有关尺寸，结果如右图所示	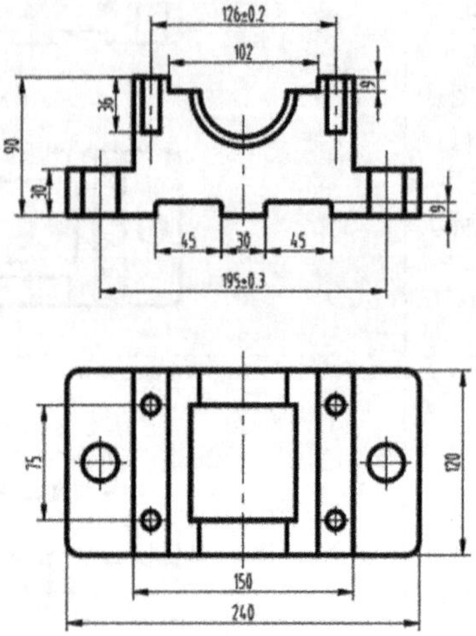	
25	单击"常用"选项卡"注释"组中的"标注"命令下的◯半径按钮，配合捕捉和追踪功能，标注半径尺寸，结果如右图所示	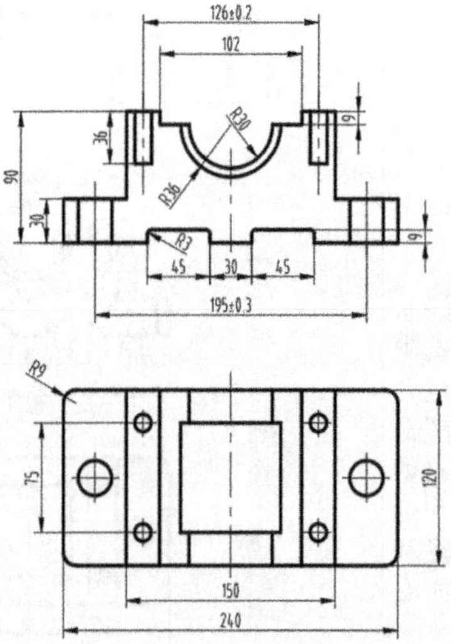	

步骤	操作说明	图 例	备 注
26	单击"常用"选项卡"注释"组中的"标注"命令下的直径按钮，配合捕捉和追踪功能，标注直径尺寸，结果如右图所示	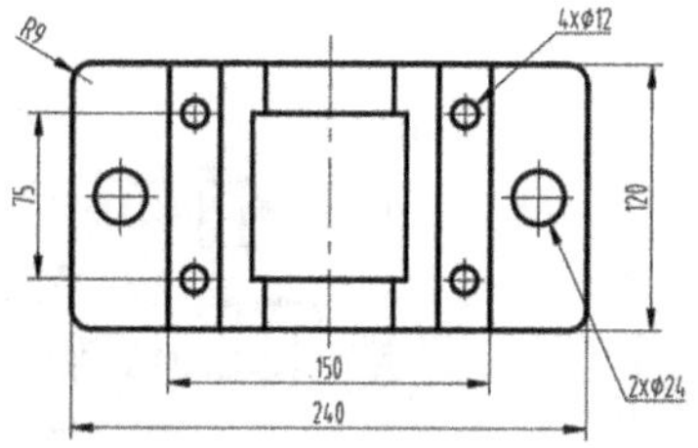	
27	单击"注释"选项卡"符号"组中的"表面粗糙度"命令，完成主视图中表面粗糙度的标注，如右图所示	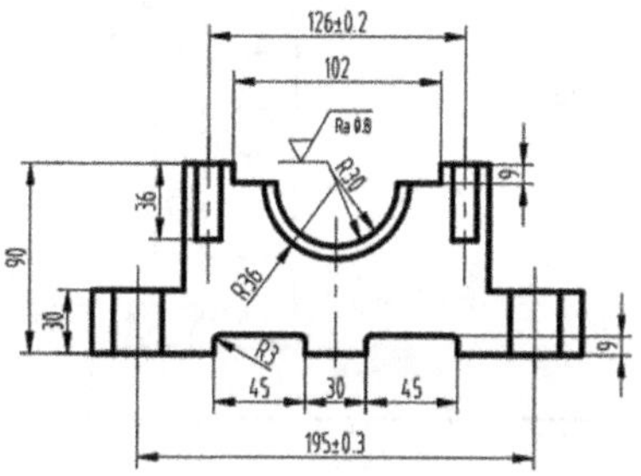	
28	单击"注释"选项卡"符号"组中的"基准标识符号"命令，完成俯视图中的标注，如右图所示	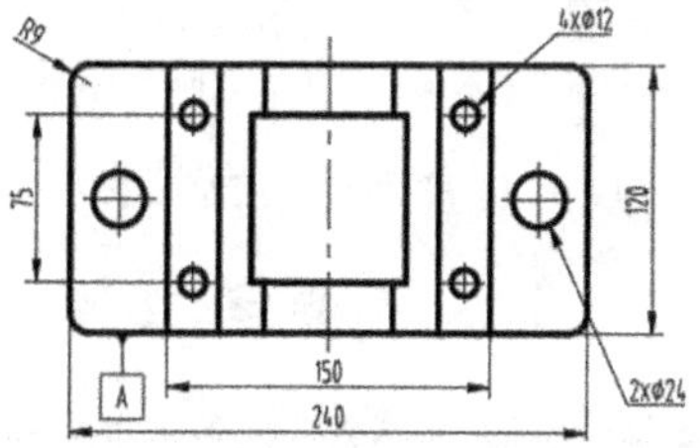	
29	单击"注释"选项卡"符号"组中的"形位公差符号"命令，完成俯视图中的标注，如右图所示	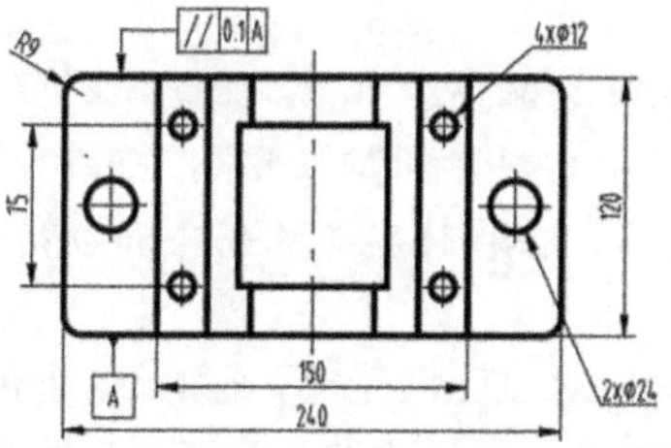	

（续表）

步骤	操作说明	图　例	备　注
30	单击"常用"选项卡"图层"组中的"图层"命令，将"剖面线"图层设置为当前图层。单击"常用"选项卡"绘制"组中的"填充"命令，选择 45°5 mm 图案，填充结果如右图所示。至此，完成了该零件的图样绘制、尺寸标注、技术要求标注等工作	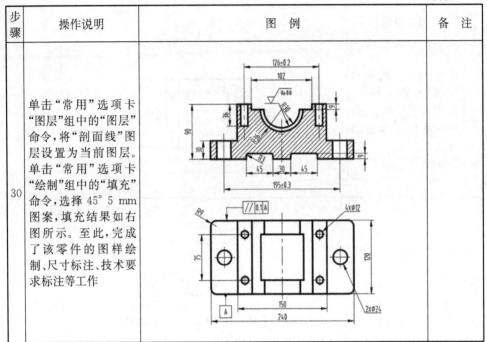	

4. 任务评价

如图 1-11 所示的轴承座底座是机械制图绘制中的典型零件，本身绘图难度不大。本任务主要绘图重点在尺寸公差标注、表面粗糙度标注和形位公差标注。在标注过程中要时时注意命令窗口中的提示信息，合理设置标注的尺寸文字高度、箭头大小等标注内容，使其符合国标的有关要求。

参 考 文 献

[1] 申江.制冷装置设计[M].北京：机械工业出版社，2011.

[2] 匡奕珍.制冷压缩机[M].北京：机械工业出版社，2015.

[3] 吴业正，朱瑞琪，曹小林，等.制冷原理及设备[M].4 版.西安：西安交通大学出版社，2015.

[4] 王亚平.制冷技术基础[M].北京：机械工业出版社，2017.

[5] 詹友刚.Creo 1.0 实例宝典[M].北京：机械工业出版社，2012.

[6] 徐德胜，刘贻苓，何项问.半导体制冷和应用技术[M].上海：上海交通大学出版社，1999.

[7] 王亚平.制冷技术基础[M].北京：机械工业出版社，2017.

[8] 何世松，贾颖莲.Creo 三维建模与装配[M].北京：机械工业出版社，2017.

[9] 何世松，贾颖莲，王敏军.基于工作过程系统化的高等职业教育课程建设研究与实践

［M］.武汉：武汉大学出版社,2017.

［10］刘娜,李波,等.AutoCAD Mechanical 机械设计从入门到精通［M］.北京：机械工业出版社,2015.

［11］何煜琛,何达,朱红军.SolidWorks 2001 Plus 基础及应用教程［M］.北京：电子工业出版社,2003.

［12］Vian J G,Astrain D. Development of a heat exchanger for the cold side of a thermoelectric module［J］. Appl. Them. Eng,2008(28)：1514 - 1521.

［13］Chung M,Miskovsky N M,Cutler P H,et al. Theoretical analysis of a field emission enhanced semiconductor thermoelectric cooler［J］. Solid-state Electronics,2003(47)：1745 - 1751.

［14］贾颖莲,胡宝兴,杨继隆,等.基于 SolidWorks 的零件系列化设计［J］.机床与液压,2005(8)：200 - 201.

［15］张青,宋世军,张瑞军,等.工程机械概论［M］.北京：化学工业出版社,2016.

［16］鲁冬林,曾拥华.工程机械使用与维护［M］.北京：国防工业出版社,2016.

［17］张应龙.工程机械维修识图(机械图·液压图·电路图)及实例详解［M］.北京：化学工业出版社,2013.

［18］中国机械工业年鉴编辑委员会,中国工程机械工业协会.中国工程机械工业年鉴 2017 ［M］.北京：机械工业出版社,2017.

第2章
工程机械车载热电制冷器具零部件设计

在传统的热电制冷器具产品开发设计流程中，设计者都是明确地将开发过程划分为方案制定、设计和试制几个独立的产品研发阶段，最后才将符合用户需求的成型产品开始投入批量生产的方式。由于新产品开发的环节相对独立，各阶段的研究人员的信息交流滞后导致设计工作人员得花费大量的时间来解决相对简单和非核心的新产品的功能组成、产品布局与尺寸数字等方面的设计内容。随着计算机的发展和计算机在产品设计上的应用，采用三维CAD软件和借助现代设计方法的先进理念，实现创新型产品的三维参数化设计和产品信息共享等，使新产品的研发解决了在传统的设计方法中存在的问题。

美国SolidWorks公司的SolidWorks软件作为基于Windows操作系统开发的三维参数化CAD软件，不仅为用户提供了最为优秀的支持中文软件，更为难得的是SolidWorks软件还支持国家标准。因此，以下为某型工程机械配备的E40热电制冷器具的研究任务主要以SolidWorks为平台，结合其他现代设计方法进行设计。

首先根据热电制冷的原理和应用场合，计算制冷功率、总体尺寸等关键参数，进行E40热电制冷器具总体结构设计。在对既有产品进行分析和研究的基础上，借助SolidWorks三维参数化开发平台对E40热电制冷器具的机械结构和散热系统进行创新设计，并利用"SolidWorks Animator"插件检查是否存在碰撞干涉等问题。

接下来要设计的这款E40热电制冷器具，其箱体外壳采用整体式结构，门体可根据工程机械空间自由选择左开门或右开门，同时在原热电制冷器具的基础上改进了散热系统，即箱内改用风机送冷，箱外增加丝管式冷凝器散热，这样可有效降低整机能耗。设计全过程采用SolidWorks、Creo等数字化设计手段，方便实现产品设计变更和设计重用，对车载热电制冷器具系列产品研发有着重要的意义。

2.1　E40 热电制冷器具的制冷片及其选用

2.1.1　制冷片的热电材料

1. 热电材料的概述

热电材料是指能够实现热能与电能相互转换的功能材料。决定热电材料和制冷元件的热电效率的指标就是热电优值系数 Z，它反映的是热电材料的一种特性和可以达到的最大温度变化范围。

在热电材料的发展进程中，20 世纪 60 年代中期是一个重要的转折点。当时的热电材料的热电优值系数 Z 即使在今天看来也已经达到了一定的高度。

在热电偶中，其半导体 P 型的热电优值系数 Z_P 约为 $3.5×10^{-3}$ K^{-1}，而半导体 N 型的热电优值系数 Z_N 约为 $(3～3.2)×10^{-3}$ K^{-1}；另外在绝热的工作条件下（冷端负载 $Q_0 = 0$）的最大温度变化值则达到了 78 K。目前，热电材料中最佳的碲化铋的最高热电优值系数已经达到 0.004 K^{-1} 甚至更低，其热电优值系数 Z 与最大温度变化值 ΔT_{max} 之间的关系如图 2-1 所示。

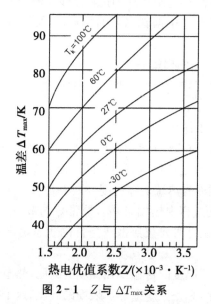

图 2-1　Z 与 ΔT_{max} 关系

影响制冷器制冷效率的另外一个指标就是制冷系数 ε，它是指消耗一个单位电功率所要需要的热能。热电偶的制冷系数与热电材料的优值系数 Z 直接关联；制冷系数 ε 还与热电材料两端的温差有关，当热电偶对的吸热端温度与散热端温度接近或者更大时，热电材料的制冷系数将大于 1（此时称为最大效率工作状态）。

热电制冷片在实际工作过程中,除了需要在最大温差工作状态(即此时为热电制冷片的最小产冷量)外,有时还要求制冷元件工作在最大效率状态(即此时为热电制冷片的最大产冷量)。

2. 热电材料的分类

热电材料根据其工作环境温度大致可分为三种类型,如表 2-1 所示。

表 2-1　热电材料的分类

类型 \ 项目	最佳工作温度	应用场合
碲化铋及其合金	这类热电材料的最佳工作温度小于 450 ℃	当前应用于热电制冷器的常用材料
碲化铅及其合金	这类热电材料的最佳工作温度大约为 1000 ℃	当前应用于热电产生器的常见材料
硅锗合金	这类材料的最佳工作温度大约为 1300 ℃	当前常应用于热电产生器的材料

2.1.2　热电制冷片的选择原则及步骤

1. 热电制冷片的选择原则

在热电制冷器具中,热电制冷片是关键的核心部分,它的质量决定了制冷器具的制冷效率与性能,因此,热电制冷片的选择是设计制冷器具的一个非常重要的环节。在选择热电制冷片时应根据其温差的特点,以及工程机械的工作环境等因素进行选择。

(1) 热电制冷片的工作环境

即明确热电制冷片工作的环境温度和周围空气状况,并采取相应的措施来保证热电制冷片的制冷效果。

(2) 热电制冷片的工作状态

由于热电制冷片工作电流方向和大小的不同,制冷片的工作状态也不一样,因此需要根据当前的需求确定该热电制冷片的工作状态是制冷、加热还是恒温。

(3) 热电制冷片制冷时热端实际温度

热电制冷片工作的过程中热端必须有非常好的散热装置,才能使制冷效果达到最佳状态。因此,在设计时要按照散热条件的状态确定制冷时热电制冷片热端的实际温度数值。

值得注意的是,由于温度的传递存在梯度的问题,热电制冷片热端的实际温度与散热器表面温度相比,总是大于散热器表面的温度,这个温差范围从零点几摄氏度到几十摄氏度不等。

(4) 热电制冷片的热负载

根据前述结论,热电制冷片的热负载与热端温度有关,此外还要清楚,热电制冷片能实现的最大温差或最低温度分别是在空载和绝热条件下得到的。因此在实际的工作中,热电制冷片既不可能真正绝热,也不可能没有负载。

（5）制冷器的级数

热电制冷片级数是根据实际温差的要求确定的,也就是说热电制冷片上所标称的温差一定要大于实际需要的温差,级数越多其温差越大。但是制冷片的级数也不能太多,否则制冷系统的成本会大大提高。

（6）热电制冷片的规格

完成热电制冷片的级数选择后,接下来就是要选定热电制冷片的规格,尤其是热电制冷片的工作电流。一般情况下,在选用热电制冷片时往往选择工作电流最小的那个。但同时存在热电制冷片的输入总功率相同时,减少工作电流就需要增加电压,即有元件对数需要增加的问题。

（7）热电制冷片的数量

最终制冷系统中热电制冷片的总数量是由产冷总功率决定的。其数量必须保证所有热电制冷片在工作状态时其总的产冷量不小于制冷对象的总热功率。由于热电制冷片的热惯性小,空载的状态下小于 1 min,但是由于负载的惯性,使得制冷对象达到设定温度的时间远不止 1 min,有时甚至多达数小时。如果想减少达到设定温度的时间就需要增加热电制冷片的数量。

以上就是选用热电制冷片时考虑的一般原则。

2. 热电制冷片的选择步骤

在选用热电制冷片时,依据上述原则,根据用户提出的要求及工况来确定热电制冷片的具体型号。

（1）用户提出的要求及工况

① 热电制冷器具的使用环境温度 T。

② 箱内的最低温度 T_c。

③ 总热负载 Q。

（2）选择的具体步骤

① 确定制冷片的型号规格,制冷片中各参数的含义如图 2-2 所示。

② 查阅该型号制冷片的相关温差制冷特性曲线图。

③ 根据用户提出的环境温度和热电制冷器具的散热系统的散热方式,最终确定制冷片的热端温度 T_h、箱内的最低温度 T_c 及单个制冷片冷端的产冷量 Q_c。

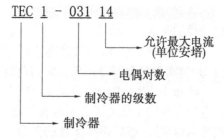

图 2-2　制冷片的各参数

④ 由用户需要的热负载 Q 除以 Q_c 所得的数值就是热电制冷片总需求数 N。

2.1.3　热电制冷片的工况及型号

1. 热电制冷片的工况

热电制冷片的工况是指借助热电制冷片的冷端实现被冷却对象冷却的工作情况,简称制冷工况。制冷工况一般分为最大制冷量工况 Q_{0max} 和最大制冷系数工况 P_{max} 两种。制冷片在最大制冷量工况下工作时,在实际应用中存在热电制冷片本身的冷热端产生的机械变形量最大的问题。随着使用时间的加长,制冷片就会在焊接层出现"裂纹",并且焊接电阻会相应增加,从而使制冷片的性能和使用寿命降低。因此,在进行热电制冷片工况选择时,建议制冷片在最大制冷系数工况下工作,尽可能地不使用最大制冷量工况。

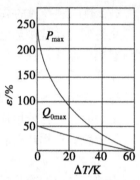

在最大制冷系数 P_{max} 工况和最大制冷量 Q_{0max} 工况下,热电制冷片的制冷系数 ε 与冷热端温差 ΔT 之间的关系如图 2-3 所示。

由图 2-3 可知,当温差 $\Delta T=40$ K 时,制冷系数在两种工况下非常接近;而当 $\Delta T>40$ K 时,热电制冷片比较适合于 Q_{0max} 工况;当 $\Delta T<40$ K 时,制冷片的 P_{max} 则是最优工况。另外,从图 2-3 中还可得出,对于不同的 ΔT 对应于不同的 ε 极限值,当热电制冷片冷热端温差 ΔT 为最大时则有制冷系数 ε 的极限值为零的状况。因此,在研究的过程中只对 P_{max} 工况进行讨论。在

图 2-3　$\varepsilon-\Delta T$ 的关系

本书的研究中,由于 $\Delta T=25$ K<40 K(将在后续计算中得到),根据上述分析可知热电制冷片的工况应选择在最大制冷效率工况来进行研究。

2. 热电制冷片的型号

热电制冷片在最大制冷效率工况下的型号选择及其计算过程如下:

(1) 在 P_{max} 工况下热电制冷片的主要参数的计算

在 P_{max} 工况条件下,用户提出的热负载 Q 其实就可等同于热电制冷片总的制冷量 Q_t,即 $Q_t=Q$。

根据如图 2-4 所示的计算流程,依据已知数据先计算出温差比值 t 和温差倍值 M,再求得最大制冷系数 ε_{max} 与此时热电制冷片的耗电功率 P_t。

已知 $0<T_c<10$ ℃,假设 T_c 取 0 ℃,即 $T_c=273$ K,T_h 为 25 ℃,即 $T_h=298$ K,热电制冷片的工作电压为电脑板输出电压即 $U=12$ V,总制冷量 $Q=19.017$ W(后面计算得到)。根据这些条件选择最大温差为 $\Delta T_{max}=67$ K 的热电制冷片,其优值系数为 $Z=2.6\times10^{-3}$K^{-1},则有:

$$M=\sqrt{1+\frac{Z(T_h+T_c)}{2}}=\sqrt{1+\frac{2.6\times10^{-3}\times(298+273)}{2}}=1.32 \quad (2.1)$$

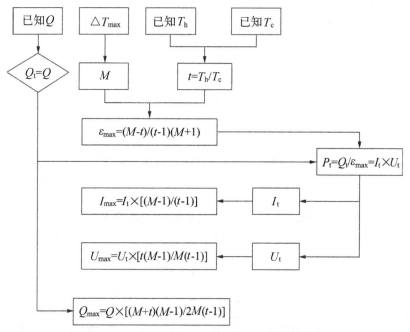

图 2-4　ε_{max} 条件下求 I_{max}、U_{max} 和 Q_{max} 的计算流程图

式中：M—温差倍值；

　　　Z—优值系数；

　　　T_c—冷端温度；

　　　T_h—热端温度。

$$t = \frac{T_h}{T_c} = \frac{298}{273} = 1.09 \tag{2.2}$$

式中：t—温差比值。

$$\varepsilon_{max} = \frac{M-t}{(t-1)(M+1)} = 1.10 \tag{2.3}$$

式中：ε_{max}—最大制冷系数。

$$P_t = \frac{Q_t}{\varepsilon_{max}} = \frac{19.017}{1.10} = 17.288 \text{ W} \tag{2.4}$$

式中：Q_t—最大制冷效率工况下的热负载；

　　　P_t—最大制冷效率工况下消耗的电功率。

取 $U_t = 12$ V，则

$$I_t = \frac{P_t}{U_t} = 1.44 \text{ A} \tag{2.5}$$

式中：I_t——工作电流。

根据上面的计算结果，可以求得 I_{max}、U_{max} 和 Q_{max}，即：

$$I_{max} = I_t \frac{M-1}{t-1} = 3.37 \text{ A} \tag{2.6}$$

$$U_{max} = U_t \frac{t(M-1)}{M(t-1)} = 10.9 \text{ V} \tag{2.7}$$

$$Q_{max} = Q \frac{(M-1)(M+t)}{2M(t-1)} = 61.73 \text{ W} \tag{2.8}$$

(2) 确定型号

在某电子有限公司提供的半导体陶瓷平板制冷器件表中，根据计算的主要参数的结果，选择型号为 TEC1 - 12706 热电制冷片。TEC1 - 12706 热电制冷片的主要参数如表 2 - 2 所示。

表 2 - 2   TEC1 - 12706 热电制冷片的主要参数

最大制冷量	最大温差	最大工作电流	最大工作电压	器件尺寸	元件对数
Q_{max} = 70.3 W	ΔT_{max} = 67 K	I_{max} = 4 A	U_{max} = 12 V	40 mm×40 mm×3.6 mm	127 对

另外，在热电制冷器具设计时，还需根据热负载的情况考虑影响制冷片设计时的最大主导矛盾。如果热负载小和散热系统的散热效率高，并要求温差较大，则耗电量不是主要矛盾，因此热电制冷片设计时需要按照最大温度进行。相反，如果热负载大，制冷效率则是制冷片设计的最大矛盾，则应遵循最大效率工况进行研究。

本书所研究的某型工程机械 E40 热电制冷器具的热电材料选用的是碲化铋合金，由于这种热电材料的性能最优值大约在 70 ℃，并且温度较低的状态下其性能会有所降低。同时在通常状况下多级制冷器的温差的增加值随着级数的增加而变小，并且存在成本高和能耗高的问题，因此一般的制冷器级数在 1～4 级之间。

由于一个标准的单级热电制冷器的最大温差可以达到 72 ℃，因此本书研究的 E40 热电制冷器具，考虑到成本和用户需求，箱内的温度只要比环境温低 20～45 ℃就够了，所以为了减少成本选择单级的碲化铋合金制冷片就能满足设计要求。

2.2   热电制冷器具总体结构设计

根据第 1 章的论述可知，全新产品的研发设计，通常情况下都是采用"自顶向下"的方式进行设计的，因此新产品研发启动后，先要完成产品总体结构的设计。

2.2.1　E40 车载热电制冷器具的总体结构

热电制冷器具是由机械结构、制冷系统、电气控制系统和附件等几部分组成，其整体结构的示意图如图 2-5 所示。图中带"＊"的部分未在本书讨论。

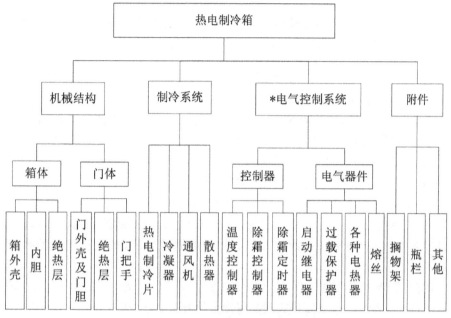

图 2-5　热电制冷器具整体结构的示意图

以下要讨论的某型工程机械 E40 车载热电制冷器具有关要求和设计条件如下：

（1）使用环境温度：环境温度为 15～45 ℃，取 $T_a = 25$ ℃。

（2）箱内有效容积：$V = 40$ L。

（3）箱内工作温度：0 ℃＜t_n≤10 ℃。

（4）采用制冷方式：热电制冷。

根据上述制冷要求和设计条件，并考虑工程机械的现有结构，以及集装箱的装箱合理性，经校核，某型工程机械 E40 车载热电制冷器具的总装外形尺寸为：451 mm×485.5 mm×497.5 mm（长×宽×高）。

2.2.2　E40 热电制冷器具的热负载计算

在热电制冷器具的设计过程中，比较重要的一个设计计算内容就是系统的总热负载（用 Q 表示），因它是选择制冷片的重要依据。总热负载 Q 包含热电制冷器具箱体总漏冷量 Q_1，开门时总漏冷量 Q_2 以及箱内的储物总热量 Q_3 与其他部分的热量 Q_4。各参数的具体计算如下所述。

1. 热电制冷器具箱体总漏冷量 Q_1

热电制冷器具箱体的总漏冷量主要包括 Q_{11}（隔热层的漏冷量），Q_{12}（门封条和门体的漏冷量）和 Q_{13}（结构部件的漏冷量）几个方面。

（1）通过箱体的隔热层的漏冷量 Q_{11}

箱体的内胆和门体的门胆的材料均采用丙烯腈-丁二烯-苯乙烯（ABS）塑料，由于其厚度很小并且比热容较小，在计算漏冷量时把其计算在内，所以箱体的传热过程可视为双层平壁。即：

$$Q_{11} = KA(t_1 - t_2) \tag{2.9}$$

式中：A—箱体的外表面积，单位为 m^2；

K—传热系数，单位为 $W/(m^2 \cdot K)$，由于不同部位 K 的取值也不相同[即有侧面为 $K=0.2826\ W/(m^2 \cdot K)$；顶面和底面为 $K=0.2771\ W/(m^2 \cdot K)$；后面为 $K=0.2747\ W/(m^2 \cdot K)$；门体为 $K=0.3586\ W/(m^2 \cdot K)$]。

由于这里设计的热电制冷器具的外形尺寸为：447 mm×379.5 mm×456.7 mm（长×宽×高），所以侧面总面积是高和宽的乘积的两倍，即 $0.4567×0.3795×2=0.3466\ m^2$；顶面和底面的总面积是长和宽的乘积的两倍，即 $0.447×0.3795×2=0.3393\ m^2$；后面的面积和前面的面积相同，都是长和高的乘积，即 $0.447×0.4567=0.2041\ m^2$。

因此，侧面的漏冷量计算为：$Q=KA\Delta T=KA(t_1-t_2)=0.2826×0.3466×(25-10)=1.4692\ W$；顶面和底面的漏冷量计算为：$Q=0.2771×0.3393×(25-10)=1.4103\ W$；后面的漏冷量计算为：$Q=0.2747×0.2041×(25-10)=0.8410\ W$；门体的漏冷量计算为：$Q=0.3586×0.2041×(25-10)=1.0979\ W$。

即整个箱体隔热层漏冷量为：

$$Q_{11}=1.4692+1.4103+0.8410+1.0979=4.8184\ W$$

（2）通过门封条和门体漏冷量 Q_{12}

Q_{12} 的具体数值无法用数学公式精确地计算出来，因此在这里 Q_{12} 取经验值，用 Q_{11} 的 15% 的数值作为通过门封条和门体的漏冷量，即

$$\begin{aligned}Q_{12}&=0.15×Q_{11} \tag{2.10}\\&=0.15×4.8184\\&=0.7228\ W\end{aligned}$$

（3）结构部件的漏冷量 Q_{13}

在箱体的结构设计过程中，由于箱体本身是由聚氨酯发泡成型的，因此不存在冷桥，故 Q_{13} 值可以忽略不计。

即热电制冷器具箱体总漏冷量为：

$$Q_1 = Q_{11} + Q_{12} \tag{2.11}$$
$$= 4.8184 + 0.7228$$
$$= 5.5412 \text{ W}$$

式中：Q_1—箱体总漏冷量；

Q_{11}—隔热层的漏冷量；

Q_{12}—门封条和门体漏冷量。

2. 开门漏冷量 Q_2

热电制冷器具的有效容积 $V = 0.04 \text{ m}^3$，按照每小时开门一次来计算（用 n 表示，$n = 1$）；热电制冷器具的使用环境的空气的比体积 V_n 经查表取 $0.86 \text{ m}^3/\text{kg}$；在热电制冷器具使用时开关门的过程中进入箱内的具有环境温度和湿度的空气，当这部分气体与设定的制冷器具的温度相同时其降温降湿比焓差 Δh 经查表取 12.4 kJ/kg，则单位时间内开门时的漏冷量可计算为：

$$Q_2 = \frac{Vn\Delta h}{2 \times 3.6 V_n} \tag{2.12}$$
$$= \frac{0.04 \times 1 \times 12.4}{2 \times 3.6 \times 0.86}$$
$$= 0.08 \text{ W}$$

式中：Q_2—开门漏冷量；

V—热电制冷器具的有效容积；

n—单位时间的开门次数；

Δh—空气的比焓差；

V_n—制冷器具使用环境的空气的比体积。

3. 储物热量 Q_3

热电制冷器具中的储物以水为例（水的比热容最大），水为室温状态的温度 $t_1 = 25 \text{ ℃}$，放在热电制冷器具中达到的温度为 $t_2 = 0 \text{ ℃}$，则箱内储物的总质量 $m = 0.0004 \times 1000 = 0.4 \text{ kg}$，水的比热容为 $c = 4.2 \times 10^3 \text{ J}/(\text{kg} \cdot \text{℃})$，这时储物热量 Q_3 为：

$$Q_3 = \frac{mc|(t_1 - t_2)|}{3.6 \times 10^3} \tag{2.13}$$
$$= \frac{0.4 \times 4.2 \times 10^3 |(0 - 25)|}{3.6 \times 10^3}$$
$$= 11.667 \text{ W}$$

式中：Q_3—储物热量；

m—储物的质量；

t_1—储物的初始温度；

t_2—制冷器具的设定温度。

4. 其他热量 Q_4

除了上面计算的之外还有另外的一部分热负载，即箱体内部的零件和箱壁在降低到设定温度时的热负载等，在这里为了方便计算，这部分热量没有计算在内，即 $Q_4=0$。

因此，在 $Q_4=0$ 的情况下，热电制冷器具的总热负载，根据经验一般取通过箱体的总漏冷量 Q_1、开门漏冷量 Q_2 与储物热量 Q_3 三者之和的 1.1 倍。即

$$Q=1.1(Q_1+Q_2+Q_3) \tag{2.14}$$
$$=1.1\times(5.5412+0.08+11.667)$$
$$=19.017\ \text{W}$$

式中：Q—热电制冷器具的总热负载；

$\qquad Q_1$—箱体的总漏冷量；

$\qquad Q_2$—开门漏冷量；

$\qquad Q_3$—储物热量。

另外，箱体内部的零件、箱壁及储物等除了从初始温度降低到制冷器具设定温度的过程中要释放热量之外，保持该温度不变同样需要吸收冷量。根据经验数据可知，后者比前者小得多，所以在本书中的热电制冷器具的总热负载即为 Q。

2.3　E40 热电制冷器具的关键零部件设计

某型工程机械 E40 车载热电制冷器具的机械结构主要由内胆、箱体外壳、绝热层、门体外壳和门胆（门封胶条、门铰链等）、箱内附件（如搁物架）等零部件组成（如图 2-6 所示）。由于影响热电制冷器具制冷效率的主要因素涉及箱内的有效容积、箱体的结构形式、制冷器具的绝热层厚度及绝热材料的质量等方面，因此在制冷器具的机械结构设计和开发过程中重点集中在这几个方面。

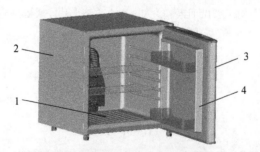

图 2-6　某型工程机械 E40 车载热电制冷器具的总体结构图

1—内胆　2—箱体外壳　3—门体外壳　4—门胆

某型工程机械 E40 车载热电制冷器具的后部结构如图 2-7 所示。

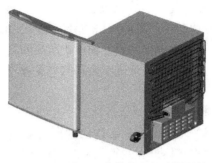

图 2-7　某型工程机械 E40 车载热电制冷器具的后部结构

E40 车载热电制冷器具的内部结构如图 2-8 的全剖左视图所示,图中能清楚地看出内部结构及各部分的装配关系。

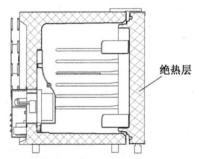

绝热层

图 2-8　E40 车载热电制冷器具的全剖左视图

2.3.1　热电制冷器具的箱体外壳

1. 外壳的设计

E40 热电制冷器具的外壳由箱外壳、门外壳、背板和底板四部分组成。

根据实际经验,E40 热电制冷器具的箱外壳和背板采用 0.5 mm 的 08F 钢板经冲压和焊接成型,并在箱外壳和背板的外表面采用表面喷漆或喷塑处理,使制冷器具的外观更漂亮,也更耐磨耐脏。门外壳设计采用 0.4 mm 的拉丝面板制成。随着科技的发展,国内外已经研究出各种彩板,使用户对热电制冷器具的产品外观选择余地更大,并可使生产企业的制造流程缩短、工序减少。

2. 外壳的结构形式分类

热电制冷器具箱体外壳的结构形式有拼装式外壳和整体式外壳两种形式。

（1）拼装式外壳

拼装式外壳在制作加工时,先把左侧板、右侧板、顶板、背板等零部件做成单个零件,不是采用焊接的方式把上面的零部件组装成一体,而是把它们先放置在工艺装配生产线上,现场通过聚氨酯泡沫塑料与内胆一起发泡来形成箱体外壳的完整结构。拼装式的箱体外壳的优点是成型过程中不需要大型辊轧设备、箱体的规格型号变化非常容易,具有适合于产品的规格型号经常变化的特点,但它也存在零部件单独生产的过程中要求每个单件的尺寸精度要求高和箱体的强度不如整体式外壳等缺点。热电制冷器具的拼装式外壳结构在欧洲企业中较为常见。

(2) 整体式外壳

整体式外壳是将底板和左、右侧板折弯成字母"U"字形,或顶板和左、右侧板经冲压、折边加工成字母"U"字的倒形。这两种形式的整体式外壳各自存在一定的不足,如前一种形式要求箱体外壳的辊轧宽度相对比较宽,而后一种形式则要求辊轧线长度相对前者比较长。这种结构形式的热电制冷器具外壳在美国等发达国家经常使用。

但随着技术的发展和人们生活水平的提高,人们对热电制冷器具的外观和使用性能的要求越来越高,又由于其拼装式外壳的结构形式的缺点对制冷器具使用性能的影响,因此这里所研究的热电制冷器具的外壳结构采用整体式结构,本书所讨论的 E40 热电制冷器具的箱体外壳如图 2-9 所示。

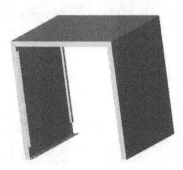

图 2-9 整体式结构的箱体外壳

3. 热电制冷器具的背板

根据背板是否冲压有凹槽,热电制冷器具的背板的结构形式分为以下两种。

(1) 背板冲压出凹槽

为了提高冷凝器的散热效果,通常在热电制冷器具的背板上向里冲压做成一个凹槽,这不仅可以缩小制冷器具后部的电路板和背板之间的距离,同时可使制冷器具的结构更加紧凑。但是这种结构形式的背板具有工艺性能较差的不足。

(2) 背板不做出凹槽

另外一种结构形式就是在背板上不再做出凹槽,而是做成平整结构,这种形式的背板具有工艺性能好的特性。但是它却存在冷凝器的结构要改变、成本要增加、冷凝器与背板接触面积增大而影响散热、电路板凸出背板过多而影响美观等缺点。

根据上述分析和结构设计计算,综合总体结构的合理性、工艺性、可靠性和耐用性等特点,本书研究的 E40 热电制冷器具的背板结构采用第一种设计方案,其结构如图 2-10 所示。

图 2-10　E40 车载热电制冷器具的背板结构

2.3.2　热电制冷器具的内胆和门胆

热电制冷器具的内胆由箱体内胆(以下简称内胆)和门体内胆(以下简称门胆)两部分组成。热电制冷器具的内胆位于最里层,它的作用是将绝热层与冷藏物品的空间隔开,并借助搁物架和瓶栏等附件来存放物品。在热电制冷器具的使用过程中存在内胆和门胆与食品直接相互接触的可能性,因此,在选择制冷器具的内胆和门胆材料时必须选用无毒、无味及耐腐蚀性的材料。

1. 内胆和门胆材料的发展

随着人们对生活质量追求的不断提高,更多用户在选择制冷器具时都会选用可以预防与抵抗有害细菌滋生的健康型制冷器具。为了适应市场需求,国内的一些制冷器具生产企业相继研发了一些新型的健康制冷器具。这种制冷器具的内胆和门胆所选用的材料就是经过特殊处理并加入具有抗菌杀菌功能的材料 ABS (Acrylonitrile Butadiene Styrene,丙烯腈-丁二烯-苯乙烯)或 HIPS(High Impact Polystyrene,耐冲击性聚苯乙烯)塑料,从而明显提高了制冷器具内食品的卫生环境。

2. 内胆和门胆材料的选择

当前,制冷器具的内胆和门胆的材料既有使用经过特殊处理的薄钢板、不锈钢板和防锈铝板等金属材料的,也有使用丙烯腈-丁二烯-苯乙烯或经过改性的聚苯乙烯塑料。由于塑料板材具有良好的工艺特性和优质性能,目前塑料板材已经成为我国制冷器具内胆和门胆的首选材料,但大部分所采用的是丙烯腈-丁二烯-苯乙烯塑料板材,只有少数企业的内胆和门胆使用耐冲击性聚苯乙烯塑料板材。

丙烯腈-丁二烯-苯乙烯塑料板材的特点是呈白色或奶黄色,无毒、无味、耐腐蚀、重量轻,是一种理想的制冷器具内胆和门胆材料。因此,这里研发的E40车载热电制冷器具的内胆和门胆所选择的材料均是经过抗菌杀菌剂特殊处理的丙烯腈-丁二烯-苯乙烯塑料板材经真空吸塑成型而得到的,其内胆和门胆结构如图2-11、图2-12所示。

图 2-11　内胆　　　　　　　　　　　　　图 2-12　门胆

2.3.3　热电制冷器具的门体

1. 门体的结构

热电制冷器具的门体由门外壳、门胆、磁性密封条、门拉手和门饰条等零部件组成,设计完成的门体三维结构爆炸图如图2-13所示(不含发泡绝热层)。

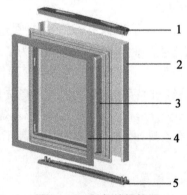

图 2-13　门部件爆炸图
1—门拉手　2—门外壳　3—门胆　4—磁性密封条　5—门饰条

门体纵向断面图如图2-14所示(纵向断面图水平放置)。

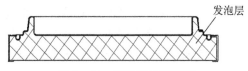

图 2 - 14　门体纵向断面图

通常情况下,为了提高门体的外观效果,一般在门体的四周增加装饰性的彩色塑料边框。随着制冷器具业的迅速发展,现在又出现了一种把装饰性的边框做成制冷器具门体的主体结构的一部分,即所谓的门体框架结构。框架结构的门体是把门封条采用取代螺钉固定的连接形式,使其嵌入到塑料框架里面,将制冷器具的装配工艺过程得到简化。

另外,在热电制冷器具的结构设计中,考虑到不同用户的使用习惯和工程机械安装空间的不同,将门体与箱体的连接采用可根据用户需要自由选择右开或左开的方式,增加了人性化功能设计。

2. 磁性门封条

制冷器具的门与门框之间的周围采用磁性密封条作为密封装置(即磁性门封),关门后使门体与箱体吸合,可以保证良好的密封性能,从而防止门体与箱体相结合的地方间隙过大而使冷气产生泄漏,或环境中的热空气进入箱体内。磁性密封条的断面结构如图 2 - 15 所示。磁性门封在制冷器具的门体结构中占有非常重要的地位,它是由软质聚氯乙烯(Polyvinyl Chloride,PVC)门封条和插入其内的磁性胶条组成。

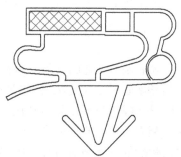

图 2 - 15　磁性密封条的断面结构

一般情况下,制冷器具门封处的热损失可达总热损失的 15% 左右,故制冷器具的磁性门封条对箱体的绝热起着十分重要的作用。磁性密封条除了可以帮助门体处的热损失减少之外,还可以阻止从制冷器具外部的潮热含尘气体侵入箱体里面,从而保证热电制冷器具内所保存食品的清洁和卫生。

2.3.4　热电制冷器具的绝热层

热电制冷器具利用科学合理的制冷系统来提高制冷效果,除此之外,箱体的保温效果也是保证热电制冷器具制冷效果的关键因素。在热电制冷器具的热损失中,主要体现在以下几个方面:① 箱体绝热层的热损失,约占总热损失的 75%;② 门体和磁性门封条的热损失,约占总热损失的 15%;③ 箱体结构零部件的热损失,约占总热损失的 5%。

由此可见,在热电制冷器具的结构设计中,绝热层的设计是至关重要的一部分。

考虑到绝热层的厚度是影响制冷器具的外形总尺寸的直接因素，为了减少通过绝热层损失箱体内的冷量和耗电量，则需要增加绝热层的厚度。但与此同时，制冷器具的总体外形尺寸和成本也会增加。因此，要特别强调绝热层厚度的合理确定。

在热电制冷器具的研究设计和使用过程中，设计者和用户都希望制冷器具保温性能尽可能地高，制冷效果尽可能地好，兼具省电又便宜的特性。因此，我们希望在提高热电制冷器具性能的同时合理减少绝热层的厚度。根据箱内容积和实践经验，本课题所研发的某型工程机械 E40 车载热电制冷器具的绝热层平均厚度确定为：顶面及底面 36.2 mm，背面 39.0 mm，侧面 37.5 mm，门体 46.6 mm。这里要强调的是平均厚度，主要是考虑到内胆和门胆因吸塑成型工艺要求的原因，绝热层无法设计成均一厚度。

1. 绝热层的材料

由于热电制冷器具的总热负荷中约有 80% 以上是通过箱壁传入箱内的，所以必须设置性能优良的隔热保温层以有效减少制冷器具的耗电量。因此在热电制冷器具的外壳和内胆之间、门外壳和门胆之间，都充满了隔热材料作为绝热层。

随着制冷工业的发展和科技的进步，热电制冷器具绝热层的材料目前用得较多的是硬质聚氨酯泡沫塑料（Rigid Polyurethane Foam），这种新型材料是将呈液态的异氰酸酯与多元醇两种化学原材料混合并添加发泡剂。混合后的多元醇和异氰酸酯立即发生放热反应，同时所添加的发泡剂因吸收热量而由液态变成气态，这样汽化后的发泡剂则留存在绝热层的泡孔中，对保温性能起着决定性作用。

硬质聚氨酯泡沫塑料（Rigid Polyurethane Foam）多为闭孔结构，具有绝热效果好、重量轻、比强度大、施工方便等优良特性，同时还具有隔音、防震、电绝缘、耐热、耐寒、耐溶剂等特点，广泛用于冰箱、冰柜的箱体绝热层、冷库、冷藏车等绝热材料，建筑物、储罐及管道保温材料，少量用于非绝热场合，如仿木材、包装材料等。硬质聚氨酯泡沫塑料一般为室温发泡，成型工艺比较简单。按施工机械化程度可分为手工发泡及机械发泡；按发泡时的压力可分为高压发泡及低压发泡；按成型方式可分为浇注发泡和喷涂发泡。

用于热电制冷器具绝热层的这种泡沫塑料具有重量轻、绝热性能较好、导热系数比较低以及绝热层厚度相对较薄等优点。

2. 提高热电制冷器具隔热和保温性能的方法

为了提高热电制冷器具的隔热和保温性能，主要从以下两个方面着手解决。

（1）采用整体发泡技术

热电制冷器具在箱体和门体中采用整体发泡技术，这样不仅减少了螺纹连接等连接方式导致结构复杂化的问题，同时还可以使箱体和门体的强度和使用寿命增加，并且减少箱体和门体的漏冷量，从而达到节能的目的。

（2）合理分配保温层的厚度

根据热电制冷器具箱体的不同部位以及箱体的内壁与外壁面之间温度存在差别，在既可提高制冷器具的保温性能，又可减少产品成本的前提下，通常采用计算、模拟以及实验等综合方法来合理、有效地分配热电制冷器具各处的绝热层厚度。

3.　绝热层的工艺过程

本书研究的 E40 车载热电制冷器具的绝热层所选用的材料是经一次发泡的聚氨酯泡沫塑料。箱体的绝热层工艺方法与门体类似，因此这里以门体绝热层的工艺过程为例来说明。

在门外壳与门胆之间填充的绝热层工艺过程是采用门体一体发泡的新技术，在完成门体的门外壳、门端盖和门把手等部件后，将门胆放置于上面，将门胆的一侧采用胶带固定好。首先应用机械手把门胆拉开注入发泡液体，其次让机械手松开门胆而合模成型并开始发泡，整体发泡结束后安装门封。

这种门体成型工艺方法适合各种型号的门体发泡，主要有以下特点：

（1）没有使用门衬板和螺钉，并可合理减小门胆的厚度。

（2）可均匀充分地在门胆与门外壳间充满绝热泡沫塑料，提高了隔热性能。

（3）有效加强了门胆强度，并可防止瓶栏储物过重而使门胆形状发生变化。

（4）进一步降低了热电制冷器具的制造成本及整机运行耗电量。

2.3.5　热电制冷器具的其他附件

在热电制冷器具的结构组成中，除了机械结构、电器控制系统与制冷系统等主要组成部分以外，还有一些诸如搁物架、瓶栏和底脚调节螺栓等附件，它们在制冷器具的功能结构中也起到了非常重要的作用，现简要介绍如下。

1.　搁物架

本书研究的某型 E40 车载热电制冷器具由于有效容积较小（40 L），因此箱内放置了两个金属材质搁物架，以提高承载能力。同时在箱内设置了根据用户需要可以随时上下移动的位置来安放搁物架以适合所存入的食品。E40 车载热电制冷器具中的搁物架如图 2 - 16 所示。

图 2 - 16　搁物架

2.　瓶栏

瓶栏多用透明塑料制成，安装于热电制冷器具的门体上，用来存放瓶装饮料等食物，可充分利用热电制冷器具的使用空间。E40 车载热电制冷器具中的瓶栏如图 2 - 17 所示。

图 2 - 17　瓶栏

3. 底脚及调节螺栓

　　为了使箱体易于调节水平,能保持较好的平衡状态,通常在热电制冷器具的箱体底部设计安装了底脚调节螺栓,以适应不同型号、不同空间的工程机械。底脚结构如图 2 - 18 所示,其中左图为带有调节螺栓的底脚,右图为配合下轴座的底脚。

图 2 - 18　底脚　　　　　　　　图 2 - 19　下轴座

　　下轴座结构如图 2 - 19 所示,装上下轴座及底脚的 E40 车载热电制冷器具底部结构如图 2 - 20 所示。

图 2 - 20　E40 车载热电制冷器具底部结构

2.4　E40 热电制冷器具的散热系统设计

2.4.1　热电制冷器具的散热原理

　　在热电制冷器具的制冷系统中,制冷片在工作时一侧产生冷量则另一侧会释放热量,其释放热量的热端与其周围的介质间存在热量的交换。为了尽快把热量带走从而提高制冷效率,通常会在制冷片的热端增设散热器,其原理如图 2 - 21 所示。

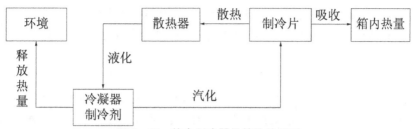

图 2-21　热电制冷器具的散热原理

有时为了提高热电制冷器具的制冷效果,在原有热电制冷器具的热端增设散热器的基础上,再添加冷凝器作为制冷器具的散热系统的一部分。热电制冷器具的冷凝器能提高制冷效率的原理是利用冷凝器中能吸收箱内的热量蒸发而变成气态的制冷剂,而使冷凝器内产生压力差,使制冷剂在冷凝器中发生循环,因此可快速散热。冷凝器中的气体向周围的环境中释放热量并凝结液化实现制冷,达到散热的目的。

2.4.2　热电制冷器具的散热方式

常见的热电制冷器具散热方式主要有以下四种。

1. 空气自然对流散热

空气自然对流散热方式要求散热系统的散热器具有较大面积的散热片作为换热器,如图 2-22 所示的是小型制冷器具的常用散热方式。空气自然对流散热的原理就是把制冷对象中的热量通过冷端的吸热片吸收带走,然后借助绝热层的导热功能把冷端吸收的热量传递到散热片,最后利用散热片与周围空气的自然对流而实现散热制冷的目的。

空气自然对流散热方式的不足是散热系统依赖于空气的对流,所以散热效果较差。

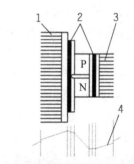

图 2-22　制冷系统不同位置的温度曲线
1—散热片　2—绝缘层　3—吸热片　4—温度曲线

2. 强迫通风散热

强迫通风散热方式是在空气自然对流散热方式的基础上借助电动通风机加速热端散热片的风道中的空气流通速度,从而提高热电制冷器具散热系统的散热效率。在散热功率相同的前提下,若使用强迫通风散热,其散热片的散热面积相比空气自然对流散热方式将小很多,这样更利于满足小型制冷器具本身要求总体积小的要求。

由于强迫通风散热方式的散热器面积小、成本低,市场上可供选择的电动通风机型号很多,它是目前应用于小型热电制冷器具的散热系统中最为广泛的一种散热方式。但这种散热方式的缺点是增加通风电机后热电制冷器具的噪音会有所增加。

3. 水冷散热

水冷散热方式是所有散热方式中散热效率最高的一个,与空气自然对流散热方式相比,其散热系数将大 100 甚至 1000 倍以上。如果在热电制冷器具的制冷片的热端增加小直径的弯曲水管或水箱,则散热器与水之间的散热由于水的比热大的特点使散热系统的散热效果大大提高,同时散热器的面积也相应地减小。

水冷散热方式由于要求在热电制冷器具散热系统的结构中要增加水管或水箱,因此会加大热电制冷器具的体积和重量。另外,水冷散热系统一定要确保装置的密封,不能渗漏,因此对车载小型热电制冷器具来说,并不是最好的选择。

4. 环流散热

环流散热方式从本质来看可以看作是水冷散热和空气自然对流散热两种散热方式相互融合,或者看作是水冷散热和强迫通风散热这两种散热方式的相互结合。因为在确定散热器的散热面积的时候,环流散热系统的计算相对比较麻烦,一般要借助实验来完成,从而增加了热电制冷器具的设计成本,因此限制了它的应用范围。

2.4.3　E40 热电制冷器具的散热系统的设计

在热电制冷器具的散热方式分析中,强迫通风散热是最适合应用于车载小型热电制冷器具的散热方式。在强迫通风散热方式中,借助直流电机风扇加快热电制冷器具箱内的空气流动速度,提高了制冷效率。另外,散热直流电机风扇本身的使用为这种方式散热带来了更好的散热效果。强迫通风散热方式有以下特点:

(1) 电机中采用直流电,没有电磁干扰。

(2) 电机的产品类型比较多,可供选择的空间大,成本低。

(3) 采用特殊的内部结构设计,具有使用时间长、噪音低和防水防潮的优点。

热电制冷器具的散热风扇安装位置是在热电制冷片的冷端,目的是加快制冷器具内的空气流动速度,使制冷片产生的冷量在制冷通道中快速传递到箱内的各个角落,提高制冷的效率。因此在散热风扇的前面需要设计一个风机罩,使箱内的食品与风机分隔开,同时温度传感器也安装其内。风机罩的结构如图 2-23 所示。

本书研究的热电制冷器具散热系统中,除增加风扇电机之外,还借助冷凝器把热电制冷片的冷端吸收箱内待冷食品的热量尽快释放到箱外,因此可提高系统的散热效率。冷凝器的作用是将高压高温的气体变成高压常温的液体,在此过程中伴随放热和吸热现象,达到冷凝和散热的目的。

图 2-23　风机罩

　　冷凝器常用的形式也是多种多样的,经综合考虑,在本例的研究中所选用的冷凝器是丝管式冷凝器,其冷凝器的形式及安装在箱体中的位置如图 2-24 所示。另外,要求冷凝器中填充的是无氟的 R134a 环保型的制冷剂,以符合绿色环保热电制冷器具的要求。

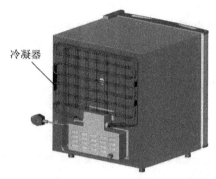

冷凝器

图 2-24　热电制冷器具冷凝器及其安装位置

参 考 文 献

[1] 金苏敏.制冷技术及其应用[M].北京:机械工业出版社,1999.

[2] 金文,遆红杰.制冷技术[M].北京:机械工业出版社,2009.

[3] 徐德胜.半导体制冷与应用技术[M].上海:上海交通大学出版社,1992.

[4] 徐德胜,刘贻苓,何项问.半导体制冷和应用技术[M].上海:上海交通大学出版社,1999.

[5] Zhang L P,Yu X J,Xiao X M. Development of thermoelectric Materials [J]. Advanced, 2006 (3): 20-25.

[6] Lee J S, Rhi S H, Kim C N, et al. Use of two-phase loop thermosyphons for thermoelectric refrigeration: experiment and analysis [J]. Appl. Them. Eng, 2003 (23): 1167 -1176.

[7] Vian J G, Astrain D. Development of a heat exchanger for the cold side of a thermoelectric module[J]. Appl. Them. Eng, 2008 (28): 1514-1521.

[8] Chung M, Miskovsky N M, Cutler PH, et al. Theoretical analysis of a field emission enhanced semiconductor thermoelectric cooler[J]. Solid-state Electronics, 2003(47): 1745-1751.

[9] Chakraborty A, Saha B B, Koyama S, et al. Thermodynamic modeling of a solid state thermoelectric cooling device: Temperature—entropy analysis[J]. Int. J. Heat Mass Transfer, 2006(49): 3547-3554.

[10] Esarte J, Blanco J M, Mendia F, et al. Improving cooling devices for the hot face of Peltier pellets based on phase change fluids[J]. Appl. Therm. Eng, 2006(26): 967-973.

[11] Reiyu Chein, Yehong Chen. Performance of thermoelectric cooler integrated with microchannel heat sink[J]. International Journal of Refrigeration, 2005(28): 828-839.

[12] Sofrata H. Heat rejection alternatives for thermoelectric refrigerators [J]. Energy

Convers. Manage,1996,37(3)：269 - 280.

[13] 蒋新强,杜群贵,高俊岭,等.热电制冷冰箱散热器热分析及其结构尺寸研究[J].机械设计与制造,2010(1)：94 - 96.

[14] 周永安,欧林林.半导体制冷冰箱的研究[J].真空与低温,2001(4)：229 - 232.

[15] 韩杰,谢元华,李拜依,等.活塞式压缩机的研究进展[J].节能,2014,33(12)：17 - 23.

[16] 胡韩莹,朱冬生.热电制冷技术的研究进展与评述[J].制冷学报,2008(10)：1 - 7.

[17] 金苏敏.制冷技术及其应用[M].北京：机械工业出版社,2010.

[18] 解国珍.制冷技术[M].北京：机械工业出版社,2009.

[19] 何超杰.基于热电转换的车载半导体冷暖箱系统设计[D].武汉：武汉理工大学,2013.

[20] 钟广学.半导体制冷器件及其应用[M].北京：科学出版社,1991.

[21] 二代龙震工作室.SolidWorks 2009 基础设计[M].北京：清华大学出版社,2009.

[22] 王亚平.制冷技术基础[M].北京：机械工业出版社,2017.

[23] 何世松,贾颖莲.基于 Creo 的农机随车冰箱塑模开发与应用[J].农机化研究,2012,34(06)：165 - 168.

[24] 贾颖莲,何世松,贾君莲.基于 SolidWorks 平台的产品设计研究与应用[J].煤矿机械,2006(12)：93 - 94.

[25] 张博,王亚雄.热电制冷液体冷却散热器的实验研究[J].化工学报,2014,65(09)：3441 - 3446.

[26] 王亚雄,张博.新型热电制冷装置的实验开发[J].化工进展,2015,34(03)：675 - 679.

[27] 戴剑侠.微电子芯片冷却的实验研究和数值模拟[D].镇江：江苏大学,2007.

[28] 罗清海,李高峰,肖晟浩.电子器件热电制冷温度条件的优化[J].半导体光电,2014,35(02)：266 - 270.

[29] 何世松,贾颖莲.Creo 三维建模与装配[M].北京：机械工业出版社,2017.

[30] 陈旭,毕人良.电子设备冷却中热电制冷的设计与应用[J].计算机工程与科学,2001(04)：43 - 45,48.

[31] 陈林根,孟凡凯,戈延林,等.半导体热电装置的热力学研究进展[J].机械工程学报,2013,49(24)：144 - 154.

[32] 朱冬生,雷俊禧,王长宏,等.电子元器件热电冷却技术研究进展[J].微电子学,2009,39(01)：94 - 100.

[33] 赵亮,张丰华,杨明明,等.热电制冷器散热性能实验研究[J].机械研究与应用,2016,29(03)：123 - 124.

[34] 职更辰,王瑞.热电制冷技术的进展及应用[J].制冷,2012,31(04)：42 - 48.

[35] 王江,武士坤,苏晓群,等.某特种设备热电制冷热端散热实验研究[J].制冷空调与电力机械,2007(04)：7 - 9.

[36] 李巍.热电制冷器的动态特性研究[D].南京：南京航空航天大学,2006.

第3章
工程机械车载热电制冷器具总装与仿真

根据有关标准和用户的要求,采用"自顶向下"设计模式,确定工程机械车载热电制冷器具的总体设计与布局,对零件的细部结构进行准确设计后,反过来要用"自底向上"设计模式进行总装与虚拟仿真,以验证设计是否科学、合理、有效。

在热电制冷器具的研究开发过程中,设计者的最终追求目标就是制冷效果。但影响热电制冷器具的制冷性能的因素除了热电制冷片的材料、散热系统所选择的散热方式以外,还与热电制冷器具的零部件的结构设计和其装配工艺有关。本文借助SolidWorks 软件实现 E40 热电制冷器具的虚拟装配、碰撞干涉和结构仿真,使产品在加工前就能检验各零部件间的相互配合是否适宜。为缩减样机实验、反复调试等费用,在 SolidWorks 中直接进行箱体和门体的虚拟装配和结构仿真。

3.1 总装概述

装配是指按照规定的顺序与技术要求,将零件组成部件与将零件和部件组成机器或设备的工艺过程,其中的机器或设备的装配称为总装。当总装配体的零部件较多或结构较复杂时,必须借助局部装配的方法。对于大多数的虚拟装配工作操作,不论是子装配体还是总装配体都是一样的。

在 SolidWorks 软件的装配操作过程中,如果将一个零件添加到装配体文件中,它们之间便形成了一个关联性的链接。若设计者打开装配体文件,系统就会去查找并在装配体中显示已经查找到的零部件文件。因此设计者要养成一个好的管理文件的习惯,就是要求把装配体文件和与其有关的文件都放置在同一个目录中(这个目录在 Creo 中称为工作目录)。此外,由于在装配体和零部件间的双向关联特性,使得在零部件文件中的修改和变更都将会自动反映到该零部件的装配体文件中,这也正体现了使用三维参数化软件 SolidWorks、Creo 进行 E40 热电制冷器具结构设计的优势。

3.1.1 装配体文件创建和加载零部件的方法

以下以 SolidWorks 软件为例,介绍车载热电制冷器具装配体文件创建和加

载零部件的方法。在 SolidWorks 软件中,装配体文件的创建与零部件文件的加载主要操作步骤和方法如下:

1. 新建装配体文件

启动 SolidWorks 软件,在主界面中选择下拉菜单"文件"→"新建…",则弹出"新建 SolidWorks 文件"对话框,在该对话框中选择第二项"装配体",如图 3-1 所示,单击"确定"按钮进入到装配体文件的操作环境。

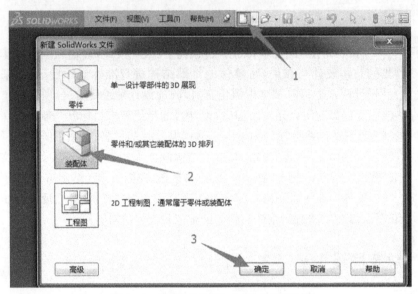

图 3-1 "新建 SolidWorks 文件"对话框

2. 添加零部件文件

在 SolidWorks 软件的装配体文件中,装配零部件文件的方法比较多,可根据需要选择适合的方法来添加,在这里把常用的三种方法做一简单介绍。

(1) 菜单或工具栏加载法

菜单或工具栏加载法就是应用菜单或工具栏中的选项,借助菜单流程来引导设计者完成零部件文件的添加。若设计者是向刚刚建好的装配体文件中装配第一个零件,则必须选用如图 3-2 所示的操作来进行,这时在窗口中单击"浏览"按钮,找到要加载的文件所在的位置并加载该零件。如在此基础上继续装配时,则可选用菜单加载法来完成。菜单加载法的流程是选择下拉式菜单"插入"→"零部件"→"现有零部件/装配体…"选项。

图 3-2 加载第一个零部件的操作

（2）直接拖拉法

向装配体文件中加载零部件文件的另一个常用的方法就是直接拖拉法，它的操作方法是先将零部件文件打开，然后直接向装配体文件窗口拖拉该零部件即可完成加载，其操作如图 3-3 所示。

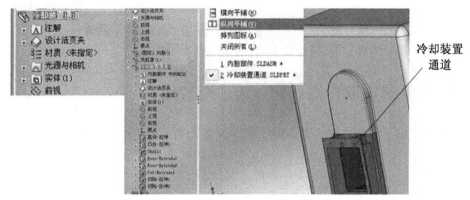

图 3-3　直接拖拉法加载零部件

（3）直接复制法

直接复制法是装配零部件文件的方法中较为特殊但又比较实用的一种方法。它是针对当前在装配体文件中已经加载了一个零部件，如需要继续装配与前一个零部件一样的零部件的应用场合。其操作步骤就是按住"Ctrl"键并选取要加载的零部件，将该零部件直接拖拉到要装配的位置即可实现装配。

以上方法（2）和方法（3）均需要在加载之前平铺好已打开的 SolidWorks 软件窗口，以便可以方便快速地进行拖拉或复制。

3.1.2　装配体的编辑

对装配体文件进行编辑是指对零部件文件向装配体文件进行装配时，有时会存在已装配完成的零部件和子装配体的位置不合适或与设计位置相差太远，或有时要进行设计变更所要做的操作。

1. 显示方面的编辑

在 SolidWorks 软件中，对于装配体较复杂和零部件较多时，如果能选用合适的显示方式，将会使装配体的结构更易于设计者的理解，在这方面软件共提供了三种方法。

（1）着色：对零部件或相关的子装配体呈现相同的颜色。

（2）透明度：改变装配体中零部件的透明度，以方便观察不可见零部件之间的关系。

（3）孤立：让设计者能清晰地看到当前所要研究的零部件。

2. 零部件设计的变更

当装配体文件需要设计变更时，SolidWorks 软件在装配体与零部件之间提供了一个双向关联的通道,允许设计者在需要设计变更的零部件中修改,并将修改后的信息直接在装配体文件中体现出来。

3. 子装配体的编辑

在 SolidWorks 软件中,子装配体的编辑操作主要有以下三种情况:

(1) 解散子装配体。

(2) 在装配体窗口的"特征管理区"中直接调整其位置直至合适。

(3) 在装配体窗口的"特征管理区"里做编辑操作配合。

3.2　E40 热电制冷器具箱体的虚拟装配

工程机械车载热电制冷器具的总装与大多数制冷器具的工艺流程相似,如图 3-4 所示。

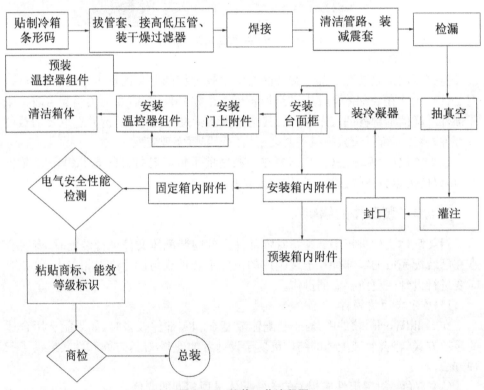

图 3-4　总装工艺流程图

3.2.1　热电制冷器具箱体的装配

在 E40 热电制冷器具箱体的装配中,需要装配的箱体结构主要零件如表 3-1

所示。

表 3-1　箱体结构的主要零件

编号	零件名称	建模完成图
1	箱外壳	
2	内胆	
3	风机罩	
4	冷却装置 通风道	

（续表）

编号	零件名称	建模完成图
5	搁物架	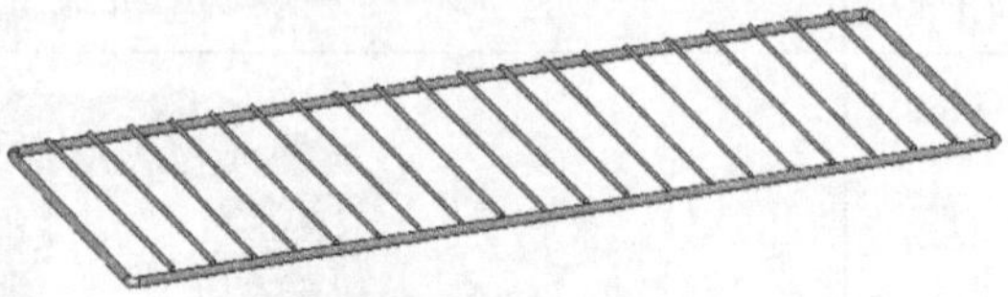
6	后底板	
7	冷凝器	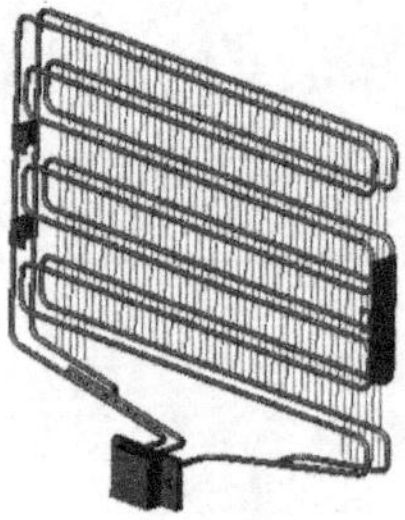
8	控制器后盖	
9	电源接线	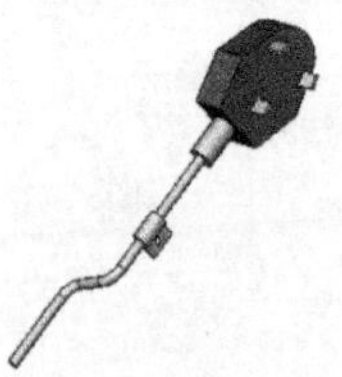

（续表）

编号	零件名称	建模完成图
10	下梁（含底板）	
11	左底脚	
12	右底脚	

为了完成箱体的装配过程,按照前一节中的操作方法和步骤,首先要先创建一个装配体文件,然后将表 3-1 中的零件按照各零部件的正确装配关系位置(不一定按表中的序号作为装配顺序),采用相应的方法进行加载并完成箱体的装配。

如果在装配的过程中遇到问题,就可利用装配体的编辑功能来进行操作,直到符合装配体的要求为止。装配完成的 E40 热电制冷器具的箱体结构如图 3-5 所示。

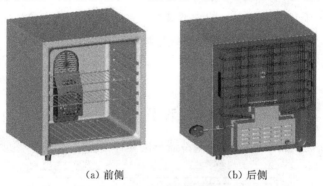

（a）前侧　　　　　　　　　　（b）后侧

图 3-5　热电制冷器具的箱体结构

3.2.2　热电制冷器具箱体的干涉碰撞检查

在热电制冷器具的箱体装配过程中和完成之后,需要借助 SolidWorks 软件对箱体的各零部件进行检查,以核查各零部件间的干涉碰撞情况。对于干涉碰撞的检查包括两个阶段：一是零部件在装配过程中的检查；二是在完成装配之后的检查。

1. 检查装配过程中的干涉碰撞

在装配体装配过程中如果需要进行零部件的移动或旋转操作，针对此时的干涉碰撞检查是指在装配操作中允许设计者激活干涉碰撞的检查功能，以及时发现问题并立即解决，其操作如图3-6所示。

图3-6　干涉碰撞检查操作

在上面的操作过程中，还可以选择"碰撞时停止"选项，当检查的零部件相互接触时，运动停止并将高亮显示发生碰撞的面，以提醒设计者此处出现碰撞干涉，如图3-7所示。

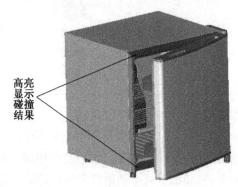

高亮
显示
碰撞
结果

图3-7　门体与箱体间干涉碰撞检查

2. 检查装配体完成装配后的干涉碰撞

装配体在完成装配后的干涉碰撞检查是为了查看零部件间是否还存在不应该有的干涉，其操作的菜单命令是：选择下拉式菜单"工具（T）"→"干涉检查（R）…"选项即可。

3.2.3　热电制冷器具箱体工程图

某型工程机械 E40 车载热电制冷器具的箱体工程图如图3-8所示。

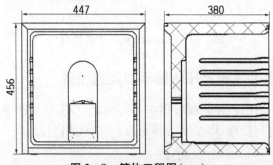

447

380

456

图3-8　箱体工程图（mm）

3.3　E40 热电制冷器具门体的虚拟装配

热电制冷器具门体的装配方法与箱体相同，这里不再赘述。

E40 热电制冷器具的门体装配时所需的主要零件如表 3 - 2 所示。

表 3 - 2　门体结构的主要零件

编号	零件名称	建模完成图
1	门外壳	
2	门胆	
3	门封条	
4	门拉手	
5	门饰条	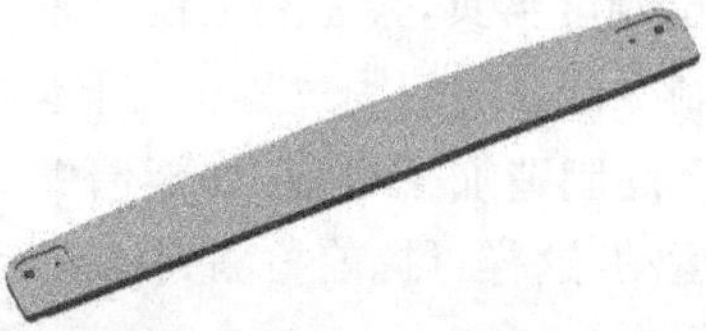

（续表）

编号	零件名称	建模完成图
6	瓶栏	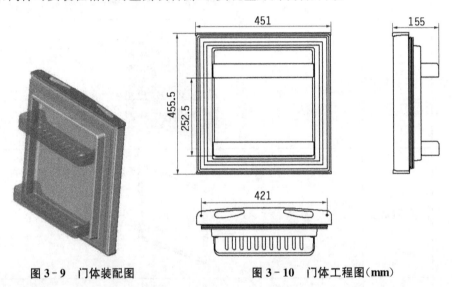

装配完成后的 E40 热电制冷器具的门体装配图及工程图如图 3-9、图 3-10 所示。为了实现 E40 热电制冷器具安装的通用性和适应性，门体设计成可左右开合的结构。也就是说，为了适应不同种类工程机械的安装空间及操作人员使用习惯，门体可安装在箱体的左侧或右侧，以实现左开门或右开门。

图 3-9　门体装配图　　　　图 3-10　门体工程图（mm）

3.4　E40 热电制冷器具的结构仿真

将上述已经虚拟装配好的子装配体箱体和门体借助上轴座和下轴座等连接件再装配成 E40 热电制冷器具，其总装工程图如图 3-11 所示。

由于在热电制冷器具的使用过程中，门体和箱体间会产生必不可少的相对运动，因此，在进行产品制造加工之前，如能借助 SolidWorks 软件，使用结构仿真分析来模拟机构的运动，这样可提前检测到相对运动的零部件间存在的问题，可以减少不必要的经济损失。

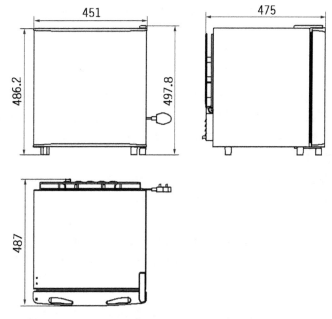

图 3 - 11　E40 热电制冷器具的总装工程图(mm)

热电制冷器具的运动仿真操作的流程及注意事项如下：

（1）激活 Animator 插件，以便能使用 SolidWorks 软件的运动仿真功能。

（2）仿真的重点是箱体和门体间的相对运动。在机构的动态仿真中，只需对重点零部件进行运动仿真，因此热电制冷器具的机构仿真的重点是门体和箱体间的相对运动。

（3）使用"时间轨"界面进行具体的仿真操作。

3.4.1　E40 热电制冷器具结构仿真的分析思路

在热电制冷器具的运动仿真操作中，SolidWorks 软件提供了基于键码画面的 SolidWorks Animator 插件来完成该项功能。针对键码画面界面的动画，其程序将计算在装配体零部件间的移动，或者是其视觉的位置变更以形成起始和终止位置间的相对运动轨迹，其分析具体思路和过程如下。

1. Animator 插件的界面认识

在认识 Animator 插件的界面前，先来解释两个专业名词："键码点"和"键码画面"。前者是指在装配体中与装配体相关的零部件或视觉属性等与之对应的实体；而后者则是指在两个"键码点"之间以时间为单位的任意区域的长度。

在 Animator 插件的界面内，装配体中的各个零部件或其在界面中的视觉属性全部由"键码点"来表示，并且"键码画面"内的绝大多数运动都是由开始键码点和结束键码点来表示,键码画面和键码点如图 3-12 所示。

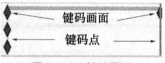

图 3-12　键码界面

2. Animator 插件界面的使用

（1）用户输入

第一步,在 Animator 插件界面的图形工作区,将装配体中需要模拟运动的零部件拖拉到"开始"位置,即用"开始键码点"表示其模拟运动的起始位置。

第二步,在键码画面中沿"时间线"拖动"时间栏"来设置要模拟运动的零部件其运动的间隔时间。

第三步,与第一步类似,在图形工作区中将前面的零部件拖拉到"结束"位置,即用"结束键码点"表示其模拟运动的终止位置。

（2）结果

SolidWorks Animator 插件会根据用户在上面的设置来计算从一个位置变换到下一个位置时,模拟运动的零部件或其视觉属性在模拟运动中所需要的位置顺序。

3. 更改栏

在模拟运动的零部件的位置变更完成后,在"时间线"上的"键码点"实现增值。为了能够区别在模拟运动的运动顺序中变更的零部件或视觉属性的活动类别,水平方向的更改栏会显示不同颜色,如图 3-13 所示。

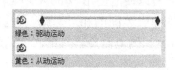

图 3-13　更改栏

4. Animator 特征管理器的设计树

SolidWorks Animator 特征管理器的设计树在图形工作区中允许设计者选择并加亮显示该零部件或修改其视觉属性,Animator 插件模式的工具栏可以实现播放、保存和访问动画等功能（如图 3-14 所示）,以方便设计者进行操作。

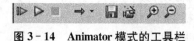

图 3-14　Animator 模式的工具栏

3.4.2　E40 热电制冷器具的结构仿真过程

1. 激活插件程序

选择下拉菜单"工具"→"插件…"选项,在弹出的对话框中选择"SolidWorks Animator",如图 3-15 所示,然后单击"确定"按钮,并打开需仿真的装配体文档。

图 3 - 15　激活插件对话框

2. 箱体和门体的相对运动

在箱体和门体的相对运动中,启用和禁用对模拟运动的零部件视图的变更是使用视向和相机视图来完成的,具体的运动细节如下:

(1) 在 SolidWorks 软件界面的图形工作区底部选择 Animation 1(动画 1)标签。这时图形工作区的窗口被分割,出现 SolidWorks Animator 界面,如图 3 - 16 所示。

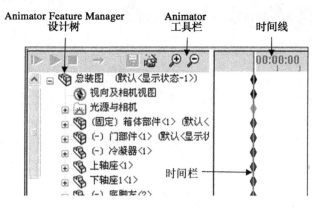

图 3 - 16　SolidWorks Animator 界面

(2) 在 Animator 特征管理器的设计树中,用鼠标右键单击图标▒,这时图标更改为▒,即清除"禁用""键码"功能。

(3) 用鼠标单击按钮▒,这时在图形工作区中向下拖拉鼠标来缩小零部件,并把其合适的位置设为"开始键码"。

(4) 紧接着在"键码画面"的"时间线"上,标记 5 s 处作为时间栏的放置位置,如图 3 - 17 所示,并在图形工作区中向上拖动鼠标来放大零部件和恢复原有尺寸,同时消除▒工具。

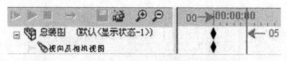

图 3 - 17　时间栏

（5）完成上述操作后，在 Animator 特征管理器的设计树中用鼠标右键单击图标，图标恢复为原来的图标，即清除"启用""键码"功能，即完成了箱体和门体的相对模拟运动。单击标准工具栏中的保存图标，将制作的动画与装配体一起保存起来，为日后留用。

通过仿真，可以检查门体和箱体间的相对运动是否符合要求，仿真过程中的 E40 热电制冷器具运动的初始位置和终止位置如图 3 - 18 所示。

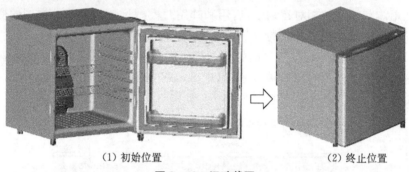

（1）初始位置　　　　　　　　　　　（2）终止位置

图 3 - 18　运动截图

至此，即在 SolidWorks、Creo 三维参数化 CAD 软件中完成了某型工程机械 E40 热电制冷器具的总装与虚拟仿真过程。这种借助三维参数化 CAD 软件进行产品设计和虚拟仿真的做法，可有效提高设计效率、缩短产品研发周期、降低产品研发成本。

参 考 文 献

［1］王亚平. 制冷技术基础［M］. 北京：机械工业出版社，2017.

［2］郭建伟. AutoCAD Mechanical 机械设计实用教程［M］. 北京：化学工业出版社，2009.

［3］贾颖莲，胡宝兴，杨继隆，等. 基于 SolidWorks 的零件系列化设计［J］. 机床与液压，2005 (8)：200 - 201.

［4］刘娜，李波，等. AutoCAD Mechanical 机械设计从入门到精通［M］. 北京：机械工业出版社，2015.

［5］韩杰，谢元华，李拜侬，等. 活塞式压缩机的研究进展［J］. 节能，2014，33(12)：17 - 23.

［6］何超杰. 基于热电转换的车载半导体冷暖箱系统设计［D］. 武汉：武汉理工大学，2013.

［7］何煜琛，何达，朱红军. SolidWorks 2001 Plus 基础及应用教程［M］. 北京：电子工业出版社，2003.

［8］魏峥，王一惠，宋晓明．SolidWorks 2008 基础教程与上机指导［M］．北京：清华大学出版社，2008．

［9］DS SolidWorks 公司．SolidWorks Motion 运动仿真教程（2014 版）［M］．北京：机械工业出版社，2014．

［10］张宏伟．基于 SolidWorks 的大型产品的几何建模和运动仿真［J］．科技资讯，2008（24）：57－58．

［11］赵罘．常用机械机构虚拟装配及运动仿真 40 例——基于 SolidWorks 2015［M］．北京：电子工业出版社，2015．

［12］陈东，蔡惠平．冰箱结构设计与 CAD［J］．制冷，1995（1）：84－87．

［13］张新德，刘淑华．电冰箱快修技能图解精答［M］．北京：机械工业出版社，2010．

［14］陈志民．Creo 2.0 完全学习手册［M］．北京：清华大学出版社，2014．

［15］董西军．基于 SolidWorks 的参数化设计［J］．机械制造与自动化，2007（02）：26－27，30．

［16］何世松，贾颖莲．Creo 三维建模与装配［M］．北京：机械工业出版社，2017．

［17］杨国新，王定标．基于 SolidWorks 的机械零部件虚拟装配体设计技术［J］．煤矿机械，2007（07）：75－77．

［18］吴文根．基于 SolidWorks 的产品设计专用系统的研究与开发［D］．武汉：武汉理工大学，2007．

［19］贾颖莲，何世松，贾君莲．基于 SolidWorks 平台的产品设计研究与应用［J］．煤矿机械，2006（12）：93－94．

［20］陈永当，鲍志强，任慧娟，等．基于 SolidWorks Simulation 的产品设计有限元分析［J］．计算机技术与发展，2012，22（09）：177－180．

［21］蔡慧林，戴建强，席晨飞．基于 SolidWorks 的应力分析和运动仿真的研究［J］．机械设计与制造，2008（01）：92－94．

［22］王亚雄，张博．新型热电制冷装置的实验开发［J］．化工进展，2015，34（03）：675－679．

［23］陈波．热管冷却式热电制冷装置研制与试验研究［J］．制冷与空调，2016，16（05）：54－58，66．

［24］张婷婷，王亚雄，段建国．热电制冷技术研究进展［J］．化学工程与装备，2017（07）：226－228．

［25］程勇．半导体热电制冷片在汽车保温箱控制系统中的应用［J］．工业仪表与自动化装置，2011（05）：85－86．

［26］瞿建勇，冯卓民，张哲，等．热电制冷器电源的研究［J］．机电工程，2008（08）：53－55．

［27］祝薇，陈新，祝志祥，等．基于热电效应的新型制冷器件研究［J］．智能电网，2015，3（09）：823－828．

第4章 产品研发与虚拟仿真应用案例

三维参数化 CAD/CAM/CAE 软件能帮助设计人员提高设计效率并进行产品的虚拟仿真,因此可缩短产品设计周期,加快占得市场先机,以此提高企业的竞争力。下面以笔者发表的部分论文为例(以 Pro/ENGINEER、Creo、SolidWorks 软件为主要设计工具),介绍各种车载设备上的零部件设计流程与方法,供各类制冷器具研发参考。

4.1 基于 Creo 的农机随车冰箱塑模开发与应用

4.1.1 引言

旋耕机、播种机、插秧机等各种农业机械经常在高温等恶劣环境下工作,若能配备高效低耗的半导体冰箱将有助于作业人员缓解疲乏,提高其工作效率。此随车的半导体冰箱的制冷方法是不使用压缩机制冷,取而代之的是采用半导体制冷片制冷,这样可直接取用农机上或电瓶中的 DC 12 V 电源来提供给冰箱。因此具有功耗低、体积小、可随车工作等优点,使农机作业人员在夏天酷暑难当的长时间户外作业过程中,利用这种半导体冰箱(如图 4-1 所示)来自制各种冷饮解暑。

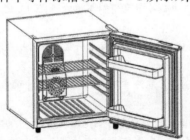

图 4-1 随车半导体冰箱轴测图

在开发随车半导体冰箱的过程中需要用到大量的各种塑料零件,其模具的开发是最为关键的一环。传统的模具设计方法效率低、精度差,所开发的模具往往需要反复试模和修正才能投入批量生产。如果使用计算机软件辅助设计开发模具,则可以提高拆模效率以及设计精度,所以大量的三维 CAD 软件运用于拆模设计已经是大势所趋。

美国 PTC 公司于 2011 年 6 月推出的 Creo 是三维 CAD/CAE 软件中的佼佼者，它是将原有的 Pro/E 的参数化技术、CoCreate 的直接建模技术和 ProductView 的三维可视化技术整合而成的新型 CAD 设计软件包，是 PTC 公司"闪电计划"所推出的第一个产品。Creo 通过整合原来的 Pro/E、CoCreate 和 ProductView 三个软件后，重新分成各个更为简单而具有针对性的子应用模块，所有这些模块统称为 Creo Elements（如图 4-2 所示）。而原来的三个软件则分别整合为新的软件包中的一个子应用：Pro/E 整合为 Creo Elements/Pro, CoCreate 整合为 Creo Elements/Direct; ProductView 整合为 Creo Elements/View。

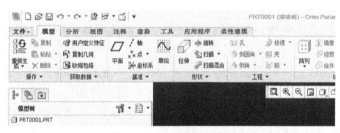

图 4-2　Creo 运行界面

借助 Creo 的强大拆模功能可精确分模，仿真塑料熔体的填充过程，同时借助 Creo 的相关性使得塑件的变更会同步反映到模具的变化中去，零件的每一处变动，与之相关的模具型腔、工程图纸和制造信息等都会自动更新。

4.1.2　基于 Creo 的拆模设计流程

模具设计人员在拆模时使用 Creo 中的模具型腔模块 Creo Complete Mold Design Extension 进行注塑模具的设计，其拆模设计的一般流程如图 4-3 所示。

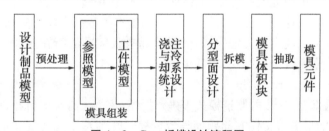

图 4-3　Creo 拆模设计流程图

第一步，设计制品模型。注塑模具的拆模设计与普通产品的设计之间有一定的差异。在拆模之前，必须要事先把通过该模具生产的塑料制品设计好。所以对于注塑模具的拆模，第一步就是产品的设计，即"设计制品模型"。

第二步，模具组装。把经过预处理的设计制品模型加载到拆模设计文件中并开始拆模设计,此时的设计模型称为参照模型。根据加载后的参照模型,在拆模设计文件中创建工件,或称为工件模型。由于塑料件从热模具中取出并冷却到室温时会发生收缩,还需要设计模具收缩率以反映这一变化。

第三步,浇注与冷却系统的设计。借助 Creo 提供的"塑料顾问"应用程序分析模具的浇口位置和塑料熔体在注塑模具中的流动状态,确定合适的浇口位置和类型。根据模具的布局和产品的特点设计冷却水路,减少塑件的各部分的冷却时间差,以提高注塑件的生产效率。

第四步,分型面(体积块)设计。分型面和体积块的创建是注塑模具拆模设计中的关键一步,也是在拆模的过程中最复杂、最重要的一环,它决定了设计模具的结构与拆模成功与否。

第五步,模具体积块。使用创建的分型面(或体积块)来分割工件以生成模具体积块。

第六步,模具元件。根据模具的尺寸,使用"专家模架系统(EMX)"完成模架的创建,以形成模具图,最后使用 CNC 机床完成模具的加工。

在 Creo 的实际拆模设计中,可以总结为三个阶段,即模具组装阶段、创建分型面阶段和拆模及仿真开模阶段。

4.1.3　Creo 中注塑模具的拆模设计方法

Creo 中注塑模具的拆模设计方法,根据拆模的原理不同可以分为三种不同的拆模手法,即组件法(Assembly)、分型面法(Parting Surface)和体积块法(Create Volume),可根据塑件的复杂程度和设计人员的特点,来选择更适合的拆模设计方法。

1. 组件法(Assembly)

组件法的拆模原理是在 Creo 的组件模式下,使用传统的建模方式来达到拆模目的的一种方法。这种方法只要使用 Creo 的基本工具命令就可完成,所有的造型无论多复杂都可以使用该方法完成,并且容易查找问题的所在,拆模的成功率高。但对于初学者来说,拆模的效率较低。

2. 分型面法(Parting Surface)

分型面法即在 Creo 的制造模式下进行拆模,该方法必须设计出注塑模具的分型面来完成,如果造型文件有问题而导致拆模失败则不易查找问题的所在。由于分型面法的拆模原理与组件法相同,只不过它是用一个菜单管理器的流程来引导设计者完成拆模,可以说是一个程序化的组件拆模方法。因此这种方法对初学者来说简单、容易理解。

3. 体积块法(Create Volume)

体积块法也是在 Creo 的制造模式下进行拆模,但这种方法与分型面法的不同之处是设计者要创建一个体积块,这个体积块将来可能是一个公模(凸模)或母模(凹模),然后用此体积块去切割工件模型而达到拆模的目的。这种方法跟随菜单流程走,就可完成拆模,对初学者来说比较简单。但是创建体积块的操作比较复杂,出现问题同样不容易查找。

由于分型面法是各种大型 CAD/CAM/CAE 软件所共通的拆模方法,对于初学者来说采用分型面法是简单易学的一种方法。因此,这里以农机随车半导体冰箱中的"瓶栏"注塑件为例,拆模方法采用分型面法来阐述在 Creo 模块中的注塑模具拆模设计思想,以及实现该思想的具体设计过程。

4.1.4　半导体冰箱瓶栏注塑模具的拆模设计

瓶栏是农机随车半导体冰箱中一个重要的注塑件,本文借助这个实例来具体说明注塑模拆模具设计过程中的主要步骤、应注意的问题和可以总结出的实践经验。瓶栏采用 PP 材质,其设计模型如图 4-4 所示。由于塑件设计者在产品设计时可能没有考虑拆模的需要,在拆模设计前模具设计人员需要对加载的参照模型做预处理,比如在未来的分型面处设置基准面

图 4-4　瓶栏设计模型

或坐标系、设置绝对精度和拔模斜度等,以使加载之后的参照模型适应模具设计的需要。

1. 模具组装阶段

(1) 创建模具文件

进入 Creo Complete Mold Design Extension 模块,首先应设置好工作目录,在"制造"模式下新建子类型为"模具型腔"的新文件(定名为"Mold_Pinglan"),根据此塑件的特点只需加载组装 1 个参照模型到该文件中,如图 4-5 所示。

图 4-5　拆模文件和加载参照模型的设置

（2）创建工件模型

完成参照模型的组装之后，就需要在 Creo 中创建工件模型，其创建方法主要有三种：第一种是将一个预先设计好的工件模型加载到模具模型中；第二种是使用 Creo 提供的工具命令采用手动或自动的方式在模具模型中创建工件模型；第三种是在 EMX 模块中进行整个模具设计，以它提供的材料作为工件模型。

在这里我们采用第二种方法中的"自动"方式来完成工件模型的创建。其设计过程为依据菜单流程，选择铸模原点和输入工件的长宽高的尺寸，如有需要还可以在"自动工件"对话框中修改工件的形状、单位和平移工件等选项，直至符合要求为止，这样即可完成工件的创建。图 4-6 中以墨绿色半透明显示的为设计好的工件模型。

图 4-6　工件模型

（3）设置收缩率

由于塑件在模具型腔内从熔融的材料到冷却到室温形成制品，温度的降低会导致塑件的尺寸减小，即实际成型的塑件的尺寸与理论设计制品之间存在差异，并可能影响到实际的产品使用精度，因此在注塑模具设计前需预先设置收缩率。根据 PP 材质，输入收缩率为 0.005，即可完成收缩率的设置。

2. 分型面创建阶段

分型面的设计是整个分型面法拆模的关键，它将影响模具的结构以及拆模是否成功。在 Creo 中创建分型面的方法有复制填充曲面法、复制延伸曲面法、复制合并曲面法以及系统提供的两个特殊命令"裙边曲面"和"阴影曲面"等。具体使用哪种方法来设计分型面需要根据塑件的结构特点和实际的工作经验，选择最简单适用的方式来创建。有时即使对同一个塑件，其分型面的创建方法也有多种，并且一个分型面的设计也可能用到多种方法。

创建分型面需要在 Creo 中进入分型面的创建模式，这样创建的曲面，系统才能识别为分型面。通过分析，瓶栏注塑件采用的是"复制"参照模型的内表面并"填充"孔方式，并把"复制"得到的曲面边界通过"延伸"命令延伸至工件的侧面。创建完成的分型面如图 4-7 所示。

图 4-7　分型面

3. 拆模及开模阶段

根据上面所创建的分型面,直接借助 Creo Complete Mold Design Extension 模块中提供的"分割"命令,把工件模型(或模具体积块)分割即可得到上、下模的体积块。由于模具体积块不是真正的实体特征,而是一个有体积无质量的曲面特征,无法得到实体注塑模具零件,因此必须经过"模具元件"中的"抽取"命令,完成模具体积块到具体的模具实体零件的转换,即可得到所需的凸模和凹模。

为了检验拆模的正确性,在开模前可以利用 Creo 系统的"铸模"仿真功能,模拟将塑料熔体注入拆模完成的模具型腔里,从而仿真生产该模具的注塑件。如果这个成品与设计模型不同或者无法"铸模",则拆模出现问题,需重新修改前面的操作,直至正确为止。最后利用 Creo 系统定义模具的开模距离和方向命令,即可得到模具分解图,如图 4-8 所示。

图 4-8　模具分解图

至此,注塑模具在 Creo 模块中的拆模已经基本完成,接下来需要采用 AutoCAD 或直接在 Creo 软件中导出模具工程图,同时进行浇注系统、冷却系统和模架系统的设计,最终完成农机随车半导体冰箱"瓶栏"塑件的拆模。

4.1.5　结语

各种农机等野外作业设备,虽然在机械化、自动化等方面有了很大的提高,但基本上还未实现完全无人化操作。为了最大限度地利用好这些机械设备,在高温干燥的场合下耕作的时候应当要给予操作人员更多的人性化考虑,为各类农机设备配备半导体冰箱就是一种比较好的选择。这样可为农机操作人员随时提供冷饮冷品。同时,这种半导体冰箱可直接取用 12 V 直流电源,具有方便、低耗等特点,且该冰箱不用压缩机、不需用氟利昂等制冷剂,在绿色环保方面为农机行业做出了积极的探索和努力。

本文采用美国 PTC 公司最新推出的 Creo 系统作为开发工具,该系统集原有的 Pro/E、CoCreate 和 ProductView 于一身,主要用于解决目前 CAD 系统难用及多 CAD 系统数据共用等问题,在设计自动化、数据接口全面一致等方面处于世界领先地位。采用 Creo 设计农机随车半导体冰箱的塑模,可在后续的有限元分析、动态仿真、数控加工以及工程图出图方面保持数据的一致性。在 Creo 中提供了"Creo Complete Mold Design Extension"模块专用于各种塑模的拆模设计,相比传统的设计手段,基于 Creo 的设计方法可以有效地缩短模具开发周期,提高设计精度。本文采用"Creo Complete Mold Design Extension"模块来进行农机随车半导体冰箱注塑模具的拆模设计,可根据不同的农机类型配套设计不同的半导体冰箱塑件模具,同时,一旦塑件发生设计变更,相应的模具会自动更新。在此农机随车半导体冰箱"瓶栏"注塑模具的拆模过程中,充分体现了 Creo 在注塑模具拆模设计中的自动化和高效性。

(本文发表在《农机化研究》2012 年第 6 期)

4.2　基于 Creo 的工程机械随车热电制冷装置钣金件设计

4.2.1　引言

近年来,各种工程机械等野外作业设备在机械化、自动化等方面有了很大的提高,但基本上还未实现完全无人化操作。为了最大限度地利用好这些机械设备,在高温干燥的场合下施工的时候应给予操作人员更多的人性化考虑,为各类工程机械配备热电制冷设备就是一种比较好的选择,这样可为操作人员随时提供冷饮冷品。同时,热电制冷设备可直接取用 12 V 直流电源,具有方便、低耗等特点,且不用压缩机、不需用氟利昂等制冷剂,绿色环保。要为现存的不同种类、不同型号的工程机械快速设计安装车载制冷设备,其产品及其模具设计手段和工具的选用至关重要。本文以美国 PTC 公司的 Creo 软件为例,介绍小型热电制冷设备钣金件的设计与应用。

4.2.2　现代设计方法与传统设计方法的分析

钣金件在各类产品的结构中占有很大的比例,据统计,市场上近 90% 的金属制品是钣金件。由于钣金件具有重量轻、强度高、导电性能好(能够用于电磁屏蔽)、成本低以及大规模量产性能好等优点,目前在航空、航天、汽车、工程机械和电子设备制造等领域得到了广泛应用。传统的钣金设计从零件设计开始,一直到钣金件的放样展开等都是由手工完成的。随着钣金件应用范围的扩展,钣金件的设计既要满足产品的功能和外观等要求,又要满足工艺和维修等要求,因此,钣金件的优化设计是当前要解决的重要内容。

美国 PTC 公司的 Creo 是一套涵盖产品设计、模具设计和自动编程等功能于一体的 CAD/CAM/CAE 软件,目前正被越来越多的企业、科研院校使用。Creo 3.0 M080 软件于 2016 年推出,优化了三维建模流程和单一数据库的建模数据。笔者使用 Creo 软件的目的在于,它可解决高端 3D CAD 系统难用及不同 CAD 系统数据共用等问题。本文以工程机械车载热电制冷装置箱体钣金件设计为例,研究 Creo 3.0 中钣金设计的特点,为后续冲压模具设计和冲压模具凸模及凹模的数控加工提供便利。Creo 3.0 软件界面如图 4-9 所示。

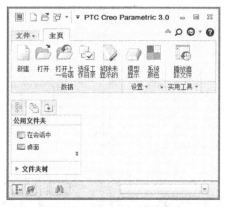

图 4-9　Creo 3.0 软件界面

4.2.3　工程机械热电制冷装置钣金件设计

本文所研究的热电制冷装置是为乙方某型工程机械单独设计的产品,任务书中要求该热电制冷装置与在用的工程机械空间兼容,散热性能好、保温节能且造型漂亮。该产品的关键钣金零件是箱体外壳及后背板钣金件。根据设计任务书的要求,以及现场测量工程机械中放置热电制冷设备的空间形状及大小,确定热电制冷设备的总体轮廓如图 4-10 所示,并以自上而下的方式设计其他零/部件的形状及尺寸。

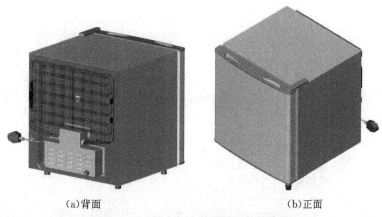

(a)背面　　　　　　　　　　　　(b)正面

图 4-10　热电制冷装置的总体轮廓图

1. 后背板钣金件的作用

根据设计任务书的要求,箱体和门体钣金件主要起支撑、容纳和散热的作用。箱体外壳在热电装置体积不变的情况下,表面积越大其散热效果越好。本文以图4-10(a)中热电制冷装置的后背板为例进行研究。

2. 后背板钣金件的设计

根据分析计算可知,后背板总体结构中各组成部分的结构如图4-11所示。

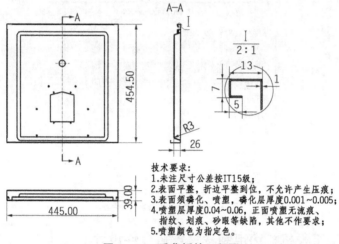

技术要求:
1.未注尺寸公差按IT15级;
2.表面平整,折边平整到位,不允许产生压痕;
3.表面须磷化、喷塑,磷化层厚度0.001~0.005;
4.喷塑层厚度0.04~0.06,正面喷塑无流痕、指纹、划痕、砂眼等缺陷,其他不作要求;
5.喷塑颜色为指定色。

图4-11 后背板的工程图

在Creo产品设计过程中,钣金件的设计与实体零件一样,钣金件模型的各种结构同样是以特征的形式创建的,即把该钣金件按结构组成方式分解为Creo系统钣金模块中的若干个特征,就如同"搭积木"一样,完成各个特征的创建即完成了本例后背板钣金件的设计。使用Creo软件创建钣金件其设计流程如图4-12所示。

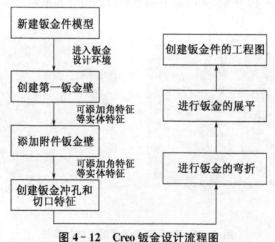

图4-12 Creo钣金设计流程图

（1）设计第一钣金壁

根据热电制冷装置后背板零件的工程图分析得知，第一钣金壁的创建选择 Creo 3.0 钣金环境中的"模型"选项卡"形状"功能区" ⬜拉伸 "特征，绘制如图 4 - 13 所示的二维截面草图，其三维模型如图 4 - 14 所示。

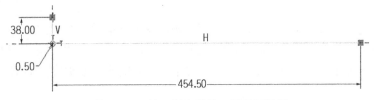

图 4 - 13　第一钣金壁的二维截面草图

图 4 - 14　第一钣金壁三维模型

（2）创建斜接法兰

根据斜接法兰的结构特点，该部分的创建使用"模型"选项卡"形状"功能区 "⬜法兰"特征。由于此部分特征不能使用"法兰"特征的标准形状，因此需要用户根据自己的需要进行自定义。后背板斜接法兰部分的用户自定义形状如图 4 - 15 所示。创建的斜接法兰如图 4 - 16 中序号 1 所示。

后背板其他两个方向的折弯形状和大小与本特征的结构形状完全相同，因此采用

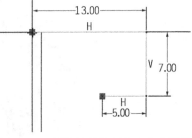

图 4 - 15　斜接法兰的用户自定义形状

相同的建模思路即可完成。后背板中的斜接法兰如图 4 - 16 所示（图中箭头处序号 2 和序号 3 部分）。

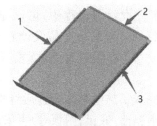

图 4 - 16　后背板中的斜接法兰

（3）成型特征

为了满足使用需求，提高散热效果，热电制冷装置的后背板钣金件中间位置进行凹陷处理，在 Creo 3.0 钣金设计环境中可使用"模型"选项卡"工程"功能区"⬇成型"特征完成。成型特征是通过将"参考零件"的几何合并至钣金零件的一种造型特征，成型特征的形状是由成型刀具模型的特征决定的。本例中成型特征采用凸模成型特征完成，即用凸模成型刀具模型生成钣金件上的中间位置形状。成型特征是钣金件设计过程中非常重要的一个特征，可快速方便地完成各种异形结构的建模。

使用"成型"特征，用户必须首先根据参考零件（即后背板）的结构特点和使用需要，进行相应特征的模具设计。通过分析研究发现，Creo 3.0 系统中凸模工具库的默认成型刀具模型尺寸和形状与本例中要成型特征不相适应，因此需要设计者改变成型刀具模型来满足凸模特征的形状和尺寸。

在这一过程中，首先需要定位刀具模型。定位方式有三种：使用界面放置、手动放置及使用坐标系放置。最常见的就是采用手动放置，这与 Creo 装配环境下的装配零件过程相类似。修改后的刀具模型的形状如图 4-17(a) 所示，后背板的成型特征如图 4-17(b) 所示。

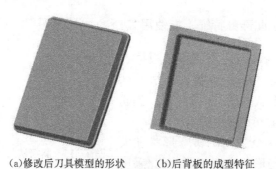

（a）修改后刀具模型的形状　　（b）后背板的成型特征

图 4-17　后背板中的成型特征

（4）切除后背板的孔

使用 Creo 3.0 进行钣金件设计的过程中，可以随时使用实体特征如倒角特征、倒圆角特征和其他切除特征等来满足产品设计需要。因此，在本例后背板中的孔可以直接采用"拉伸—切除"特征完成，后背板钣金件三维模型如图 4-18 所示。

至此，即在 Creo 3.0 中完成了热电制冷装置后背板钣金件的设计。该热电制冷装置的其他钣金件（如 U 形箱体、底板、门板等）可采用同样的方法进行设计。

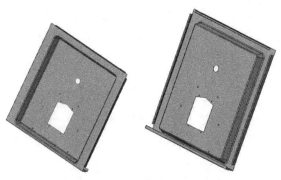

图 4 - 18　后背板钣金件三维模型

4.2.4　结语

因为 Creo 采用单一数据库开发技术,包括钣金件在内的 3D 模型可用于后续的工程图输出、冲压模设计或自动编程,一旦三维模型有设计变更,工程图、模具或数控加工程序也会自动产生变更,这就极大地提高了设计效率,有利于快速设计针对不同型号、不同规格的车载热电制冷装置。在当前"互联网＋"时代,这种高效便捷的设计手段可使企业快速响应不同客户的订制需求,有助于企业进一步推进供给侧结构性改革。

（本文录用在《现代制造工程》2018 年第 10 期）

4.3　基于 Creo 的臂杆压铸模设计

与其他铸造方法相比,压铸生产出的铸件具有表面质量好、尺寸精度高、组织致密、晶粒细小、硬度和强度高等优点,同时可以生产薄壁、形状复杂带嵌件的铸件,因此压铸已成为金属加工工艺中发展较快的一种高效率、少切削的金属成型精密铸造方法。压铸模是保证压铸件质量好坏、生产过程能否顺利进行的重要装备。压铸模的设计方法主要有依赖经验的传统设计方法和利用计算机的现代设计方法。传统的设计方法设计效率低、精度差,所开发的模具往往需反复地试模和修正才能投入生产。如果使用计算机软件辅助设计,则可以提高拆模效率及设计精度,所以市场上出现了大量的三维 CAD 软件运用于拆模设计当中。

Creo 是美国 PTC 公司开发的三维参数化软件,整合了 PTC 公司原有的三种软件技术,即 Pro/E 的参数化技术、CoCreate 的直接建模技术和 ProductView 的三维可视化技术,该软件是市场上众多三维 CAD 软件中的佼佼者。设计人员借助 Creo 的参数化、数据库同一性等强大功能可快速同步参数变化与铸件结构变化,并通过模拟压铸件的熔体填充过程,在 PTC Creo Parametric 2.0"制造"模块中的

"铸造型腔"组件完成拆模,使压铸模具在制造之前及时发现问题,减少压铸模的开发周期并能保证模具元件的质量。本文以某型号筑路机中的臂杆为例来研究压铸模的设计过程。

4.3.1　压铸模设计流程与产品结构分析

在 Creo Parametric 2.0 的压铸模具设计加工中,一般可以将其分为"调入模具参考模型、设计分型面、创建型腔镶块、开模和仿真加工"四个阶段,本文重点研究前三个阶段。

基于 Creo Parametric 2.0 的压铸模设计的一般设计与加工流程如图 4-19 所示。

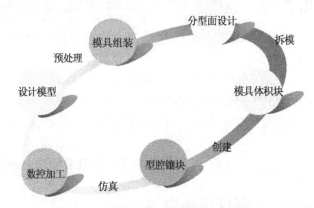

图 4-19　压铸模模具设计与加工流程图

由于压铸件是压铸模具设计的重要依据,因此首先要在压铸模具设计前,对压铸件进行结构分析,这样才能设计出合理、先进、经济的模具,最终保证压铸出高质量的铸造件。这里以某型号筑路机中的臂杆作为压铸模具设计的产品,该件是一个较复杂的异形件,其三视图及三维模型如图 4-20 所示。该臂杆压铸件外侧面

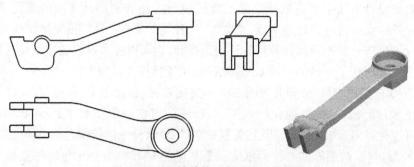

图 4-20　压铸件的三视图及三维模型

上两处有凸台,壁厚不均匀,所使用的材料是压铸铝合金。在压铸模具型腔设计时,为了简化模具结构,将主分型面设计为阶梯分型曲面,再加上两个小凸台的辅助分型面,这样设计出来的压铸模就只需动、定模两部分和成型孔的两个小型芯就可以实现压铸产品的成型及顺利离模。

4.3.2　臂杆的压铸模设计

压铸模设计之前,必须要有经过审核的压铸件的工程图样或者有压铸件的 3D模型。这是压铸模具设计的第一步,也是关键一步。已经有了产品的三维模型,经过预处理,就可以对该压铸件进行压铸模设计了。

1. 模具的组装

（1）创建模具文件并加载参考模型

首先进入 PTC Creo Parametric 2.0 中的“制造”模块中的“铸造型腔”组件,并进行工作目录的设置（以便于后期的文件保存）,然后创建一个名为“Bigan_Mold”的压铸模模具文件,最后选择“mmns_mfg_cast”作为压铸模设计的模板,至此完成了新模具文件的创建。

进行组装加载参考模型时,在已建好的模具文件主界面中,选择“铸造”选项卡

中的“ 参考模型 ”命令组的“ 组装参考模型 ”命令,根据臂杆压铸件的需要加载一个参考模型到该文件中。如果在加载参考模型的过程中,参考模型的主开模方向与系统的开模方向（即两蓝色箭头所指的方向）不一致,应调整参考模型的坐标系使其与系统的开模方向相同,以便于后续压铸模的设计。创建参考模型的设置如图 4-21所示。

图 4-21　创建参考模型的设置

（2）收缩率的设置

在压铸模设计的过程中,收缩率的设置是必不可少的一个内容,这是由于在压

铸产品的整个生产过程中压铸件在压铸模具型腔内存在较大的温度变化。如不考虑收缩率,这样成型的压铸件的尺寸与实际设计之间存在较大的差异并影响到实际的使用精度,因此在压铸模具设计前需预先设置产品的收缩率。

在 Creo Parametric 2.0 中,软件系统提供了收缩率的设置命令。操作如下:主界面中选择"铸造"选项卡中的"收缩"命令组中的"按比例"或"按尺寸"进行收缩率的设置。在弹出的对话框中,输入收缩率数值,查表后再根据经验数据,取0.005,即完成收缩率的设置。

(3)创建夹模器

在 Creo Parametric 设计压铸模的过程中,创建夹模器的方法有多种,其中较常用的就是利用系统提供的命令,直接单击"铸造"选项卡中的"夹模器"命令组中的" 自动夹模器"命令来进行夹模器的创建。

在弹出的对话框中,选择模具原点并输入创建工件的 X、Y、Z 值(135、250、100),如有需要还可以在"自动工件"对话框中修改夹模器的形状、单位和平移夹模器等选项,直至符合要求为止,这样就完成了夹模器创建。在图 4 - 22 中长方体即为设置好的夹模器。要注意在模具组装过程中创建的模具文件、参考模型和工件都必须放置在工作目录下。至此,压铸模的模具组装阶段就完成了。

图 4 - 22　夹模器模型

2.设计分型面

在压铸模具开发的整个过程中,其最为关键的部分就是分型面的设计,分型面的好坏直接决定了压铸模具的结构形状是否合理,以及能否从模具中取出合格的压铸件。在 PTC Creo Parametric 2.0 的"制造"模块中的"铸造型腔"组件中,创建分型面的方法有很多种,其中比较典型的有复制延伸曲面法、复制填充曲面法、复制合并曲面法以及系统提供的两个特殊命令"裙边曲面"和"阴影曲面"等。

在压铸模的分型面设计过程中,具体使用哪种方法来设计分型面需要根据压铸件的结构特点及模具设计人员的实际工作经验来选择最简单适用的方式进行设计。但是无论使用哪种方法来创建分型面,设计人员都必须首先要对压铸件的结构、材料进行细致分析,理清当前的压铸件的分型面在哪里,大致是什么形状,只有做到心中有数,才能借助软件快速、正确、合理地设计好分型面。

在分型面创建前,设计者需要在 Creo Parametric 的压铸模模具文件中选择"铸模"选项卡的分型面命令组,首先进入分型面的创建模式,这样后续所创建的曲面,系统才能被识别为分型面,以便于后期压铸模具设计中对分型面的处理。通过前面的分析研究,本文中臂杆的主分型面采用"复制"外表皮并"填充"孔方式,把得到的曲面边界"延伸"到工件的侧面,这时所得到的曲面即主分型面(Main_SURF),如图 4 - 23(a)所示。另外两个小型芯的分型面的设计相对比较简单,直接通过"拉伸"命令就可得到所需的小型芯分型面(XX1_SURF 和 XX2_SURF),如图 4 -23(b)所示。

(a) 主分型面(Main_SURF)

(b) 小型芯分型面(XX1_SURF 和 XX2_SURF)

图 4 - 23　分型面

3. 创建模具元件和仿真开模

在完成分型面这个压铸模设计的关键步骤之后,接下来要为创建压铸模模具元件做准备工作,即生成模具体积块。根据创建的分型面,直接借助系统的"压铸"选项卡中的"铸造几何"命令组中"⊟ 体积块分割"命令,把夹模器(或模具体积块)分割为创建模具元件所需模具元件的形状。根据臂杆的结构特点和所创建的分型面,其压铸模的体积块共有四个部分,即由上、下模的两个主体积块和两个型芯体积块组成。

但模具体积块不是真正的实体特征,而是一个有体积无质量的曲面特征,需要使用"⚒ 型腔镶块"命令,才能得到模具实体零件,即最后所需的凸、凹模和两个型芯模具元件。但这并不能完全保证所创建的压铸模的模具元件是合格正确的,因此为了检验拆模的正确性,在开模前利用"铸造"选项卡中的"元件"命令组提供的"⚒

创建铸件"命令,模拟将金属熔体注入完成的拆模模具元件中生产压铸成品的过程。

在这个过程中如果生产的压铸件成品与设计模型不同或者是根本就无法完成"铸模",这时模具设计人员则需要重新检查拆模所出现的问题,并重新修改前面的操作,直至正确为止。通过定义模具的开模距离和方向,即得到模具爆炸图,如图4-24所示。

Creo Parametric 2.0 对于模具元件仿真开模还提供了"全部用动画演示"命令,为设

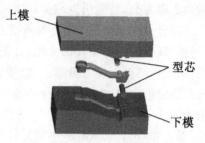

图4-24　模具元件仿真开模

计者更加形象逼真地了解模具元件组装后的状态、各模具元件的相对位置及压铸模工作时模具元件的相对运动过程提供了很大的帮助。

4.3.3　结语

在臂杆这种复杂铸件的压铸模设计过程中,采用 Creo Parametric 2.0 这样一个全方位的三维 CAD/CAID/CAM/CAE 软件包,其系统的相关性使得压铸件的设计变更会同步反映到模具的变化中去,零件的每一处变动,与之相关的模具型腔、工程图纸和制造信息等都会自动更新。该软件参数化设计的理念给传统的压铸模具设计带来了新观念。同时 Creo 软件采用面向对象的统一数据库技术,具备概念设计、基础设计和详细设计的功能,这为压铸模具后续的集成制造提供了优良的基础。

(本文发表在《铸造技术》2013 年第 7 期)

4.4　基于 Creo 的臂杆压铸模数控编程与仿真加工

4.4.1　引言

压铸是指将液态或半液态金属在高速、高压条件下填充到模具型腔中,并在高压下快速凝固成型的一种铸造方法。压铸件具有尺寸精度高和表面质量好等特点,一般不经过机械加工即可使用,因此在机械产品中得到了广泛应用。压铸模是保证压铸件质量的关键工艺装备,在传统的压铸模设计加工中,模具的开发与制造周期长,改型调整困难。随着计算机技术在压铸模中的广泛应用,其设计和制造效率大大提高。

2012 年 3 月,PTC 公司推出正式版的 Creo 2.0 应用程序,相对于 Creo 1.0 来说,具有无须配置、直接支持中文文件名等诸多新增功能。其中,Creo 2.0 的"制

造"模块的"NC 装配"组件允许模具设计完成后,在压铸模未真正加工前进行数控模拟仿真加工,这样可及时发现产品设计中的不足和缺陷,同时可自动输出仿真加工过程的 NC 程序,以用于产品的实际加工,从而提高压铸模具元件的质量,缩短压铸模的开发周期。这里以某工程机械中的压铸件"臂杆"上模为例来研究基于 Creo 的数控编程与仿真加工。

4.4.2　产品结构分析

压铸模具设计的重要依据就是压铸件,因此首先要对压铸件进行结构分析,这样才能设计出合理、先进、简单的有质量保证的压铸模具。这里以臂杆压铸件为例(如图 4-25 所示)来进行分析。

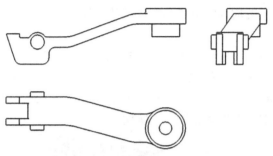

图 4-25　压铸件的三视图

该压铸件具有形状较为复杂,外侧面设有两处凸台,且壁厚不均匀等特点,所使用的材料为压铸铝合金。因此,在压铸模具设计中,将夹模器分割为上模、下模和两个小型芯,以实现压铸件的顺利成型和脱模。经分模后得到的臂杆压铸模的上模如图 4-26 所示。

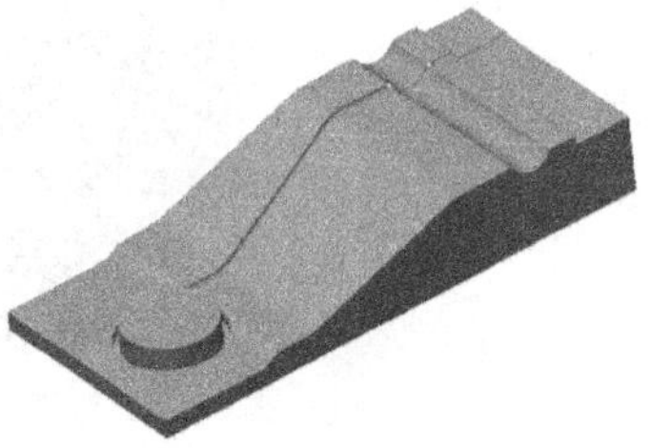

图 4-26　上模轴测图

4.4.3　压铸模的数控编程与仿真加工

设计完成的压铸模具元件需要高精度的数控铣削加工、严格的装配,后续才有可能进行压铸件的高速批量生产。为了提高压铸模的加工质量,可利用 Creo Parametric 2.0 的"制造"模块中的"NC 装配"组件,把设计完成的模具元件的数据信息直接导入到该组件中进行数控仿真加工,该组件还能演示仿真加工路径以及工件的移除切削等过程。

1. 创建制造模型

(1) 设置工作目录和创建 NC 文件

在数控铣削加工中,需要创建的加工文件为 Creo Parametric 2.0 中的"制造"

模块的"NC 装配"环境的文件,将其文件命名为"Bigan_Shangmu",即可进入 NC 加工环境。按要求设置好工作目录,以利于后续处理相关文件的保存等工作。在这里以臂杆的上模为例来研究压铸模元件的数控铣削加工过程。

(2) 加载参考模型

要进行数控仿真加工,首先就是要对加工模型(MFG Model)进行设计,完整的加工模型包括参考模型和工件两部分,要注意设计或加载的先后顺序不能颠倒。在加载参考模型前,如采用"组装参考模型"的方法调入到 NC 文件中,则必须把已经创建完成的臂杆上模文件复制到工作目录下。加载参考模型的操作方法是选取"制造"选项卡中"元件"命令组中的" 组装参考模型 "命令,在随后弹出的"打开"对话框中,选取"Bigan_Shangmu.prt"零件(即如图 4-26 所示的臂杆的上模),同时完全约束该参考模型,此时即完成了参考模型的设计。

(3) 设计工件

在 Creo Parametric 2.0 的模具数控铣削加工中,所用的毛坯即工件的设计方法有多种,这里我们采用的是在当前的环境下进行创建工件的方式。具体操作流程为选择"制造"选项卡中的"元件"命令组的" 创建工件 "命令,根据菜单流程完成新的工件模型的创建,其结果如图 4-27 所示。

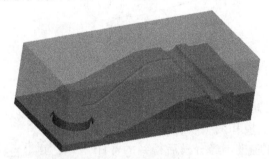

图 4-27 工件模型

2. 设置加工环境

加工环境的设置是整个仿真加工的关键步骤,主要包括对"机床""机床坐标系"和"退刀面"等的设置。

首先进行"机床"的设置,所选择的加工方式为数控铣削加工。具体操作流程是单击"制造"选项卡中的"工艺"命令组的" "操作命令,在弹出的"操作"操控板上,选择" 制造设置"中的" 铣削"命令,系统弹出"铣削工作中心"对话框,完成如图 4-28 所示的设置即可。

其次是对"机床坐标系"和"退刀面"进行设置,继续上面的"操作"操控板的设置,这样就完成了"机床坐标系"和"退刀面"的设置。

图 4 - 28　"铣削工作中心"对话框和"操作"操控板

3．加工仿真

准备工作完成后，接下来就可对臂杆上模进行数控加工仿真了，整个操作过程包括体积块加工、表（曲）面加工和轮廓加工、工件的切减材料等步骤。

（1）体积块加工

臂杆上模的最初粗加工采用"体积块加工"方式加工工件，方法是在 Creo 2.0 的 NC 装配主界面的"铣削"选项卡中选择"铣削"命令组的"体积块粗加工"命令。在这一过程中需完成最为重要的刀具设定、体积块铣削参数的设置和铣削窗口的确定等，如图 4 - 29 所示。

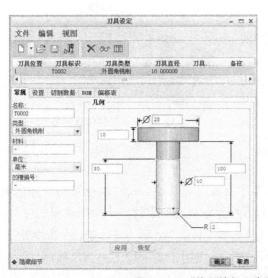

图 4 - 29　"体积块加工参数"的设置

完成上述操作,就可使用 Creo 2.0 的体积块加工功能中的演示刀具的加工路径来查看刀具切割工件的运行情况,仿真结果如图 4-30 所示。

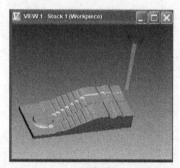

图 4-30 "体积块粗加工"的仿真结果

使用"体积块粗加工"这个命令,可以在加工之初快速切除工件上的大部分加工余量,并留给精加工少量的加工余量,从而提高数控铣削的加工效率。

(2)表(曲)面加工和轮廓加工

完成粗加工之后,根据零件的结构特点选择相应的加工方法完成上模结构的进一步精加工处理。要特别注意对上一道工序残留的多余材料进行清理,以减小模具零件的粗糙度,进一步提高压铸模具的加工质量,达到压铸模上模的尺寸精度等工艺要求。

(3)工件的切减材料

在 Creo 的仿真加工过程中,可以直接在毛坯工件上反映每一步的仿真结果,即通过软件主界面"铣削"选项卡中"制造几何"命令组中的"📷材料移除切削"功能实现,从而了解每个加工过程的正确性,提高模具设计与制造的准确度。使用"工件材料切减"命令后的工件仿真结果如图 4-31 所示。

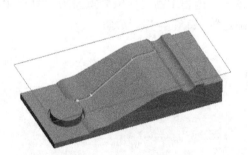

图 4-31 工件仿真结果

4. 输出 NC 程序

在完成加工仿真之后,如果不存在问题则可以将生成的数控铣削程序生成刀位数据文件 Bigan_shangmu. nc1,以及经过后处理生成的机床控制数据文件 Bigan_shangmu. tap。具体的操作步骤是选择"制造"选项卡中"输出"命令组中的"🔧保存 CL 文件"命令,按照流程操作即可生成用于实际加工的 NC 程序,如图 4-32 所示。

图 4-32　生成的 NC 程序文件

要注意刀位数据文件必须后处理,转化为特定机床所配置的数控系统能识别的 G 代码程序,才可驱动机床正确加工,以实现数控仿真和实际加工的无缝连接。

4.4.4　结语

在压铸模的数控仿真加工过程中,采用 Creo Parametric 2.0 这样一个集 CAD、CAM 和 CAE 于一体的三维软件包,其系统的单一数据库使得压铸件的变更会同步反映到模具的变化中去,零件的每一处变动,与之相关的模具型腔、工程图纸和制造信息等都会自动更新。参数化的数控编程与仿真加工给传统的压铸模具制造带来了新观念,也为设计、制造一体化实施提供了技术保障。

（本文发表在《煤矿机械》2013 年第 9 期）

4.5　基于 Pro/E 的发动机曲柄滑块机构的运动仿真分析

4.5.1　引言

曲柄滑块机构是机械构件中常见的一种机构,其作用是将曲柄的等速旋转运动转化为滑块的往复直线运动。由于曲柄滑块机构制造容易、结构简单、强度高、速度快,因此广泛应用于空压机、冲床、发动机、仪表机构。曲柄滑块机构属于低副机构,低副接触两元素之间不易产生磨损,故可以承受较大的载荷,因此在重型机械中也得到了广泛应用。

本文以比较典型的单活塞式发动机中的曲柄滑块机构为例来论述曲柄滑块机构在 Pro/E 软件中的运动学仿真分析过程。

4.5.2　曲柄滑块机构的运动分析

单活塞式发动机的工作原理是通过曲轴的旋转运动,借助连杆把动力传递给活塞,利用活塞的往复运动,使汽油与空气在密闭容器(如气缸)混合、燃烧、膨胀、做功,并将热能转变成机械能。单活塞式发动机主要由气缸、活塞、连杆、曲轴、气门机构等零部件组成,其中气缸是汽油和空气的混合气体进行燃烧释放热能并将热能转变成机械能的地方。发动机经过进气、压缩、做功、排气四个冲程的循环来不断地产生动力。通过分析,曲轴的旋转运动通过连杆转化成活塞的往复运动,这种机构就是机械原理中的曲柄滑块机构。因此,根据机械原理的知识可以得到被研究对象单活塞式发动机的机构工作原理图的数学模型,如图4-33所示。

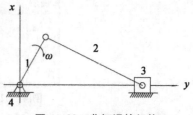

图4-33　曲柄滑块机构

图4-33中零件"1"即曲柄滑块机构中的曲柄,相当于单活塞式发动机中的曲轴;零件"2"即连杆;零件"3"即滑块,相当于活塞;零件"4"即机架,相当于气缸。

4.5.3　仿真分析前期准备

单活塞式发动机机构的数学模型建立之后,即可使用Pro/E的运动仿真模块Mechanism进行仿真分析,但此前需要使用计算机三维参数化的软件设计完成待仿真的零部件。首先须了解Pro/E的运动仿真流程和方法(见图4-34),方可熟练地使用该软件的运动仿真模块。

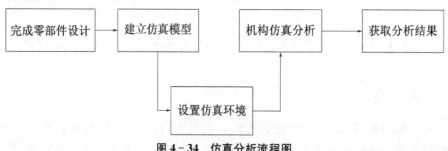

图4-34　仿真分析流程图

对零件的参数化设计就不再赘述,这里主要讨论曲柄滑块机构的运动仿真分析。

4.5.4　曲柄滑块机构的运动仿真分析

在Pro/E软件中进行曲柄滑块机构运动仿真有两个关键的步骤:其一是创建机构;其二是添加驱动器。唯有如此,才有可能仿真成功。

1. 创建曲柄滑块机构

在Pro/E软件中创建曲柄滑块机构主要有三个步骤。

步骤一：装配机架。

在 Pro/E 软件的装配模块 Assembly 的主界面中，选择主菜单"插入"→"元件"→"装配"，在弹出的"打开"对话框中选取装配到机构中的第一个零件"Qgang"（即气缸，该名称由用户自行定义，下同），调入该零件到绘图区。在"装配操控板"中选择常规装配类型中的"缺省"，即将气缸定义为机构的基础主体（即机架）。这种装配方式也是我们通常完成装配体所用的方法。

步骤二：创建"销钉"连接（销钉连接只有一个自由度，可围绕指定轴旋转）。

创建"销钉"连接是进行机构运动仿真的关键，其创建方法也与创建机架不同，因此这里做特别的说明。

在机架创建完成之后，在装配主界面继续选择"插入"→"元件"→"装配"，在弹出的"打开"对话框中选取装配到机构中第二个零件"Qzhou"（即曲轴）后，调入该零件到绘图区（这与前面装配机架是相同的），在弹出的"装配操控板"中需要选择"预定义"的连接集中的"销钉"连接方式，按照要求即可完成曲轴的"销钉"连接，如图 4 - 35 所示。其中 1 所指示的是装配完成的气缸，2 所指示的是曲轴。

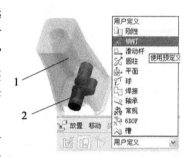

图 4 - 35　创建"销钉"连接

采用同样的方法创建第二个"销钉"连接，装配零件"Lgan"（即连杆）。至此，在曲柄滑块机构中的两个"销钉"连接已经创建完成。

步骤三：创建"圆柱"连接（圆柱连接，具有一个平移自由度和一个旋转自由度，允许构件沿指定的轴平移并绕该轴旋转）。

在装配的曲柄滑块机构中，继续装配零件"Hsai"（即活塞），使该零件采用"圆柱"连接方式。这种连接方式不同于其他连接的地方是在弹出的"装配操控板"的"预定义"的连接集中选择"圆柱"连接方式。同时按照"圆柱"连接的要求选择零件"Hsai"的轴线 A_2 和零件"Lgan"的轴线 A_1 即可完成活塞的"圆柱"连接。采用同样的方法完成气缸和活塞的"圆柱"连接。

最后按照装配类型中的"缺省"装配完成零件"气缸盖"的装配。至此，单活塞式发动机的曲柄滑块机构创建完成。如图 4 - 36 所示，其中 3 所指示的是活塞，4 所指示的是连杆。

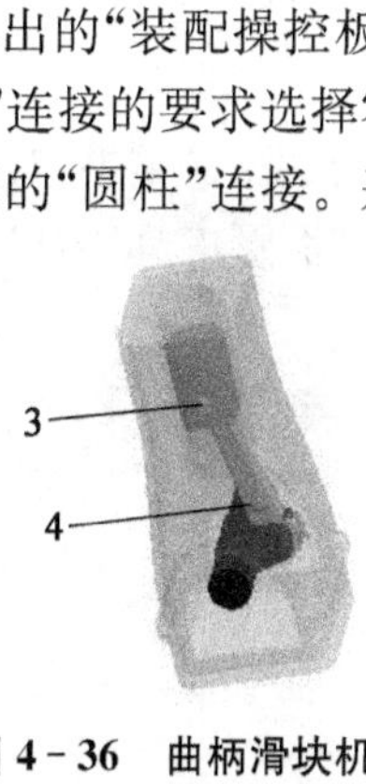

2. 运动仿真分析

在曲柄滑块机构创建完成之后，需要使用 Pro/E 软件的机构运动仿真模块 Mechanism 观察并记录分析或测

图 4 - 36　曲柄滑块机构

量对曲柄滑块机构的仿真运动中的诸如位置、速度、加速度或力等参数,然后以图形的形式表示这些测量结果,使设计者能够更加简便、直观地了解设计的结果。

(1)创建伺服电机

为了驱动曲柄滑块机构能够在 Pro/E 软件中进行正常工作,必须在机构中添加动力源——伺服电机。创建的方法是在装配完成的曲柄滑块机构的 Pro/E 软件的主界面中选择菜单"应用程序"→"机构",进入 Pro/E 软件的机构模块操作界面。在机构模块中选择菜单"插入"→"伺服电机",在弹出的对话框中做相应的设置即可完成伺服电机的创建。

(2)机构的运动学分析

在 Pro/E 软件的主界面选择菜单"分析"→"机构分析",在弹出的"分析定义"对话框中定义好运动学分析的"类型"、添加第一步骤中创建的"伺服电机"等相关的信息后,单击该对话框中的"运行"按钮,机构就可以进行运动仿真。

选取主菜单中的"分析"→"测量"命令,在弹出的"测量结果"对话框中,选择"新建"按钮,在紧接着弹出的"测量定义"对话框中进行相应的设置,如图 4 - 37 所示。

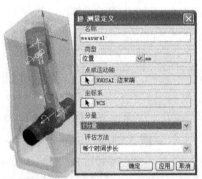

图 4 - 37 "测量定义"对话框

在"测量结果"对话框中选择"绘制选定结果集所选测量的图形"按钮,系统就会在"图形工具"窗口中显示测量的结果(如图 4 - 38 所示)。

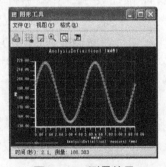

图 4 - 38 测量结果

另外,运动仿真分析可以保存为回放文件,以利于设计者和用户日后查看机构的运动仿真分析的结果。

4.5.5　结语

在 Pro/E 软件提供的虚拟环境中,设计者可以借助计算机中的三维参数化实体模型,在机构运动仿真环境中对虚拟装配机构进行全方位的仿真分析,该软件还能够对机构中零部件是否存在干涉进行检测,使设计者及时发现机构的零部件之间哪些地方存在不足。同时软件能够记录分析或测量对曲柄滑块机构的仿真运动中的某些参数,然后以图形的形式表示这些测量结果,使设计者甚至客户能够更加简便、直观地了解设计的各种信息,从而发现设计中潜在的缺陷和不足,由此缩短开发周期,减少开发费用,提高经济效益。

(本文发表在《制造业自动化》2010 年第 6 期)

4.6　基于 Plastic Advisor 7.0 的注塑模具模流分析的研究与应用

4.6.1　引言

注射成型是塑料加工工业中使用最为广泛的一种加工方法。据统计,注塑产品占塑料制品总量的 80% 以上,但注射成型是一个相当复杂的过程。随着市场竞争的不断加剧,注塑模具的结构越来越复杂,塑料制品的精度要求越来越高,产品的研发周期也要求越来越短。并且产品都往更轻薄短小的方向发展,除了材料和结构设计受到挑战,制造时的塑料流动分析显得尤为重要。因为塑料注射到模具后,它的流动是否均匀将影响到产品质量的好坏,开模后若模具局部温度冷却状态不好、温度过高,将导致成品脱离模具后产生变形。同时由于流道越来越细,传统方法设计出来的模具在生产时塑件的不合格率越来越高。

Pro/E 针对塑料产品和塑料模具开发了一套模流分析系统 Plastic Advisor,即塑料顾问,随 Pro/E Wildfire 4.0 一起发行的是 Plastic Advisor 7.0。运用这种塑料注射成型模拟技术,可使设计人员了解塑料在型腔内的填充情况,避免设计中的盲目性所造成的不必要的经济损失。江西交通职业技术学院作为"国家示范性高等职业院校建设计划"骨干高职院校立项建设单位,为周边企业和工业园区承担技术咨询、科技开发等横向项目。本文以学院机电系承接的工程机械等户外作业机器设备上使用的电子冰箱中的风机盖为例来说明塑料产品的模流分析的方法和过程。

4.6.2 浇口位置分析

在注塑模具设计中,浇口的位置对于制品的成型性和内部应力有较大的影响,通常依据制品形状和大小来决定合适的浇口形状和位置。由于浇口的种类、位置、数量等直接影响制品的外观、成型收缩率和强度等,因此在模流分析中,产品浇口位置的确定就显得非常关键。

(1) 运行 Pro/E 软件,选取主菜单"应用程序"中的"Plastic Advisor"选项,点击"浇口位置"来初步分析,如图 4 - 39 所示。

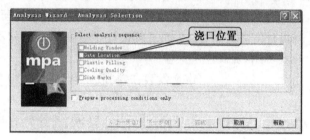

图 4 - 39　运行分析向导

(2) 设置风机盖制品所需的塑料材料,指定模具温度、熔融温度及最大的注射压力,如图 4 - 40 所示。

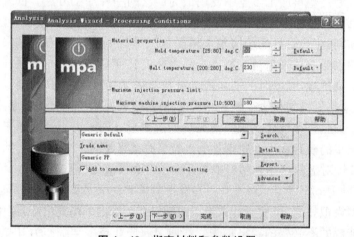

图 4 - 40　指定材料和参数设置

(3) 由于设计者事先不能确定风机盖的合适的浇口位置,所以应用 Plastic Advisor 7.0 来选择合适的浇口位置。根据运行浇口分析后的结果,在合适的区域任选一处来安放浇口,如图 4 - 41 所示(图中用一个红色的圆锥体来表示)。

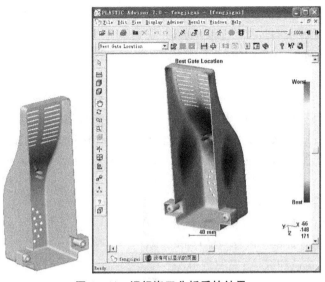

图 4 - 41　运行浇口分析后的结果

4.6.3　塑料填充分析

根据前面的分析，在确定了浇口的位置之后，就需要进行塑料流动分析。在图 4 - 39 中选取"Plastic Filling"选项，单击"完成"按钮，其运行结果如图 4 - 42 所示。

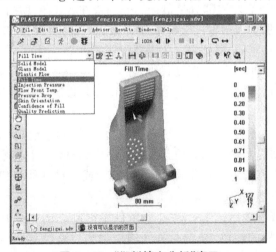

图 4 - 42　"塑料填充分析"窗口

在完成塑料流动分析后，设计者在图 4 - 42 中选取工具栏下拉列表框中的选项，逐一检查各项重要的数据，如填充时间、注射压力、压降、波前温度、质量预测等，来了解产品的设计质量。其中图 4 - 42 中" "的图标处于可用状态时,我们可以用来播放此分析动态效果,如"填充时间",这样设计者可以看到流体填满到模具的时间和效果,并检查填充质量以调整更合适的浇口位置以达到流动平衡。

4.6.4　模型窗口分析

选择了塑件材料和最佳浇口位置后,在运行完整的"塑料顾问"分析之前,使用"Molding Window"来分析选择最佳的处理条件或对材料进行比较,给出更快更有效的建议性方案。其中在模型窗口显示图形有两个坐标轴,垂直方向是温度,水平方向是注射时间,由这两个坐标轴组成一个二维象限,该象限每个点便代表一个成型条件。在图中使用 3 种颜色(红色、黄色和绿色)把图划分为三个区域。如果模型窗口显示了一个绿色区域,即所有的 3 个条件(模具温度、融解温度和注射压力)都是可接受的,并且绿色区域越大,效果越好,如图4-43 所示。

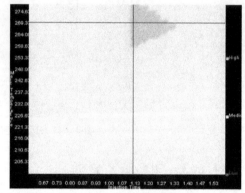

图 4-43　模型分析窗口

(1)绿色区域　表示这部分是最佳的处理条件。如果使用由一个绿色区域所代表的处理条件,那就表示零件会被成型得很好。如果模型窗口中包括一个绿色区域,但它是非常狭窄的,那就表示仍需要设法改进它。因为一个狭窄的绿色区域就意味着,若处理条件变化了(即使很小),那零件也将是令人不满意的。因为在零件的制造过程中,可能发生一些变化情况,所以最好设法保证模型窗口有一个相当宽的绿色区域。

(2)黄色区域　表示这部分或许会造成造型或零件质量问题,但零件仍然可以成型。模型窗口显示黄色的意思是零件的浇口和材料没有特别好的处理条件组合。要达到如此严密的零件质量,可能需要移走或增加其他浇口,或是改变材料,或是改变零件几何造型。

(3)红色区域　表示这部分的处理条件不能制作出一个好的零件。换句话说,模型窗口所显示的红色,是指此零件的浇口和材料没有任何好的处理条件组合。需要通过移开或增加其他浇口,或是改变材料,或是改变零件几何造型。

在模型窗口初次显示时,最优点处将由十字线显示,如图4-43 所示。

4.6.5　其他项目分析

除了上面的分析以外,Plastic Advisor 7.0 还提供了"冷却质量分析""缩痕分析""焊接线分析"和"逃气分析"等,如图 4 - 44 所示。借助这几项功能可以检查制品的表面温度质量、冷却时间变化、冷却质量、缩痕、焊接线等,使制品不出现薄弱处(疤痕)、翘曲与变形或可见的缺陷(如凹陷瑕疵、空隙等),给模具设计者提供一个更好的设计依据,提高制品的合格率。

图 4 - 44 焊接线和逃气分析

另外在 Plastic Advisor 7.0 中,在设计者通过该软件做了各种的测试和改善之后,如需要制作分析结果报告,为以后模具设计提供参考依据,该软件可直接制作分析结果报告书,如图 4 - 45 所示。

图 4 - 45 报告书主界面

4.6.6 结语

采用 Pro/E 构建的 Plastic Advisor 7.0 进行模流分析,相对其他模流分析软件来说,简单易学,同时直接采用 Pro/E 构建的三维模型数据,避免接口转换带来的精度问题,这对设计人员来说减少了使用第三方软件的时间,提高了产品设计的效率,使设计者能够较容易地满足用户需求。

(本文发表在《煤矿机械》2011 年第 9 期)

4.7 基于 SolidWorks 平台的产品设计的研究与应用

4.7.1 引言

随着科技的迅速发展,企业间的竞争日趋激烈,市场变化不断加快。各企业必须进行技术创新和产品创新,才能提供满足用户需求的一流产品。只有不断保持和扩大市场占有份额,才有希望在市场竞争中生存和发展,而家电行业尤为突出。

4.7.2 家电产品的开发特点

在家电产品的研究开发实践中,我们认识到要提供满足用户需求的一流产品,产品设计始终是重要的基础环节,它基本决定了产品性能、质量、成本和经济效益。一流的产品,首先来自一流的设计,而且必须有一流的产品开发过程支持。产品开发过程不仅包括一流的人才因素,而且还应包括现代设计方法、工具、技术及基础平台、实验条件等。如何使企业的产品开发过程更为先进,同时不断提高自身的创新能力和水平,是每个企业必须面对而且需要很好解决的问题。

家电产品由于用户的广泛性,一般是大批量生产,其中塑料件和冲压件多,工艺过程和质量控制要求非常严格,产品设计和制造周期较短。由于进行大批量生产和销售,总利润相对较高,市场竞争相当激烈,企业的压力很大。为了在激烈的竞争中得到生存和发展,必须紧跟市场,不断适应市场的变化,产品必须在创新能力和多样性、时效性上下大工夫。

4.7.3 产品更新过快与 SolidWorks 的高效结合

家电制造企业要提高产品竞争力,就要加强适应市场的创新能力和反应能力,以用户为中心,快速高效地推出实用新颖、先进好用、物美价廉的新产品,很快上市销售,抢占市场先机,满足不同用户的需求。要想做到这一点,唯一的出路就是应用现代设计方法、工具和技术。创造一流的产品开发过程,利用优秀的计算机辅助设计系统这样一个基础平台,来创造一流的产品,以保持持久的市场竞争优势,这不仅体现了企业的科技进步,而且是企业实现自己的经营目标的必由之路。企业在新产品开发中应用虚拟产品开发技术,在计算机中通过三维几何造型直接表达设计对象,使设计师能对虚拟样机进行直接互动,提高了产品开发质量、缩短了开发周期、降低了开发成本。

在计算机辅助设计系统三维几何造型软件中,从易用性、经济性、功能全面与否等方面考虑,尤以 SolidWorks 突出。SolidWorks 软件是在 Windows 平台下开发的,这一点明显区别于那些从 UNIX 下移植过来的软件,这使得高级 3D CAX 软件不再是 UNIX 工作站独有的宠儿。同时对于绝大多数普通用户来说应用的操作系统是 Windows,对这个在 Windows 平台下开发出来的软件更容易上手。又由于 SolidWorks 从最初版本到现在的 SolidWorks 2006、特别是从 SolidWorks 2001Plus 开始加入了对 GB(国标)的支持后,SolidWorks 成为家电产品设计得最好的 3D CAX 软件之一。使用 SolidWorks 这套简单易学的工具,工程师能快速地按照其设计思想绘制出草图,尝试运用特征与尺寸,建立三维模型(零件图和装配体),以及输出详细的工程图(二维图)。在 SolidWorks 设计的产品模型中,由于零件、装配体及工程图的相关性,所以当其中一个文件改变时,其他两个相关的文件也自动相应改变。

由于家电产品竞争激烈,新产品更新换代速度快,产品开发人员需要一个高效的三维软件与之配合,以提高产品开发速度,而 SolidWorks 正是这样的一款软件。

4.7.4　应用举例

在产品设计中,设计师利用虚拟产品设计技术,在计算机中通过三维几何造型直接表达设计对象,把设计好的零部件虚拟装配起来,针对尺寸和形状上的问题,可以实时修正;利用虚拟加工技术,通过计算机模拟重要零件的工作情况,改正不合理的部分,使材料的性能得到充分利用;利用快速成型技术,将计算机中有外观要求或重要装配关系的零件迅速转变为真实的样件。通过应用各种现代技术和方法,不仅大大提高了效率,而且很好地避免了因设计失误给企业带来的经济损失。

1. 电冰箱的整机三维几何造型

如图 4-46 所示,这是新开发的半导体电冰箱系列产品之一。在计算机设计过程中,经过虚拟零件造型、部件装配,在确认没有错误后,制作了零部件的相关模具。因为整个开发过程是在全三维的环境中完成的,所以在实际生产制造过程中,没有发现由于设计形状和尺寸上的错误带来的问题。

图 4-46　电冰箱的整机装配

2. 电冰箱中的零件——风机罩

如图 4-47 所示,该零件为电冰箱上的风机罩。利用计算机辅助设计软件

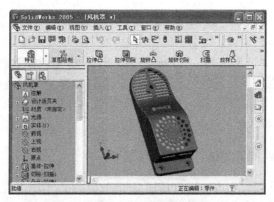

图 4-47　风机罩

SolidWorks 把零件设计完成以后,经过数据接口转换成. STL 文件后应用快速成型技术制作零件的样件,并对其评价修改。这便可以在模具投入之前发现问题,避免了零件制成后再修改模具的问题。

4.7.5 结语

面对日趋激烈的市场竞争,针对企业要持续提高质量、降低成本,缩短设计、制造与交货周期,迅速向用户提供所需商品等要求,企业自身必须有规范的一流产品开发过程与其相适应。现代设计技术的综合应用,必将能够提高企业的产品创新能力,以更少的时间推出更好的产品,切实增强企业的市场竞争能力。

(本文发表在《煤矿机械》2006 年第 12 期)

4.8 基于 SolidWorks 的零件系列化设计

4.8.1 引言

随着计算技术的发展,计算机辅助设计(CAD)技术是计算机技术应用于传统制造工程领域的重要成果之一。制造企业 CAD 化的要点是在工程应用目标和 CAD 软件功能之间寻求平衡与协调,并兼顾发展的潜能。对于我国数目众多的中小型制造企业来说,在应用 AutoCAD 技术的基础上需要迅速地向中端三维 CAD 系统应用转化。中端三维 CAD 系统的特点是基于特征的参数化实体造型,不仅在产品设计开发效率上远远强于二维 CAD 软件,更为重要的是,中端 CAD 软件的数据可以和高端 CAD 软件进行转换与共享,从而为企业参与制造领域的国际合作提供了机会。SolidWorks 是美国 SolidWorks 公司开发的三维 CAD 中端产品,由于在操作平台上 SolidWorks 是基于微软的 Windows 操作系统开发的,在技术内核上基于先进的 ParaSolid 图形语言平台,因而在使用的方便性和技术的先进性两方面均趋于完美。因此,采用 SolidWorks 是中小企业实现产品开发信息化和自动化地最佳途径之一。

零件是三维 CAD 系统的核心,利用三维 CAD 进行产品设计都是从零件的设计开始的。因此在零件设计的过程中经常会遇到具有共同的基本特征的系列件,所以如果采用零件系列化设计将大大提高设计的效率。本文的重点是基于 SolidWorks 进行零件的系列化设计的研究。

4.8.2 零件的系列化设计的方法

零件的系列化设计的方法可以使用 SolidWorks 提供的配置功能,这种方法在系列化设计中比较烦琐且容易出错。如用 SolidWorks 本身提供的 API 接口,但这种方法需要一定的编程基础。而在这里介绍的基于 SolidWorks 的"系列零件设计表"的零件系列化设计这种方法,解决了上述两种方法存在的问题,从而在企业中易于推广。

4.8.3　建立原始模型

由于系列零件具有外形相同而尺寸不同的特点,所以可以先按一个零件的尺寸生成三维模型,再用三维模型生成工程图。本文以阶梯轴为例来说明系列零件设计表,如图 4-48 所示。先基于 SolidWorks 绘制基本阶梯轴,其他的阶梯轴可以利用系列零件设计表生成多种配置进行设计。在 SolidWorks 中零件的尺寸都有唯一的名称,这些名称最好改为具有工程意义的名字,这样为后续的利用在电子表格 Excel 中建立一个系列零件设计表做好准备。

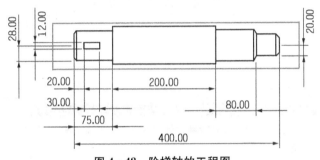

图 4-48　阶梯轴的工程图

4.8.4　利用 SolidWorks 中的系列零件设计表进行系列化设计

1. 在分离的 Excel 窗口创建系列零件设计表

首先调整零件模型的显示,由于我们需要配置设定项目是阶梯轴的总长度、驱动端长度、从动端长度、中间端长度、键槽长度和键槽宽度,并且设定键槽的状态。首先要在图中显示特征尺寸,然后隐藏不需要的尺寸,这样便于操作。

在 SolidWorks 中,选择菜单"插入"—"系列零件设计表",在图形区的上部出现 Excel 表格(如图 4-49 所示),同时 SolidWorks 的菜单和工具栏被 Excel 的菜单和工具栏替换。在图形区中新建和编辑系列零件设计表时我们可能会感觉空间上十分局限,所以在新建系列零件设计表时可以在独立的 Excel 窗口中建立和编辑系列零件设计表,其方法是在窗口中左侧的特征管理器的特征树中特征"系列零件设计表"上用鼠标右击出现的快捷菜单中选择"在单独的窗口中编辑表格"一项。这样 Excel 就会出现独立的窗口浮在 SolidWorks 上,解决了上述问题。

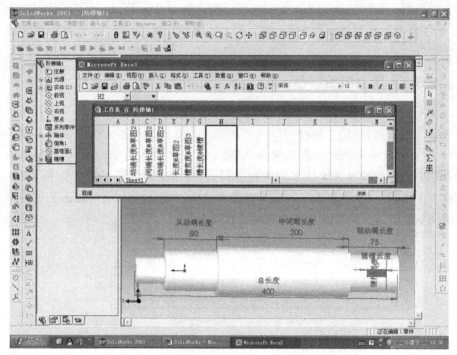

图 4-49 系列零件设计表在 SolidWorks 中的状态

2. 配置设定项目的指定

Excel 表的第一行是标题,提示我们现在操作的零件对象。第二行是配置项目行,在这一行中设定需要进行配置的零件尺寸和零件特征。第三行以下是系列零件的实例。在 A 列中输入零件实例的名称,在其他列中输入相应的配置项目的设定,如尺寸的数值、特征的压缩状态等。在 Excel 表中激活表格 B2,开始选择设定项目,先通过特征管理树双击键槽特征。然后依次在图形区双击总长度、驱动端长度、从动端长度、中间端长度、键槽长度和键槽宽度尺寸,这些配置项目依次添加到 C2~H2。

3. 形成系列零件设计表

将 Excel 窗口最大化,输入数据,形成系列零件设计表,其中键槽的状态有两种,即压缩和解压缩。配置编号后如果有 W,表示该配置没有键槽,对应键槽的状态为压缩,用 S(suppress)或者中文"压缩"设定,解压缩的标记是 U(Unsuppress)或者中文"解压缩"。在压缩键槽的配置中就不必输入键槽的长度与宽度尺寸。

4. 完成零件的系列化设计

关闭 Excel 窗口,系统会提示生成了 Excel 表中"400~75"等几种配置,在特征管理器中出现了系列零件设计表节点,在配置管理器中生成了 Excel 表中的配置,如图 4-50 所示。自此完成了阶梯轴的系列零件设计表的系列化设计。

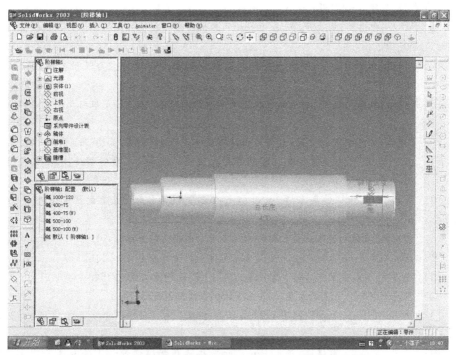

图 4-50   在配置管理器中生成 Excel 表中的配置

4.8.5   结语

综上所述,采用面向产品设计的三维 CAD 软件来代替面向绘图的二维 CAD 软件,是计算机辅助设计发展的根本方向。三维参数化设计软件,最大的优点是所有的零件设计绘制,并不只是单一的零件设计,而是和其他零件有着相关的尺寸互动,从而极大地缩短产品的研发或改型时间。进而提高了产品设计质量、设计效率及企业对市场的快速响应市场的能力。

(本文发表在《机床与液压》2005 年第 8 期)

参 考 文 献

[1] 付士军,王肖烨.基于 Pro/E 利用自动分型面技术创建模具型腔研究[J].机械设计与制造,2009(6):98-99.

[2] 阳湘安,张翔.电热壶体的注射模设计[J].制造技术与机床,2006(4):14-16.

[3] 贾颖莲,胡宝兴,杨继隆,等.基于 SolidWorks 的零件系列化设计[J].机床与液压,2005(8):200-201.

[4] 刘品德,余世浩,叶建红.基于 Pro/E 软件的注塑模具设计技术[J].机械制造,2005(8):46-48.

[5] 余强,陆斐.Pro/E 模具设计基础教程[M].北京：清华大学出版社,2005：65-67.

[6] 卢建平,张道林,杨洪峰,等.基于 Pro/E 玉米联合收获机的虚拟设计[J].农机化研究,2008(3)：90-92.

[7] 贾颖莲,何世松.Pro/E 在注塑模具设计中的研究与应用[J].煤矿机械,2007(5)：32-34.

[8] 何世松,贾颖莲.基于 Creo 的农机随车冰箱塑模开发与应用[J].农机化研究,2012(6)：165-168.

[9] 贾颖莲,何世松.基于 Creo 的臂杆压铸模设计[J].铸造技术,2013(7)：906-908.

[10] 吴建军,郭军.钣金零件毛坯展开计算方法研究进展[J].航空制造技术,2011(19)：26-31.

[11] 王鲁斌,黄年兵,潘兵兵,等.基于 Optistruct 的汽车钣金类支架的优化设计[J].机械工程师,2016(1)：202-204.

[12] 何世松.机械制造基础项目教程[M].南京：东南大学出版社,2016.

[13] 詹友刚.Creo 3.0 机械设计教程[M].北京：机械工业出版社,2015.

[14] 邱海飞.系列法兰产品标准零件库开发[J].现代制造工程,2016(9)：87-91.

[15] 詹友刚.Creo1.0 实例宝典[M].北京：机械工业出版社,2012.

[16] 余强,周京平.Pro/E 模具设计与工程应用[M].北京：清华大学出版社,2008：367-372.

[17] 吉宁,张惠茹,周超梅.基于 Pro/E 的散热器压铸模设计[J].铸造技术,2012(3)：361-363.

[18] 二代龙震工作室.Pro/MOLDESIGN Wildfire 4.0 拆模设计[M].北京：电子工业出版社,2009：73-85.

[19] 陈彬,曾小勤,胡斌,等.基于数值模拟的铝合金汽车零部件压铸工艺优化[J].铸造技术,2009(10)：1323-1325.

[20] 海天.Creo 2.0 工业设计完全学习手册[M].北京：人民邮电出版社,2012.

[21] 贾颖莲,何世松.基于 Plastic Advisor 7.0 的注塑模具模流分析的研究与应用[J].煤矿机械,2011(9)：244-246.

[22] 何世松,贾颖莲.一种注塑模侧抽芯机构：中国,201720361980.7[P].2017-10-22.

[23] 方显明,祝国磊,胡玫瑰.SolidWorks 2016 任务驱动教程[M].武汉：华中科技大学出版社,2016.

[24] 何世松,贾颖莲.Creo 三维建模与装配[M].北京：机械工业出版社,2017.

[25] 温建民,任倩,于广滨.Pro/E Wildfire 3.0 三维设计基础与工程范例[M].北京：清华大学出版社,2008：433-434.

[26] 孙桓,陈作模.机械原理[M].北京：高等教育出版社,1999：213-214.

[27] 李增平,贾颖莲.渐开线齿轮的优化设计及其运动仿真分析[J].制造业自动化,2010(3)：169-172.

[28] 何世松,贾颖莲.现代设计方法在盘形凸轮快速设计中的应用[J].机械工程师,2009(9)：37-39.

［29］栾振兴,樊利民,邵君奕,等.基于 Pro/E 的管道喷涂机器人运动仿真分析［J］.机械工程与自动化,2010(1)：1-3.

［30］马苏常,檀润华.基于 Pro/Mechanica 的蜂窝纸板模具有限元分析及优化设计［J］.煤矿机械,2010(6)：37-40.

［31］朱三武,贾颖莲.塑料成型工艺与模具设计［M］.哈尔滨：哈尔滨工程大学出版社,2009.

［32］葛银川,葛正浩.基于 Pro/E 的照相机前盖的模具设计及模流分析［J］.塑料工业,2009,37(3)：56-58.

［33］杨志勇,刘初升,闫俊霞.基于 Pro/E 压铸模具设计的分模方法［J］.煤矿机械,2011(3)：234-236.

［34］朱鸿利,徐桂云.基于 Pro/ENGINEER 非曲面仿真加工过程的研究［J］.煤矿机械,2011(7)：102-103.

［35］孟凡勇,余玉琛,等.用 SolidWorks 设计标准件、系列件［J］.煤矿机械,2003(8)：15-16.

［36］江有永,曾忠,曹志全,等.基于 SolidWorks 的尺寸方程驱动系列件库建模实现［J］.机械工程师,2003(4)：25-27.

［37］贾宏为,郝雨田.SolidWorks 在机械设计中的应用［J］.电脑开发与应用,2003(02)：34-35.

［38］何煜琛,何达,朱红军.SolidWorks 2001 Plus 基础及应用教程［M］.北京：电子工业出版社,2003.

第5章　车载制冷器具维护、维修与回收

随着科技的进步和技术的发展,工程机械车载产品类型越来越多、功能越来越强大,在很大程度上改善了人们在工地和野外等恶劣条件下的工作环境。目前工程车载产品主要有车载制冷器具、车载导航仪、车载行车记录仪、车载充电器、车载空气净化器、车载VCD等车载电器,但尤以车载制冷器具最为典型。

车载制冷器具的种类很多,可分为保温型制冷器具、热电制冷器具和压缩式制冷器具。在上述三类制冷器具中,保温型制冷器具是以保温材料制成外壳,利用储能制冷加热后来保持物品温度,俗称保温箱或储能箱,由于使用不便,逐渐退出市场;压缩式制冷器具由于价格较贵、噪声较大、故障率高、能耗过高,市场需求越来越小;而热电制冷器具价格实惠、维护和使用方便,是普通消费者容易接受的产品。

在制冷器具使用运行一段时间后,需要定期进行维护和检修,这样可以大大减少故障的发生。制冷器具维修和回收是制冷器具使用过程中的一个重要阶段,科学合理维修制冷器具可延长制冷器具使用寿命,减少资源的消耗;正确回收制冷器具是绿色可持续发展的重要途径,减少废物对环境的污染,利于社会的可持续发展。从故障率及使用年限等角度考虑,本章主要以故障率高的压缩式制冷器具为例,阐述车载制冷器具的维护、维修与回收。

5.1　车载制冷器具维护和维修

可持续发展战略是人类迫于资源和环境的巨大压力而不得不做出的历史性选择。它关系到社会的各个行业,维修也不例外。科学合理的产品维修是利于社会可持续发展的,可以起到节约资源、延长产品使用寿命的作用。下面以工程机械车载产品的维护和维修为例,主要介绍车载制冷器具维护和维修的意义、要点和注意事项等。

5.1.1　车载制冷器具维护和维修意义

工程机械车载制冷器具作为工程机械上携带的冷藏柜,具有环保、无污染、体积小和成本低,以及工作时没有震动、噪音低、寿命长等优点,是炎炎夏日在恶劣环境下工作人们的绝佳伴侣。如能正确维护和维修,可以更好地延长制冷器具的使

用寿命,节约资源消耗,减少对环境的影响。

5.1.2　车载压缩式制冷器具维护和维修要点

在工程机械车载压缩式制冷器具的日常运行中,由于操作不当或其他原因容易发生故障,这时候要求操作人员能迅速正确地判断并能妥善排除故障,下面分析车载压缩式制冷器具常见故障及产生的原因。

1. 车载制冷器具常见故障及原因分析

(1) 车载制冷器具常见故障及产生的可能原因见表 5-1。

表 5-1　车载制冷器具常见故障及原因

序号	常见故障	产生的原因
1	制冷器具制冷效果差	(1) 环温过低; (2) 食品放置过多; (3) 长时间没有除霜; (4) 频繁开门; (5) 产品放置位置不当; (6) 温控器或主控板故障; (7) 传感器故障; (8) 压缩机排气差; (9) 制冷剂泄漏
2	制冷器具开机时间长或不停机	(1) 挡位设置温度过低; (2) 食品放置过多; (3) 长时间没有除霜; (4) 开门频繁; (5) 低温补偿检查; (6) 制冷效果差
3	制冷器具冷藏结冰的故障	(1) 设定温度过低; (2) 主控板故障; (3) 电磁阀故障; (4) 各部分线路连接是否正常
4	制冷器具不制冷的故障	(1) 温区关闭; (2) 传感器故障; (3) 电磁阀不换向; (4) 毛细管堵; (5) 系统故障; (6) 压缩机故障

（续表）

序号	常见故障	产生的原因
5	制冷器具噪声大的故障	（1）底角不平； （2）制冷器具和其他物品相碰或靠墙； （3）蒸发皿或冷凝器松动； （4）风机叶片互碰和变形； （5）风机固定不牢固； （6）压缩机与周围管路互碰； （7）压缩机松动； （8）蒸发皿松动； （9）压缩机减震胶老化； （10）电磁阀噪声； （11）继电器响； （12）系统抽空处理时间短； （13）冷藏蒸发器喷发声

（2）压缩式制冷器具中压缩机可能发生的故障其种类和原因很多，现将其常见故障、危害、产生的原因进行简要分析（见表5-2）。

表5-2　压缩机常见故障及原因

序号	常见故障	产生的原因
1	压缩机不能正常启动运行	（1）供电电压过低；电机线路接触不良； （2）排气阀片漏气，造成曲轴箱内压力太高； （3）能量调节机构失灵； （4）温度控制器失调或发生故障； （5）压力继电器失灵
2	压缩机启动、停机频繁	（1）由于排气阀片漏气，使高低部分压力平衡，造成进气压力过高； （2）温度继电器幅差太小； （3）由于冷凝器缺水造成压力过高，高压继电器动作
3	压缩机启动后没有油压或运转中油压不起	（1）油泵管路系统连接处漏油或管道堵塞； （2）油压调节阀开启过大或阀芯脱落； （3）曲轴箱油太少； （4）曲轴箱内有氨液，油泵不进油； （5）油泵严重磨损，间隙过大； （6）连杆轴瓦和曲柄销，连杆小头衬套和活塞销磨损严重； （7）油压表阀未打开
4	油压过高	（1）油压调节阀未开或开启太小； （2）油路系统内部堵塞； （3）油压调节阀阀芯卡住
5	油泵不上压	（1）油泵零件严重磨损，致使间隙过大； （2）油压表不准，指针失灵； （3）油泵部件检修后装配不当

（续表）

序号	常见故障	产生的原因
6	曲轴箱中润滑油起泡沫	（1）润滑油中混有大量氨液,压力降低时由于氨液蒸发引起泡沫; （2）曲轴箱加油过多,连杆大头搅动润滑油引起
7	油温过高	（1）曲轴箱油冷却器没有供水; （2）轴与瓦装配不适当,间隙过小; （3）润滑油中含有杂质,致使轴瓦拉毛; （4）轴封摩擦环安装过紧或摩擦环拉毛; （5）吸、排气温度过高
8	油压不稳定	（1）油泵吸入有泡沫的油; （2）油路不畅通
9	压缩机耗油量过大	（1）油环严重磨损,装配间隙过大; （2）油环装反,环的锁口安装在一条垂直线上; （3）活塞与气缸间隙过大; （4）排气温度过高,使润滑油被气流大量带走; （5）曲轴箱油面过高; （6）油分离器的自动回油阀不灵,油不能自动回曲轴箱而被排走
10	曲轴箱压力升高	（1）活塞环密封不严,造成了高压向低压串气; （2）排气阀片关闭不严; （3）缸套与机体密封面漏气; （4）曲轴箱内进入氨液,蒸发后致使压力升高
11	能量调节机构失灵	（1）油压过低; （2）油管堵塞; （3）油活塞卡住; （4）拉杆与转动环安装不正确,转动环卡住; （5）油分配阀装配不当
12	排气温度过高	（1）冷凝压力太高; （2）回气压力太低; （3）回气过热; （4）活塞上死点余隙过大; （5）缸盖冷却水量不足
13	回气过热温度过高	（1）蒸发器中氨液太少,供液阀开启太小; （2）回气管道隔热保温不良或保温层受潮损坏; （3）吸气阀片漏气或破裂
14	排气温度过低	（1）压缩机发生湿冲程; （2）中冷器供液过多

（续表）

序号	常见故障	产生的原因
15	压缩机吸气压力比正常蒸发压力低	（1）供液阀开启太小，供液不足，因而蒸发压力下降； （2）吸气管路中阀门未全开； （3）吸气管路中阀门的阀芯脱落； （4）系统中液氨量不足，虽然开大供液阀，压力仍不上升； （5）吸气过滤器堵塞； （6）回气管路有"液囊"现象； （7）回气管太细
16	压力表指针跳动剧烈	（1）系统内有空气； （2）压力表指针松动； （3）表阀开启过大
17	压缩机排气压力比冷凝压力高	（1）排气管道中的阀门未全开； （2）排气管道内局部堵塞； （3）排气管道设计不合理
18	压缩机湿冲程	（1）供液阀开启过大； （2）启动时吸气截止阀开启过快； （3）冷库融箱后恢复正常降温时吸气截止阀开启太快
19	气缸中有敲击声	（1）活塞上死点余隙过小； （2）活塞销与连杆小头孔间隙过大； （3）吸、排气阀片固定螺栓松动； （4）假盖弹簧变形，弹力变小； （5）活塞与气缸间隙过大； （6）润滑油过多或不干净； （7）阀片断裂掉入气缸中； （8）液氨冲入气缸产生液击
20	曲轴箱有敲击声	（1）连杆大头瓦与曲柄销间隙过大； （2）主轴承与主轴颈间隙过大； （3）开口销断裂，连杆螺母松动
21	气缸拉毛	（1）活塞与气缸间隙大小，活塞环锁口尺寸不正确； （2）吸气中含有杂质； （3）润滑油黏度太低或有杂质； （4）排气温度过高，引起油的黏度降低
22	轴封漏油严重	（1）装配不良； （2）动环与固定环摩擦面拉毛； （3）橡胶密封圈老化或松紧不适当； （4）轴封弹簧力减弱； （5）固定环背面与轴封压盖不密封； （6）曲轴箱压力过高

(续表)

序号	常见故障	产生的原因
23	轴封油温过高	(1) 润滑油不足； (2) 润滑油不干净； (3) 动环与固定环摩擦面压得过紧； (4) 主轴承装配间隙过小
24	活塞在气缸中卡住	(1) 润滑油低劣，杂质多； (2) 气缸缺油； (3) 气缸温度变化剧烈； (4) 活塞环搭口间隙太小

2. 车载制冷器具维护要点

(1) 使用时的维护保养

① 制冷器具应放置在阴凉通风的地方，摆放平稳，四周应留一定的空间，以利用通风散热。

② 制冷器具的温度应调节合理，正常情况下，冷冻室的温度应低于−18 ℃，冷藏室的温度在 5～8 ℃比较合适。总之，在保证制冷器具内的食品保鲜和冷冻的前提下，制冷器具内的温度设置得越高就越省电。

③ 制冷器具内放置的食品在三分之二最佳，太多会影响温度传导，太少，会加快冷气的流失，如果东西太少，可放置一些空的饮料瓶，避免冷气的流失。

④ 避免频繁开关机，断电后，必须在 5 min 后再接通电源。

首次开机前，没有必要检查什么，摆放平稳后，通电使用即可。平时经常清洁除霜就可以了，严格按照使用说明书的要求操作即可。

⑤ 应尽量减少开门次数，缩短存取食品的时间。热的食品需冷却到室温后方可放入制冷器具。

⑥ 对于间冷式制冷器具(即风冷制冷器具)，保存食品时，食品不要离出风口太近。对于直冷式制冷器具，当结霜厚度达 5 mm 时，需进行人工除霜。

⑦ 制冷器具内部清洁，不可以用锋利的器物擦刮内壁，尽量避免硬物碰撞内壁。不能使用难挥发或者有腐蚀性的液体擦拭箱体内部，使用软布和中性清洁剂擦拭(水或者制冷器具专用清洁剂)，不可冲洗或浸泡在水中清洁制冷器具。

(2) 停用时的维护保养

① 制冷器具长时间不使用时，应拔下电源插头，将食物全部从制冷器具中取出，用温水加洗涤剂或小苏打清洗各部件，冷凝器和压缩机用毛刷或用真空吸尘器清洗，待箱内充分干燥后，再将箱门关好。

② 将温控器调节置于"0"、"停"或"Max"(强冷点)，使温控器内弹片呈自然状态，延长其使用寿命。

③ 正门封条上涂上少量滑石粉或痱子粉。因为磁性门封条是电制冷器具的

一个重要部件,作用是密封箱门,使其与外界空气隔绝。由于经常使用,门封条会拉松或挤压,或因果汁、脂肪等酸性食物玷污而黏附。时间一长,会引起封条变形,从而影响密封性。所以,要采取以上措施。

④ 电制冷器具停用后不要用塑料罩套起来,因为塑料罩会凝聚潮湿的空气,使电制冷器具某些部件和没有烤漆的箱体生锈。因此,保存时只适宜套上纸壳。

⑤ 移动制冷器具的时候请竖立平行移动请勿倾斜,防止压缩机拖缸。放在通风干燥的地方,避免阳光直晒。

⑥ 因为电制冷器具的制冷剂凝固点很低,因此不必担心它会结冰而将制冷器具放在温度较高的地方比较好。

⑦ 每月应接通电源运行一次,每次 10 min 即可。因为在封闭的电制冷器具制冷设备中,不可能绝对没有空气和水分。微量的水分与制冷器中物质混合会发生化学反应,生成盐酸。如电制冷器具较长时间停机不用,空气中的水分很容易使制冷系统管道和压缩机发生氧化和腐蚀作用。氧化后产生的氧化物会在以后电制冷器具使用时带进制冷剂中,容易使毛细管发生堵塞,造成管道裂及制冷剂泄漏等,影响电制冷器具的使用寿命和压缩机的性能。定时的开机运行可使制冷剂经常流动,各运动部件得到润滑油的保护,不至于出现上述情况。

(3) 制冷器具的清洁与收纳

车载制冷器具因在野外作业,风沙大、灰尘多,下面介绍保持制冷器具清洁的方法。

① 清洁制冷器具外壳

因为扬尘原因,车载制冷器具外面会积起一层灰尘,操作人员可用抹布蘸水后每天擦拭制冷器具的外壳和拉手。如果条件具备,应每隔三个月左右,为制冷器具施一次上光蜡(也可用无色软管鞋油),这样可以使制冷器具外壳亮丽如新。

② 清洁制冷器具内胆

清洁制冷器具内部的工作最好每三个月进行一次,先切断电源,用软布蘸上清水或洗洁剂,轻轻擦洗,然后蘸清水将洗洁剂拭去。搁架要拿出来用水清洗。金属质地的搁架容易生锈,如果清洗时用水和白醋按 1∶1 的比例调成醋水,用来浸泡搁架 15 min,可以有效预防隔架生锈。电制冷器具门上的密封条是清洁死角,据检测上面的微生物多达 20 多种,是制冷器具内食物腐坏的"诱因"之一。用酒精浸过的布清洁擦拭密封条,效果甚佳,如果手边没有酒精,用上述的 1∶1 醋水擦拭密封条,也可有效杀灭微生物,消毒效果很好。

内壁做完清洁后,可用软布蘸取甘油(医用开塞露中的甘油最实惠)擦拭制冷器具内壁,形成一层薄薄的保护膜,这样下次不小心沾上牛奶或食物残渣,也容易被擦拭掉,不会牢牢黏连在内壁上。

③ 减少制冷器具异味

制冷器具中的各种食物如果没有做到分隔收纳,或贮存时间过长腐坏变质,制冷器具中就会产生难闻的异味。一旦出现异味,就应该停机对制冷器具内部进行彻底清洗。可以在制冷器具里放适当的"除味剂",如在制冷器具内放上两三块木炭,或将橘子皮、干柠檬切片、花茶等装进纱布袋中,放入制冷器具除味。还可以将小量杯或敞口小瓶子装约 50 mL 食醋、黄酒或半两小苏打,放在制冷器具内,也会吸附掉鱼腥味、肉腥味、剩菜味等异味。

④ 巧收纳等于保洁

制冷器具内的收纳做到位,内部就能减少霉臭味、怪味的滋生,也能最大限度地保障食物的"保鲜度"。以下收纳技巧可供参考:菜买回后要去掉一部分老叶、黄叶再收藏。韭菜、洋葱、胡萝卜等气味特殊的蔬菜可用保鲜膜包裹捆起,避免气味在制冷器具中扩散。水果可以放在纸袋中,或放在有孔塑料袋中,适当的透气可预防水分蒸发及发霉。冷藏室物品要注意经常清理。

3. 车载压缩式制冷器具维修要点

(1) 压缩机的拆卸

如果制冷器具出现故障需要拆卸压缩机,压缩机在拆卸之前应把系统中的制冷剂收集到冷凝器或储液器中。关闭所有阀门,切断压缩机与系统的联系,断开电源,并放出曲轴箱中的润滑油。拆卸过程中,应该记下零部件原有标记并对零部件的相互关系、朝向、位置等绘制关系图,以便在检修完成后能正确地装配。

不同型号的压缩机拆卸的具体步骤和方法虽有不同,但都遵循一些基本的要求。

① 应使用专用工具(如专用扳手等)进行拆卸,避免损坏零部件。

② 先拆部件(如气缸盖、阀板组、杆与活塞组件、带轮、曲轴、轴封器等),再从各部件上拆下零件。从各个部件上拆下的零件应分堆存放,避免混淆。

③ 拆卸零件时,应边拆边分析,采用合适的处理方法,切忌猛敲重击。

④ 压出轴瓦、打出活塞销时,应使用硬木棒或铜棒敲打,以免把零件打毛或损伤零件表面。

⑤ 在清洗配合精度要求高的零件后,应浸放在润滑油或涂上黄油封好,以免生锈。

⑥ 拆下的管道经吹洗后,应用干净木塞或布条封口以防脏污侵入。

⑦ 拆下的开口销,不能再使用必须换新。

(2) 压缩机的检修

① 活塞。使用外径百分表,分别在活塞外圆的上、中和下三个部位进行测量,若活塞外圆最大磨损量超过 0.25～0.34 mm 时,必须更换。

② 气缸。使用内径百分表,分别在气缸(或缸套)的上、中和下三个部位进行

测量,检查气缸或缸套的圆度,同时检查气缸或缸套表面的粗糙度。经检查,若气缸或缸套磨损量比尺寸大 0.16~0.24 mm 或其表面严重拉毛时,应更换。

③ 活塞环。活塞环失去弹性或磨损时应换新的活塞环。活塞环的磨损情况,可通过用塞尺测量活塞环的锁口间隙及活塞环的轴向间隙进行测量。活塞环锁口的正常间隙为 0.05~0.65 mm,若超过此值的 2~3 倍应更换;活塞环与环槽高度之间的正常间隙为 0.05~0.095 mm,若超过此值的 1 倍以上应更换;活塞的高度磨损达 0.1 mm 时,也应更换。反之,新活塞环置于旧活塞的环槽内,若轴向间隙超过上述要求值,表明活塞的环槽高度已磨损,应更换活塞。

④ 阀板组。阀板组拆下后,检查阀片有无破损、密封纸垫有无击穿及有无其他损坏零件。凡已损坏的零件必须更换。将阀板组外表面清洗干净,用塞尺或深度游标尺检测吸排气阀片的开启度(又称升程)。若测量值较要求值大 0.3~0.5 mm 时应更换新片。将阀板组解体清洗,检查阀片与阀座的密封线。当阀片的密封面磨损出明显的环沟,沟深达 0.2 mm 或磨损量达到其原有厚度时,应更换新片。阀座密封面磨损量达 0.3 mm,或阀线已损坏时,应更换。若阀片或阀座的密封面只有轻度的划伤或微小的斑点时,可研磨修复。将阀片放在平板上,先用粗细不同的研磨膏绕圆中"8"字形水平研磨,再用润滑油磨光并用煤油洗净。研磨阀线应根据阀片形状结构先机加工出一个原型,用研磨剂进行对研。研磨修复后组装的气阀,需用 50 ℃的煤油做渗漏试验,以 3~5 min 不漏为合格。也可用皮碗对着吸排气孔,以能将皮碗吸住并维持 10 s 左右为合格。

⑤ 活塞销和连杆小头衬套。活塞销表面的渗碳层如有裂痕或脱露时,应更换。用外径百分尺测量销圆柱面上、下和左右各两点直径的差值,其椭圆度应在销直径的 1/1200 以内,如椭圆度误差达到 0.1 mm 时,应更换。用内径百分尺检测小头衬套的磨损量,若达到 0.1 mm 或小头衬套严重拉毛时,应更换。若衬套只轻微拉毛,可用 280 号以上砂纸打磨去掉毛刺。小头衬套与小头座孔为静配合,更换新衬套在装配时,可先用砂纸打磨衬套一端的圆柱面(约衬套长 1/5 的一段),使此端刚能插入小头座孔内,然后用螺旋式工具或垫上软金属块后用锤压法将衬套压入小头座孔内。

⑥ 连杆和连杆螺栓。将连杆垂直或水平置于专用检具(包括校正水平的平台、标准芯棒及专用 V 形铁等)上,用百分表检查大头轴瓦、活塞销孔中心线的平行度及连杆的垂直度。连杆大小孔轴线的平行偏差应不大于 0.03/100,大小头轴线对其端面的不垂直度应不大于 0.05/100。此外,专用检具检测的两螺栓孔中心线不平行度应不大于 0.02/100。若发现连杆体有裂纹、弯曲、扭曲、折断和大头座孔剖分面损伤时,应更换。用 5 倍以上放大镜观察,若发现连杆螺栓有裂纹(裂纹处会出现渗油的黑迹)、螺纹损伤或螺纹和螺母的配合松弛时,应更换。

⑦ 连杆大头轴瓦。连杆大头上轴瓦与曲柄销接触的弧度在 100° 不应有间隙,

下瓦的径向间隙应符合装配要求。将两根直径比要求的轴瓦正常径向间隙大 2～3 倍的细保险丝,朝曲轴箱前后方向分置于下瓦两侧,然后组装连杆大头,拧紧连杆螺栓;再拆分连杆大头,小心取出被压扁的保险丝,发现轴瓦合金层有裂纹和脱落时,应更换新轴瓦。

⑧ 主滑动轴承。用塞尺检测主轴承与曲轴主轴颈之间上、左、右部位的径向间隙,并将曲轴旋转 180°复测一次,应符合装配间隙要求。主轴承下部 120°内测不用有间隙。用塞尺检测主轴承的端面与曲柄端面之间的轴向间隙,应符合装配要求。用百分表检查轴承内径,磨损量超过 0.15 mm,或表面合金层有裂纹和脱落时,应更换主轴承。

⑨ 曲轴。用百分表和专用检具检查曲柄销中心线与主轴颈中心线的平行度及主轴颈、曲柄销的椭圆度和圆锥度。其中不平行度不应大于 0.02/100,椭圆度和圆锥度不应大于二级精度直径公差之半,否则应检修。发现曲轴产生裂纹或变形,主轴颈、曲柄销外表面或曲轴与轴封配合面严重损伤,曲轴颈、曲柄销磨损量超过规定值 0.25～0.30 mm,曲轴键槽损坏等情况之一时,应更换曲轴。检修曲轴时,要吹洗疏通曲轴的油孔和油路。

⑩ 轴封。把拆下的零件清洗干净,发现摩擦环(固定环和活动环)表面磨损严重或有深痕、断裂,密封橡皮圈断裂、膨胀或老化,轴封弹簧失去弹性时,都应更换损坏的零件。若摩擦环表面只轻度拉毛,可将环的密封面置于平台上,用 400 号研磨剂细磨后再用油光磨修复。更换密封橡皮圈时,R22 选用氯醇胶圈。

(3) 压缩机的装配

经检查、修复或更换零件,并清洗和干燥(烘干或晾干)后,应按与拆卸相反的顺序,先组织状好各部件,再总装配。装配时应严格遵守装配工艺,逐项检查装配间隙是否符合要求,部分氟利昂活塞式压缩机的主要装配间隙,参见表 5－3。

表 5－3　部分氟利昂活塞式压缩机的主要装配间隙

序号	配合部位	间隙(＋)或过盈(－)				
		2F4.8	2F6.5	3FW5B	4FS7B	4F10
1	气缸与活塞	＋0.02～＋0.045	＋0.03～＋0.09	＋0.013～＋0.17	＋0.14～＋0.20	＋0.16～＋0.20
2	活塞上止点间隙(直线余隙)	＋0.4～＋0.9	＋0.6～＋0.10	＋0.8～＋0.10	＋0.5～＋0.75	＋0.5～＋0.75
3	吸气阀片开启度	0.45±0.05	$2.6^{+0.2}_{-0.1}$	2.2±0.1	1.10～1.28	1.2±0.1
4	排气阀片开启度	2	$2.5^{+0.2}_{-0.1}$	1.5±0.5	1.10～1.28	1.5±0.5

（续表）

序号	配合部位	间隙（＋）或过盈（－）				
		2F4.8	2F6.5	3FW5B	4FS7B	4F10
5	活塞环锁口间隙	＋0.1～＋0.3	＋0.1～＋0.25	＋0.2～＋0.3	＋0.28～＋0.48	＋0.4～＋0.6
6	活塞环与环槽轴向间隙	＋0.03～＋0.058	＋0.02～＋0.045	＋0.038～＋0.065	＋0.018～＋0.048	＋0.038～＋0.065
7	连杆小头衬套与活塞销配合	＋0.01～＋0.025	＋0.015～＋0.035	＋0.01～＋0.025	＋0.01～＋0.03	＋0.01～＋0.03
8	活塞销与销座孔	－0.01～＋0.025	－0.015～＋0.005	－0.017～＋0.005	－0.02～＋0.03	－0.01～＋0.03
9	连杆大头轴瓦与曲柄销	＋0.03～＋0.06	＋0.035～＋0.065	＋0.05～＋0.08	＋0.05～＋0.12	＋0.05～＋0.08
10	主轴颈与轴承径向间隙	＋0.02～＋0.05	＋0.035～＋0.065	＋0.04～＋0.065	＋0.06～＋0.12	＋0.05～＋0.08
11	曲轴与电机转子	—	—	0.01～0.045	0.04～0.06	—
12	电机定子与机体	—	—	0.04 用螺钉一只	0～0.03	—
13	电机定子与电机转子	—	—	0.5	0.5～0.75	—

（4）蒸发器的检修

氟利昂系统蒸发器易产生的故障是出现泄露点、积油和机械杂质堵塞等。

① 检漏，外观上出现裂纹、针孔或油迹处，则是有制冷剂泄露处，进一步用肥皂水涂抹检查，确定泄露点，可予修复的，采用合适的方法补修；无法修复时应更换。

② 清除蒸发器中积油，将蒸发器拆下吹洗并烘干。不方便拆卸的，可用氮气吹净后烘干蒸发管。

③ 蒸发器堵塞，可用氮气吹污，并更换压缩机油。

（5）冷凝器的检修

① 风冷式冷凝器清除积尘。当风冷冷凝器积尘较多时，可用细钢丝刷将冷凝器表面灰尘刷净。肋片间的积尘，可用压缩空气吹净。

② 水冷式冷凝器冷却水管内积垢的清除

a. 手工法。用螺旋钢丝刷伸入冷却水管内反复拉刷；或用长杆接上粗细略小于管径的钢棒头,伸入管内边捅边压水冲洗。

b. 酸洗法。酸洗法除垢有采用耐酸泵循环除垢和灌入法(直接将配置好的酸洗溶液倒入换热管子)除垢两种。

采用耐酸泵循环除垢时,首先将制冷剂全部抽出,关闭冷凝器的进水阀,放净管道内积水,拆掉进水管,将冷凝器进出水接头用相同直径的水管(最好采用耐酸塑料管)接入酸洗系统中。向用塑料板制成的溶液箱中倒入适量的酸洗液。酸洗液为 10%浓度的盐酸溶液 500 kg 加入缓蚀剂 250 g,缓蚀剂一般用六亚甲基四胺(又称乌洛托品)。酸洗液的实际需用量可按冷凝器的大小进行配制。开动耐酸泵,使酸洗液在冷凝管中循环流动,清洗液便会与水垢发生化学反应,使水垢溶解脱落,达到除垢的目的。酸洗 20～30 h 后,停止耐酸泵工作,打开冷凝器的两端封头,用刷子在管内来回拉刷,然后用水冲洗一遍。重新装好两端封头,利用原设备换用 1%浓度的氢氧化钠溶液,循环流动清洗 20～30 min,中和残存在管道中的盐酸洗液。最后再换用清水进行两遍,除垢工作即告结束。

灌入法操作开始时慢慢地向冷凝器中倒入酸洗液,当观察到排气口没有什么气体排出时,将冷凝器全部倒满酸洗液,放置 12 h 以上进行浸泡,然后放掉酸洗液,用清水冲洗数遍即可。除垢工作可根据水质的好坏和换热设备的使用情况来决定清洗时间,一般可间隔 1～2 年进行一次。

不管采用哪种除垢方法,除垢工作完成后,都应对换热设备进行打压试验。

目前市场上有配置好的专用"酸性除锈除水石"清洗剂出售,按说明书要求倒入清洗设备中,按上述清洗法进行除垢即可。采用此种清洗剂不但效果好,而且省去了配置清洗液的麻烦,既安全又省时省力,是目前推荐的方法。

③ 冷凝器的检漏与修复

壳管式冷凝器可采用气压试验检漏。将打压后的冷凝器灌满水,凡冒气泡的管即有泄露点。管与管板连接处的漏点,可用补焊或更换新管胀接修理。若一根或少数几根管壁上有漏点,可将有漏点的管先堵死,在压缩机大修时或工作淡季时更换新管。

(6) 阀门的检修

氟利昂系统的阀门一般用铸铜制成,并采用填料和阀帽双层密封。经长期使用后,阀门会产生阀杆填料泄露、阀芯关闭不严和阀杆磨损、腐蚀或弯曲等故障,需做检修。

① 阀杆填料用于防止制冷剂沿阀杆轴向泄漏。当只有轻微泄漏时,可旋紧填料压盖。若继续泄漏,则表明填料已磨损或老化,应更换填料。

② 阀芯关闭不严。氟利昂系统采用黄铜阀芯,由密封线密封,密封面磨损时将关闭不严。轻度磨损,可用研磨法对研阀座与阀芯修理。磨损严重时应更换新阀。

③ 阀杆磨损严重或弯曲,此时应予更换。填料压盖压紧时,阀杆不易转动,因此,调节阀杆时应先略微旋松一点填料压盖(半圈左右),调节适度后再把填料压盖重新旋紧。

(7) 制冷管道的检修

制冷设备中有制冷管道和冷却水管道,这些管道在使用过程中会因腐蚀、振动、应力集中、温度及压力的影响等发生各种各样的损坏,必须进行检修。

① 漏水管子的维修

发现管子漏水后应分析漏水原因。除腐蚀原因造成管子漏水外,还有以下几点应引起注意:因管子材质或制造加工时的缺陷造成的漏水;管子胀接或焊接、连接不好造成的漏水;因操作不当、冻结造成的管子破裂漏水;管子振动造成支撑固定部位松动或与邻近管子发生碰撞,造成疲劳损伤引起的漏水。

漏水管子的处理应根据不同的情况采取不同的办法进行处理。一般采用的方法有以下几种:

a. 腐蚀原因造成漏水时,应检查是均匀腐蚀还是局部腐蚀。如果是均匀腐蚀,则所有管子都可能因腐蚀而造成管壁减薄,最妥当的办法是更换所有的管子或换热器。如果是在管子的某一处或某一点因腐蚀而漏水,可将漏水管子抽出更换新管。因为漏水部位的周围壁厚和强度都已遭到破坏,很难用焊接补漏的办法保证质量。

b. 因管子质量或制造加工不好造成的漏水,应考虑是偶然一根还是全部,如果有条件则对管子进行探伤。无条件时可更换漏水的管子,以后若继续发现有漏水的管子,则建议换掉全部的管子。

c. 管子因胀接、焊接连接不好造成漏水时,应根据不同情况进行处理。一般焊接连接的管子比较好处理,对漏水部位进行补焊或重新连接即可。对于胀接的管子发现胀口松动时,如果还可以进行扩胀,则用手动胀管器再次进行扩胀,胀管时必须对管子的两端同时用力扩胀,以免管子扭裂或松动;如果扩胀效果不好,则应更换新管。先将漏水管胀口部分用錾子錾掉,取出漏管时不要损坏管板,然后将新管两端用砂纸打磨光亮,进行退火,装进去后两端应各长出管板 2 mm,管子外径与管孔内径之间的间隙应在 0.25~0.7 mm 之间,装好后用手动胀管器进行胀接,待管子胀大到与管孔完全结合后即可。

如因条件限制暂时不能更换新管时,可采取临时措施,用丝攻在管孔两头攻出管螺纹,做两个锥度形管牙塞头,表面用生塑料带缠绕旋紧闷死或将塞头旋进后表面涂抹环氧树脂胶进一步密封固定,等有条件时再更换新管。

管板的管孔受到损伤用胀接的办法不能将管子与管板孔胀死时,或管子中间出现裂缝时,可采用焊接管塞的办法。首先清除管周围污垢,测量管孔的内径和深度,用低碳钢车削两个长于孔深的锥形销子压入管板孔内,压入深度应低于管板平面 3 mm,以防焊接时烧坏邻近管口,选用 $\phi2.5$ mm 的低氢焊条,焊接电流控制在 90～100 A 之间,按焊接工艺要求将销子与管孔焊死除去焊渣即可。

　　d. 冻结造成管子破裂时,很可能有很多管子同时破裂。因冻裂变形抽出管子比较困难,用力过猛容易中间拔断,此时顺其自然慢慢晃动,将管子拔出,然后更换新管。若只有一两根管子破裂时可根据具体情况,采用管塞闷死或焊死的办法进行处理,有条件时再进行更换。

　　② 传热管变形的维修

　　冷却排管因表面结霜、挂冰过厚,会使管子因霜层负荷过大在支撑点中间引起局部变形,所以应及时除霜。另外对跨距大、管子过长的部位,适当增件吊架或支架,增强管子的强度。

　　受压变形严重的部分可用手锯截去,然后更换同等长度、同等规格、同样材料的管子接到排管上。更换前应将系统制冷剂抽净,焊接部位用砂纸磨光,两管对接处必须加直径合适的套管,且长度应不短于 30 mm,然后进行焊接。不允许在两管对接处用细管插接。焊接时环境温度不应低于 0 ℃,不允许在氨味较大的情况下直接进行焊接,以保证焊接质量和人身安全。

　　③ 管道维修方法

　　a. 表面锈蚀处理

　　管道长期受腐蚀性介质的腐蚀后,防腐层会脱落,管壁减薄,腐蚀严重的部位会发生麻点甚至穿孔。一般处理方法如下:

　　• 表面防腐层脱落的管道

　　先将氧化皮、铁锈、灰尘、污垢等清除干净,若涂料本身对表面处理要求比较高时,还应进行一些特殊处理,比如化学处理等。

　　进行防腐涂料涂刷时,一般环境温度应在 5 ℃以上,相对湿度在 85％以下,便于涂层的干燥和防止水汽混入涂层内部,产生气泡,涂层泛白,过早地起皮脱落。

　　对于钢管和黑色金属防腐,采用的涂料多为红丹油性防锈底漆,该漆防锈效果好,易于涂刷。另外还有铁红酚醛底漆、铝粉铁红酚醛防锈漆等。一般应涂刷 2～3 遍。漆层不能过厚,过厚反倒容易脱落,然后按要求涂刷面漆。

　　• 腐蚀严重的管道

　　对于锈层脱落、壁厚减薄、腐蚀严重的管道,无须进行除锈和涂漆,应当选用同样材质、同等直径和壁厚的管子进行更换。不允许用不同材质和规格的管子进行替代。

　　b. 局部弯曲变形的处理

　　管道因受外力挤压或振动影响,发生弯曲变形影响制冷系统工作时,应予处理,办法如下:

　　变形不严重的管道,在查明变形原因后,可在变形部位适当增加支撑点加以固定,待大修时再做处理。注意：在管道拐弯点 0.6 m 内不得增加支撑,以免影响弯管的吸胀能力。对于紫铜管可用氧焰进行回火后,用手慢慢地将弯曲部位恢复,不可用其他工具进行敲打或撬压,以防管道压扁。

对于变形严重的管道应将弯曲部分截掉,放在校直机器上进行校直或手工校直后再焊接上去。

管道受外力破坏,局部砸扁或形成死弯时,只有进行更换,别无他法。

c. 裂缝和小孔的处理

对于裂缝不深和针状小孔,一般都采用补焊的办法进行修复。补焊时应清除表面污垢,露出金属光泽,按焊接工艺要求进行补焊。对紫铜管的焊接最好采用流动性好的银焊条,尤其是对难以下手的部位进行补焊时,银条效果最好。

d. 其他

紫铜管采用活接头连接时,对喇叭口破裂的修复是：用转轮割刀,对铜管接头进行回火,然后用胀管器重新进行扩制喇叭口,在扩胀时应掌握力量,喇叭口不能胀得太薄,否则两次拆卸后喇叭口又会发生破裂。几次维修之后若铜管长度不够需重新换管。

法兰连接的管道,由于焊接质量不高,安装时两管道对中不好,使法兰面不能很好贴合或连接螺栓孔错位时,不能硬性用铁棍撬压进行连接,必须将变形、错位的一段管道割掉,重新进行两个法兰的定位与连接。

(8) 泵的检修

① 水泵的检修

a. 填料函严重漏水时的修理

常用密封填料是将石棉绳编织成方形带子,放置铅粉与机油中浸泡,泡透后晾干盘卷。常用规格有 6 mm×6 mm、8 mm×8 mm、10 mm×10 mm 等,俗称"高压盘根"。

维修时先拧掉固定螺栓上的螺母,用螺丝刀将压盖撬开,用带钩的铁丝或螺丝刀等工具将填料函内已损坏的填料取出,将内部清洗干净。将同等规格的填料沿泵轴顺时针缠绕,其厚度应比取出的填料厚一些,具体厚度应通过调整决定,然后用压盖顶住填料套进螺栓内,靠旋紧螺母将压盖及填料压入填料函。旋紧螺母时应均匀对称施力,边旋紧边转动泵轴,当压盖压入位置合适,泵轴又能灵活转动为好。然后开泵进行试验,若漏水还超过标准,可适当再旋紧压盖螺母,经过几次调整后,即可达到要求。

装入填料的另一种方法是将填料在泵轴上缠绕一圈切下,做成内径与泵轴外径一样大小的开口圆环(类似活塞环的样子),一个一个套在泵轴上,缝隙互相错开,然后用压盖压入填料函(不允许用螺丝刀等工具将填料顶入)。水封环的位置应装得离水封管差一点距离,当压紧压盖时,填料被压缩,水封环就向前移动与水封管正好对准。

b. 泵轴磨损的修复

泵轴与填料摩擦处最容易磨损。为防止泵轴被填料磨损,在泵轴与填料摩擦处镶有轴套,磨损后可以进行拆换。注意:轴套磨损不应超过 2 mm 以上。

一些老式泵一般不镶轴套,填料与泵轴直接摩擦,运行时间长了以后,摩擦部位会出现很深的沟槽,造成密封函漏水严重,更换填料亦不能制止,必须对磨损部位进行修复。一般采用金属(铬)喷镀或堆焊的办法进行修复。修理步骤为:先将泵轴磨损部位在车床上削掉 1~2 mm,然后进行喷镀或堆焊,其厚度即喷镀或堆焊后的直径应超过原轴尺寸,再把泵轴夹在车床上车削到原来尺寸即可。

当泵轴出现裂纹或弯曲时一般应更换新油。

c. 叶轮与密封环的检修

叶轮与密封环之间的配合间隙吸水管直径为 100 mm 以下的水泵为 1.5 mm,200 mm 以下的水泵为 2 mm。检查时若超过规定,说明磨损严重,已经影响泵的性能,降低泵的工作效率,应更换密封环。

d. 轴承的检修

磨损严重或卡死的轴承应进行更换。

检修时对于工作的轴承,可用手晃动轴承外圈再与新轴承进行比较,晃量偏大时说明轴承的内外圈之间的间隙偏大,磨损严重。更换时安装新轴承应用紫铜棒敲打轴承内圈,不得敲击外圈或直接用榔头敲打,以防把轴承打坏,更不能用氧焰加热的办法装配轴承。

② 盐水泵的维修

盐水泵的维修与水泵基本相同。不同之处是应该采取措施延缓盐水对泵的腐蚀。根据有关资料和实践经验具体做法有以下几点:

a. 定期(每周或每月)用酸度计检查盐水的 pH 值,应该是中性或微弱的碱性,pH 值范围在 7.2~8.5 之间。

b. 为防止盐水酸性大,一般采用重铬酸钠和氢氧化钠为防腐剂。重铬酸钠和氢氧化钠的配比为 100:27,即每 100 kg 重铬酸钠中需加 27 kg 氢氧化钠。重铬酸钠对人体皮肤有损害,操作时应小心,应戴橡皮手套保护。一般规定:每 1 m^3 氯化钠盐水中加入重铬酸钠 3.2 kg 和氢氧化钠 0.86 kg;每 1 m^3 氯化钙盐水中加入重铬酸钠 1.6 kg 和氢氧化钠 0.43 kg。这样可保证盐水呈弱碱性(pH=8.5),若用酚酞试纸测定时,应为玫瑰色。

c. 防止氨漏入盐水中。氨漏入盐水后可能形成氯化铵,尽管盐水的 pH 值调整到允许范围内,但仍会促使腐蚀作用。

d. 从腐蚀性角度来看,希望盐水浓度要高,采用的氯化钠或氯化钙品质要纯净,尽可能减少盐水与空气的接触。

上面分析了压缩式制冷器具中的关键部件维修,但大多数制冷器具的冷凝器旋管、蒸发器旋管和压缩机都是密封装置。如果这些零件内部出现了故障,请向专业维修人员求助,普通用户不建议进行拆卸维修。

对于其他零件则一般可以通过拧下螺钉或从安装支架处撬松来取下维修。

(9) 制冷器具门密封垫的维修

当制冷器具的密封垫(通常是门周围的橡胶封条)变硬或开裂时,它们的密封作用将会被削弱,进而大大降低制冷器具的效率。要检测门上的密封垫是否有泄漏,可以在密封垫和门框之间放一张一元的纸钞,然后把门关上。接着将纸钞抽出,如果抽出时遇到了阻力,则说明密封垫很可能完好无损;如果您可以毫不费力地将纸钞抽出,或纸钞自己滑落下来,则说明密封垫出现了问题,应进行更换。检测密封垫时应在门周围多选几个位置进行测试。在更换密封垫之前,请检查门的铰链有无泄漏。

更换密封垫的步骤如下:

步骤 1:购买一块您的制冷器具型号专用的密封垫。所谓的"万能"密封垫可能在改装之后会变得好用,但按门的结构对它们进行裁剪会是一项困难的工作。如果您不能确定制冷器具的型号,请切下一小块密封垫,并带着这块样品到电器经销商处寻找与之匹配的产品。如果密封垫必须进行订购,那么在新的密封垫到货之前,您可以先用橡胶黏合剂将样品粘回缺口处,作为临时的补救措施。

步骤 2:将新的密封垫在放置于制冷器具的房间里搁上 24 h,使它具有适当的温度和湿度,或将密封垫放在热水中浸泡,使它具有柔韧性。

步骤 3:开始拆除旧的密封垫。门上的密封垫是用螺钉、夹子或黏合剂固定的,它可能会有一根定位嵌条帮助它成形,嵌条还能在固定时用作标记或指示。在某些型号的制冷器具中,密封垫可以固定在门板边缘上,而门板是用钢制弹簧夹子、螺栓或螺钉来固定的。若要取下密封垫,请先拆除用来固定它的扣件,然后去掉所有定位嵌条,或者拆除用来固定门板的扣件。

步骤 4:每次只拆除门一侧的扣件。不要将整个门板都拆下。如果密封垫是用弹簧夹子固定的,那么在撬动夹子时请小心,不要用力过大,因为夹子在压力的作用下,可能会从它们的安装位置弹出来。如果密封垫是用黏合剂固定的,请用油灰刀把它撬开。

步骤 5:当旧的密封垫被取下后,用温和的家用清洁剂和水的混合溶液将安装区域彻底擦净。要去除顽固的黏着物,请用较细的钢丝刷蘸矿物油精擦洗,然后用清洁剂或水冲洗。

步骤 6:开始更换位于门顶部的密封垫。沿着侧面向下,更换整个密封垫。将密封垫放置在适当的位置,均匀地整平,并将角落处的部分松开。如果制造商明确要求的话,请使用密封垫黏合剂来固定它。确保将密封垫放平,没有卷起的边缘或突起的部分。

步骤 7：更换扣件、定位嵌条或用来固定旧密封垫的面板。在将密封垫放置到位之后，请根据需要拧紧或拧松安装螺栓，以调整密封垫与门框的配合程度。如果密封垫已经黏合到位，下面只需等待密封垫与门框黏牢。

同理，使用一张一元纸钞按前面提到的方法对冷冻箱上的密封垫进行检测。如果发现密封垫有问题，请将它换成该冷冻箱专用的密封垫。不要用拆除冷冻箱箱门的方法来更换密封垫。冷冻箱的门往往是靠弹簧装置提供弹力的，把门拆下来以后，更换起来就会非常麻烦，而且有些型号还需要将电线拆卸下来。

（10）制冷器具门开关的维修

制冷器具的门框上有一个小小的按钮开关。这个部件用来操控制冷器具里的灯光。如果这个开关出现了故障，制冷器具里的灯可能会一直亮着，这样灯泡发出的热量会给制冷器具内的制冷带来麻烦。

步骤 1：请检查灯泡，看看它是否烧坏了。如果没有，请按下门开关上的按钮。

步骤 2：如果灯仍然亮着，请用抹布清洁开关。然后从门框上拆下开关。将隐藏在塑料镶边下的定位螺钉拆卸下来，再用螺丝刀将开关从门框里撬出来，或者将门框的镶边撬开，使开关露出。然后用设定为 RX1 挡的万用表测试开关。

步骤 3：将万用表的两个探针分别夹在两个接线端上，然后按下按钮。仪表的读数应为零。如果刻度盘上的指针指向大于零的位置，那表明开关出了问题，需要更换为一只同种类型的新开关。

步骤 4：采用与旧件相同的方式连接新开关。

（11）限温开关的维修

只有无霜制冷器具和无霜冷冻箱配置了限温开关。它的功能是防止除霜的加热元件超过预定温度。如果制冷器具的冷冻室里大量结霜，则可能是限温开关出现了问题。不过，其他部件如蒸发器风扇、除霜定时器和除霜加热器也可能导致同样的问题。不要尝试自行维修限温开关，而应当打电话请专业维修人员来更换。

（12）恒温控制器的维修

恒温控制器通常安装在制冷器具内部。转动它的可见控制旋钮就能调节制冷器具/冷冻箱的温度。根据不同情况，可以通过多种方法检测这个控制器的有效性。具体操作步骤如下所述：

步骤 1：如果压缩机一直在工作，请将控制旋钮转动到 OFF（关）位置。如果压缩机还在运转，请拔掉制冷器具的电源，然后取下控制旋钮，拆除用来固定恒温器的螺钉。将恒温器拔出来，去掉接线端的红色或蓝色电线。插上制冷器具的电源。如果压缩机不运转，则说明恒温器出现了故障。请更换一只新的恒温器。

步骤 2：如果从压缩机的接线端上拆下电线后，压缩机就运转了，那么可能是制冷器具线路中的某个地方出现了短路。在这种情况下，不要尝试自行修复，而应打电话向专业维修人员求助。

步骤 3：如果制冷器具或冷冻箱在运转但内部不冷，那么请拔掉电源，再用螺丝刀拆除恒温器。将恒温器的两根电线断开。用电工胶带把电线的末端缠在一起，然后插上电源。如果制冷器具能正常地启动和运行，则说明恒温器出现了故障，应更换为一只同种类型的新恒温器。采用与旧件相同的方式连接这只新恒温器。

步骤 4：如果制冷器具的冷冻室工作正常，但冷藏室不冷，那么请将控制它们的拨盘拨到中间位置。拆除这些旋钮（它们通常是靠摩擦力固定的），然后旋出装有温度控制器的壳体上的螺钉。这时将在控制器附近看到空气管。将冷冻室恒温器上的旋钮放回原处，并旋转到 OFF（关）位置。打开制冷器具的门，仔细查看空气管。如果这条管道的开口没有在 10 min 内变宽，则说明控制器出现了故障，应用一个新的同种类型的控制器进行更换。采用与旧件相同的方式连接这只新控制器。

（13）冷凝器风扇的维修

冷凝器风扇位于制冷器具下方。如果风扇出现故障，制冷器具或冷冻箱将无法正常制冷，或者会持续运行，或者根本不运行。

请用一只设定为 RX1 挡的万用表来检测风扇。断开连到风扇马达上的电线，将万用表的两个探针分别夹在马达的两个接线端上。如果仪表的读数在 $50\sim200\ \Omega$ 之间，则说明马达能够正常工作；如果读数高于 $200\ \Omega$，则说明马达出现了故障，应予以更换。

当维修风扇马达时，请确保风扇叶片是干净的，没有受到任何阻碍。如果叶片弯曲，请用钳子小心地将它们弄直。

（14）排水孔的清洁

排水孔沿制冷器具的冷藏室和冷冻室的底部分布。这些孔可能会被碎屑或冰堵塞，从而在制冷器具化霜时出现排水不畅的问题。请使用一小节恰能塞入孔中的电线来进行清洁。不要使用牙签，因为木料可能会折断在孔中，将其堵住。某些制冷器具的排水孔位于蒸发器旋管上的除霜加热器附近，清洁这种类型的制冷器具需要大量的拆卸工作。如果制冷器具或冷冻箱恰好是这种类型，那么最好打电话请专业维修人员来清洁。

某些冷冻室中的排水装置位于其下方，呈鞋拔形状。通常可以拧下这种排水装置的螺钉，然后对排水区进行清洁。

（15）排水管和排水盘的维修

冷凝器的风扇位于制冷器具的底部下方。在化霜期间，水可以通过一根细管排到排水盘中并自然蒸发。某些制冷器具的排水管材料是橡胶而不是金属制品。这种类型的软管可能会开裂并导致泄漏。检查软管，如果出现了损坏，请将其更换为一根同种类型的新软管。如果发现地板上有水,则可能是支架上的排水盘倾斜了,也可能是排水盘有裂缝或生锈了。为了消除这种现象,请重新校准排水盘的位置,或更换成一个新的排水盘。

制冷器具的某些常见问题(如密封垫出现故障)很容易在使用现场由用户自行维修,而某些问题(如马达或压缩机故障)则超出了一般人的能力范围,此时必须求助专业人士解决此类问题。

5.1.3　车载热电制冷器具维护和维修注意事项

车载热电制冷器具虽然故障率不高,但也会因操作不当、缺少维护、线路短路等原因导致发生故障。

1. 热电制冷器具的常见问题

(1) 热电制冷器具不工作

先查看状态指示灯是否正常(有制冷、制热指示灯的机型);如果指示灯不亮,或者指示灯有时亮有时不亮,多是电源连接问题。可按以下方法解决:

① 车上主电源开关未打开,因为在大多数车辆上,钥匙开关打开后,烟插座才会通电。

② 对于接触太松的情况应稍许用力插牢。

③ 烟插座或者冷暖箱电源线插头脏污,必须进行清洁后再连接制冷器具,否则会因为接触不良导致过热,烧坏烟插座和半导体制冷器具电源插头。

④ 烟插座或冷暖箱电源线插头内的保险丝烧断,应更换同型号规格配件。

⑤ 热电制冷器具制冷制热转换开关因脏污导致接触不良。可先拔下电源,来回快速调动开关几次,也可自行清洁或送修。

(2) 热电制冷器具制冷效果不好

① 延长线太长会导致输入电压过低,影响制冷效果。

② 通风不良也会影响制冷效果,可调整放置位置。

③ 灰尘太多会影响散热,导致制冷不良。可按说明书指导清理散热器和风扇上面的灰尘。

④ 对于热电制冷器具内部有风扇的产品,请保持送风口通畅。

⑤ 制冷慢,可先将饮料或食品放入家用制冷器具冷藏后再放入热电制冷器具中,箱体内温度在插电后能够保持比环境温度低 15～20 ℃都属于正常。

2. 热电制冷器具维修方法

热电制冷器具在出现故障时可以采取如下方法进行排查:

① 首先判断电源线插头是否接好,有没有通电,一般情况下,半导体制冷器具使用的电压都是 12 V 直流电,通电说明没问题,不通电说明是插上半导体制冷片后电路无电压输出。

② 其次考虑半导体制冷器具与环境温度问题,一般情况下我们要看制冷片是否安好,我们把半导体制冷片拿出来擦干净,然后再装好,通电 2～3 s,如果还能感觉到一面冷一面热,那就说明制冷片没有问题,否则可能是烧毁制冷片或是制冷片损坏。

③ 再次我们可以考虑是否保险丝管内壁发黑或玻璃管炸裂等,这些很有可能是由于短路引起的,这时我们可以考虑制冷片是否出现击穿现象。

④ 最后也可能是电容的漏电引起半导体性能的改变,这时我们可以检查一下开关管和晶体管等。

5.1.4　车载制冷器具维护和维修时的注意事项

1. 维护时的注意事项

(1) 清洁车载制冷器具时,须关掉所有电源。

(2) 不要使用强力清洁剂清理制冷器具。

(3) 在安放制冷器具时注意不要挡住散热出风口。

(4) 制冷器具内胆中不可放置磁性的物体,防止内部制冷芯片受到影响,减少使用寿命。

(5) 箱体内不可放过热的和带有腐蚀性的物体,避免对内胆造成破坏。

2. 维修时的注意事项

(1) 搬运制冷器具之前,先拔下电源插头,切断电源,取出制冷器具内所有食品。然后用胶带固定冷藏室搁物架、保湿盒及冷冻室抽屉等活动部件。最后关紧制冷器具冰柜门,用胶带固定,以免在移动制冷器具时被打开。

(2) 在制冷器具运输过程中,要防止磕碰和剧烈震动,要防止雨淋水浸。

(3) 搬运时,应抬底脚,不能抓住门把手或在台面和冷凝器上施力,更不能在地面上拖拉。

(4) 在搬运制冷器具的时候应注意:机身倾斜不能超过 45°,要保持箱体的竖直状态,千万不可倒置或横放,也不能抓住门把手或拖拉冷凝器,以免造成损坏。

(5) 维修时需要更换的零部件,必须是该型号的零部件,不得随便更换其他型号或其他品牌的零部件,更不要将零件进行改造维修。

(6) 维修时必须使用适当的维修工具,使用工具不当或工具磨损严重,会造成接触不良或紧固不牢而发生事故。

(7) 维修时剪断的导线,重新连接必须进行焊接,并用绝缘胶带密封或用空端子连接,确保接触良好。

(8) 维修装配完成后,必须使用万用表检测绝缘电阻,确认绝缘电阻达到 1 MΩ以上,才能通电运行。

(9) 维修后必须检查接地是否良好,接地不良或不完整应及时处理,确保接地完整良好。

（10）制冷器具维修现场应防止闲杂人员进入，尤其是应注意防止小孩靠近以免发生危险。

（11）制冷器具维修完成后，应对制冷器具进行必要的清洁，并告知用户所应注意的事项。

5.2　车载制冷器具的回收

不论是设备、零部件、元器件还是原材料的利用，都需要经过回收环节。实现产品的回收、再利用、再制造和再循环，并不是等到它报废时才考虑的问题。合理的回收和再生利用可以减少甚至消除产品废弃过程中直接或间接的环境污染，符合可持续发展、新时代中国特色社会主义现代化建设的伟大目标。

5.2.1　车载制冷器具的回收意义

随着废旧制冷器具的数量急剧增加，将产生大量有害垃圾，加强电子废弃物的回收利用，对于推动循环经济发展，提升资源利用水平，防止和减少环境污染，增强可持续发展动力，完善再生资源回收体系，都具有重要意义。

5.2.2　车载制冷器具的回收方法

1. 传统回收法

传统的回收利用是将回收的制冷器具拆解，按照各个零部件的材料不同进行分类，回收铁金属、非铁金属（铜、铝）、塑料（ABS系、PS系）及发泡隔热层（废弃物），最后将回收材料做资源回收，而不可回收材料，如发泡隔热棉（PUR）以废弃物处理。拆解说明如下：

（1）大部拆解

① 首先取出内部隔热板（层）、塑料容器、灯泡及杂物。

② 以手动工具将废制冷器具的门及背板（散热片）卸下。

③ 剪断电线、铜管。

④ 拆解压缩机，取出润滑油。

⑤ 其余废旧制冷器具本体。

（2）细部拆解

以手动工具细部拆解门、背板、废旧制冷器具本体及各部零件。

（3）分类

将拆解所得材料分类堆置。分类如下：铁、铜、铝、聚胺甲酸脂泡棉、保丽龙、塑料、压缩机（铁、铜）、氟氯碳化合物（CFC）、润滑油、网架（塑料、铁）、复合材料零件(如电线、变压器、电子零件、灯泡等)及衍生废弃物(残余的杂物,如纸张、厨余、瓶罐容器等)。没有能力拆解的复合材料则不予拆解,如压缩机、变压器、网架、电线灯。

(4) 经拆解、破碎后的各种再生料,应注意其分类正确以提升其资源回收价值。

2. 再制造法

产品的再制造虽然与传统的回收利用有类似的目标,但传统的回收利用(如金属重新熔炼、塑料重新熔铸等)只是重新利用了它的原材料,往往需要消耗大量能源并污染环境,而且产生的是低级材料。再制造产品则以成型零部件为基础,进行局部加工与改造,使其性能达到甚至超过原设备的性能,因而是一种从报废零部件中获取最高附加值的经济方法,属于绿色工业的一部分。产品再制造与传统制造技术的重要区别之一是加工的毛坯不同。传统制造技术是对新材料进行加工,而再制造是对经过长期使用的已经成型且有缺陷的零件进行加工。由于毛坯不同,相对于传统制造而言,再制造过程中的鉴定、加工、调整以及质量控制等方面技术难度大,约束条件苛刻。

对于废旧的制冷器具回收回来之后,其中的很多零件是可以重复利用的。有的零件经过稍微加工就能够很好地延长其使用寿命。如果制冷器具的破旧程度不是很大的话,经过维修可以进行二次出售。这样能够很好地节省大量的社会资源,在一定程度上能够很好地降低生产成本,提高生产者或者是那些回收者的利润。同时也延长了制冷器具的使用寿命,提高了它本身的价值。

5.2.3　车载制冷器具回收注意事项

车载制冷器具回收应从安全、环保、卫生、适用要求等基本方面对使用过的设备进行检查。品质达标者为旧货,可以再行销售给他人使用。品质不达标者为废品,不可以再行销售给他人使用。

(1) 旧车载制冷器具品质要求:旧车载制冷器具应符合有关标准和规定的安全要求。

(2) 旧车载制冷器具的安全要求:在明显部位张贴统一标识的旧车载制冷器具,安全使用期为 2 年(买卖双方另有协议除外);没有在明显部位张贴统一标识的旧车载制冷器具,安全使用期为 10 年。

(3) 旧车载制冷器具的环保、卫生要求:整机应清洁、卫生。

(4) 旧制冷器具品质不达标,经拆解、破碎后的各种再生料,应注意其分类正确以提升其资源回收价值。

(5) 拆解过程产生的废弃物应进行合理的无害化处理,减少对环境的污染。

参 考 文 献

[1] 金苏敏.制冷技术及其应用[M].北京：机械工业出版社,2010.

[2] 周红,甘茂治.绿色维修总论[M].北京：国防工业出版社,2008.

[3] 徐德胜.半导体制冷与应用技术[M].上海：上海交通大学出版社,1999.

[4] 活塞式制冷压缩机的检修及故障分析[EB/OL].[2017-07-12].http://www.zyzhan.com/company_news/detail/7064.html.

[5] 制冷设备的检修[EB/OL].[2017-07-12].https://wenku.baidu.com/view/4ffe6100cc17552707220803.html.

[6] 侯轶,朱冬生.废旧冰箱、空调器的回收处理及再利用技术[J].电机电器技术,2003(4)：9-12.

[7] 冰箱常见故障及维修[EB/OL].[2017-07-12].http://www.maigoo.com/goomai/1802.html.

[8] 冰箱故障的检修方法[EB/OL].[2017-07-12].http://www.525j.com.cn/zhishi/zxzs/201307221040503649.shtml.

[9] 吴延鹏.制冷与热泵技术[M].北京：科学出版社,2016.

[10] 舒水明,丁国忠.制冷与低温工程实验技术[M].武汉：华中科技大学出版社,2009.

[11] 徐红升.小型制冷设备安装与维修技术[M].北京：化学工业出版社,2011.

[12] 申江.制冷装置设计[M].北京：机械工业出版社,2011.

[13] 匡奕珍.制冷压缩机[M].北京：机械工业出版社,2015.

[14] 吴业正,朱瑞琪,曹小林,等.制冷原理及设备[M].4版.西安：西安交通大学出版社,2015.

[15] 王亚平.制冷技术基础[M].北京：机械工业出版社,2017.

[16] 韩杰,谢元华,李拜依,等.活塞式压缩机的研究进展[J].节能,2014,33(12)：17-23.

[17] 何超杰.基于热电转换的车载半导体冷暖箱系统设计[D].武汉：武汉理工大学,2013.

[18] 程勇.半导体热电制冷片在汽车保温箱控制系统中的应用[J].工业仪表与自动化装置,2011(05)：85-86.

[19] 李仁明,杨永康,苏建军.半导体车载冰箱电气控制故障分析及改进[J].汽车电器,2017(03)：61-65.

第6章 科技成果类型及其培育

承担科技项目主要是为了探索发现自然规律,从而为人类的发展与进步贡献智慧和力量,一般也间接或直接创造经济效益和社会效益。同时,也可通过一定的形式固化科技成果,为后人继续研究提供参考和借鉴。这些固化的成果,对于研究人员自身来说,也是一个重要的肯定和褒奖,在职称晋升、奖励奖赏等方面有着重要的作用。

6.1 科技成果类型

与教学成果类似,科技成果也种类繁多,诸如论文、专著、专利、软件著作权等均属于科技成果的范畴。

6.1.1 论文

古典文学常见论文一词,谓交谈辞章或交流思想。当代,论文常用来指进行各个学术领域的研究和描述学术研究成果的文章,简称之为论文。它既是探讨问题进行学术研究的一种手段,又是描述学术研究成果进行学术交流的一种工具。它包括学年论文、毕业论文、学位论文、科技论文、成果论文等。

学位申请者为申请学位而提出撰写的学术论文叫学位论文。这种论文是考核申请者能否被授予学位的重要条件。学位申请者如果能通过规定的课程考试,而论文的审查和答辩合格,那么就给予学位。如果说学位申请者的课程考试通过了,但论文在答辩时被评为不合格,那么就不会授予他学位。有资格申请学位并为申请学位所写的那篇毕业论文就称为学位论文。学士学位论文既是学位论文又是毕业论文。

学术论文是某一学术课题在实验性、理论性或观测性上具有新的科学研究成果或创新见解的知识和科学记录;或是某种已知原理应用于实际中取得新进展的科学总结,用以提供学术会议上宣读、交流或讨论;或在学术刊物上发表;或作其他用途的书面文件。在社会科学领域,人们通常把表达科研成果的论文称为学术论文。学术论文具有学术性、科学性、创造性、理论性等特点。

论文是指进行各个学术领域的研究和描述学术研究成果的文章,它既是探讨问题进行学术研究的一种手段,又是描述学术研究成果进行学术交流的一种工具。不同的人发表论文的作用也不同:① 评职称(晋升职称):研究生毕业需要;教师、医护人员、科研院所的人员、企业员工等晋升高一级的职称时,发表期刊论文是作为一项必需的参考指标。② 申报基金、课题:教育、科技、卫生系统每年申报的国家自然科学基金项目、其他各种基金项目、各种研究课题时,发表论文是作为基金或课题完成的一种研究成果的结论性展示。③ 世界性基础领域的研究,比如在医学、数字、物理、化学、生命科学等领域开展的基础性研究,公开发表论文是对最新科技科学研究成果、研究方法的一种展示和报道,以推动整个社会的科技进步等。

论文一般由题名、作者、摘要、关键词、正文、参考文献和附录等部分组成,其中部分组成(例如附录)可有可无。

论文著作权实行自愿登记,论文不论是否登记,作者或其他著作权人依法取得的著作权不受影响。我国实行作品自愿登记制度,目的在于维护作者或其他著作权人和作品使用者的合法权益,有助于解决因著作权归属造成的著作权纠纷,并为解决著作权纠纷提供初步证据。

6.1.2　专著

专著指的是针对某一专门研究题材的专门著作,一般字数超过 4 万~5 万字的,才可以称为学术专著。专著是受《中华人民共和国著作权法》等法律保护的,纸质著作以书号为依据保护。

编著是一种著作方式,基本上属于编写,但有独特见解的陈述,或补充有部分个人研究、发现的成果。凡无独特见解陈述的书稿,不应判定为编著。教材是由三个基本要素,即信息、符号、媒介构成,用于向学生传授知识、技能和思想的材料。编书可以是自己或多人的作品或别人的作品编辑成书。

著、编著、编都是著作权法确认的创作行为,但独创性程度和创作结果不同。著的独创性最高,产生的是绝对的原始作品;编的独创性最低,产生的是演绎作品;编著则处于二者之间(编译类似于编著,但独创性略低于编著)。如果作者的作品不是基于任何已有作品产生的,作者的创作行为就可以视为著。一部著成的作品中可以有适量的引文,但必须指明出处和原作者。如果作者的作品中的引文已构成对已有作品的实质性使用,或者包含对已有作品的汇集或改写成分,作者的创作行为应该视为编著。

6.1.3　专利

专利(Patent),从字面上是指专有的权利和利益。"专利"一词来源于拉丁语 Litterae patentes,意为公开的信件或公共文献,是中世纪的君主用来颁布某种特权的证明,后来指英国国王亲自签署的独占权利证书。

在现代,专利一般是由政府机关或者代表若干国家的区域性组织根据申请而颁发的一种文件,这种文件记载了发明创造的内容,并且在一定时期内产生这样一种法律状态,即获得专利的发明创造在一般情况下他人只有经专利权人许可才能予以实施。在我国,专利分为发明、实用新型和外观设计三种类型。

在我国,专利的含义有两种:① 口语中的使用,仅仅指的是"独自占有",例如"这仅仅是我的专利"。② 在知识产权中有三重意思:第一,专利权,指专利权人享有的专利权,即国家依法在一定时期内授予专利权人或者其权利继受者独占使用其发明创造的权利,这里强调的是权利。第二,指受到专利法保护的发明创造,即专利技术,是受国家认可并在公开的基础上进行法律保护的专有技术,"专利"在这里具体指的是受国家法律保护的技术或者方案,是受法律规范保护的发明创造,指一项发明创造向国家审批机关提出专利申请,经依法审查合格后向专利申请人授予的该国内规定的时间内对该项发明创造享有的专有权,并需要定时缴纳年费来维持这种国家的保护状态。第三,指专利局颁发的确认申请人对其发明创造享有的专利权的专利证书或指记载发明创造内容的专利文献,指的是具体的物质文件。

6.1.4　科技成果奖

科技成果奖是一个统称,主要是指各省人民政府或国家部委授予的科技奖项,比如某某省科学技术奖就属于省部级科技奖,参照国家科技奖有一些分类,但每个省情况不同,基本分类是最高奖、自然科学奖、技术发明奖、科技进步奖、成果推广奖等,不同的地级市获得省部级科技奖的数目是不一样的,与科技创新实力有关。

为了申请科技成果,需要按以下程序准备申报材料。

1. 材料准备阶段

由申请鉴定(验收)单位准备以下材料:

(1) 科技成果鉴定证书。

(2) 科技成果鉴定(验收)审批表。

(3) 项目计划任务书或实施方案。

(4) 项目实施技术总结(按科技厅提供的提纲)。

(5) 成果应用的有关证明材料。

2. 鉴定申请阶段

(1) 申报单位将按照要求组织好的材料报送省科技厅。

(2) 由科技厅对申请鉴定(验收)的项目材料进行审查,需进一步补充完善的,返回申报单位对材料进行补正。

(3) 材料审查合格后准备进行鉴定(验收)。

3. 鉴定阶段

(1) 由科技厅聘请同行专家组成鉴定(验收)委员会(小组),并提前15天将全套材料送交鉴定(验收)成员审查。

(2) 召开鉴定(验收)会议,对申请鉴定(验收)项目进行鉴定(验收),采取无记名投票方式通过鉴定(验收)意见。

4. 公告、授奖阶段

通过评审的获奖项目报经省政府批准后,由政府发出公告,公告时间为 30 天,公告期满后对获奖项目予以授奖。

本书附录列举了 2016 年度江苏省、江西省科学技术奖励通知及名单,供大家以后申报奖励时参考借鉴。

6.1.5 软件著作权

计算机软件著作权是指软件的开发者或者其他权利人依据有关著作权法律的规定,对于软件作品所享有的各项专有权利。就权利的性质而言,它属于一种民事权利,具备民事权利的共同特征。

著作权是知识产权中的例外,因为著作权的取得无须经过个别确认,这就是人们常说的"自动保护"原则。软件经过登记后,软件著作权人享有发表权、开发者身份权、使用权、使用许可权和获得报酬权。

著作权登记具有十份重要的显示意义:① 作为税收减免的重要依据。财政部、国家税务总局《关于贯彻落实〈中共中央、国务院关于加强技术创新,发展高科技,实现产业化的决定〉有关税收问题的通知》规定:"对经过国家版权局注册登记,在销售时一并转让著作权、所有权的计算机软件征收营业税,不征收增值税。"② 作为法律重点保护的依据。《国务院关于印发鼓励软件产业和集成电路产业发展若干政策的通知》第三十二条规定:"国务院著作权行政管理部门要规范和加强软件著作权登记制度,鼓励软件著作权登记,并依据国家法律对已经登记的软件予以重点保护。"比如:在软件版权受到侵权时,对于软件著作权登记证书司法机关可不必经过审查,直接作为有力证据使用;此外也是国家著作权管理机关惩处侵犯软件版权行为的执法依据。③ 作为技术出资入股。2014 年 3 月 1 日起实施的新《公司法》明确:股东可以用软件著作权等能用货币估价且能依法转让的非货币财产作价出资,还取消了作价出资的金额不得超过公司注册资本 20% 的规定。④ 作为申请科技成果的依据。科学技术部《关于印发〈科技成果登记办法〉的通知》第八条规定:"办理科技成果登记应当提交《科技成果登记表》及下列材料:应用技术成果:相关的评价证明(鉴定证书或者鉴定报告、科技计划项目验收报告、行业准入证明、新产品证书等)和研制报告;或者知识产权证明(专利证书、植物品种权证书、软件登记证书等)和用户证明"。这里的软件登记证书指的是软件著作权的登记证书和软件产品登记证书,其他部委也有类似规定。⑤ 企业破产后的有形收益。在法律上著作权被视为"无形资产",企业的无形资产不随企业的破产而消失,在企业破产后,无形资产(著作权)的生命力和价值仍然存在,该无形资产(著作权)可以在转让和拍卖中获得有形资金。

6.2 科技成果培育与申报

将科技项目研究的成果以论文、专著、专利等形式固化下来,有助于后续研究人员参考借鉴、成果转化和交流合作等。所以,一项科技项目从申报开始,就应该有意识地培育关键性成果,以较高的规格来要求科研团队不断创新、不断挖掘,最终形成若干有一定分量和水平的科技成果。这些成果可用于高新技术企业认证、市场竞争、职称评审、落户积分、考研保送等方面,也可用于后续科研项目(课题)和科学技术奖的申报,以形成良性循环,不断积累新的科技成果。

6.2.1 科技论文及其发表

将阶段性或终结性科学研究成果以学术论文公开发表,是传播科研成果、促进科技进步的重要途径,是国内外学者公开自己科研成果最常用的一种形式。

不同的学术期刊,对科技论文的发表有不同的要求。下面以笔者曾经发表过学术论文的《铸造技术》《农机化研究》等科技类中文核心期刊为例,说明该类期刊的投稿要求。

1. 中文核心期刊《铸造技术》投稿须知

为了进一步办好《铸造技术》杂志,更好地为科研、生产及广大读者服务,促进我国铸造行业的科技交流与技术进步,热诚欢迎广大从事铸造科研、生产和管理的工作者踊跃投稿。现将有关投稿事宜重申如下:

(1)本刊主要刊登铸造材料、铸造工艺、铸造管理、铸造市场与信息方面的试验研究论文和技术报告;具有较大推广应用价值的工艺技术改进、设备改造、检测方法等的经验介绍;内容充实、结合国情的技术评述和讨论等。理论联系实际,普及与提高并重。

(2)来稿务求论点明确,重点突出,论据可靠,数字准确,条理清楚,文字简练,结论明确,引用资料请给出参考文献。文稿内容有关保密问题,请作者自行负责。试验研究、技术报告及综述类论文限 6000 字以内,正文前附 200 字左右的中、英文摘要和 2~5 个关键词。其他文稿限 3000 字以内,并附英文文题。

(3)文稿要求在 A4 纸上用 Word 格式编辑(全部采用 5 号宋体字,1.5 倍行距,页边距均为 2.6 cm,通栏排版),通过本刊网络编辑平台提交。要求字迹清楚,标点正确,上下标可辨,计量单位一律用国家标准法定单位及符号,不得使用中文单位名称。外文需正确使用大小写和正斜体。

(4)属于各种基金资助或获奖的项目,须注明并提供其相应的基金资助证明或获奖证明复印件。因本刊为国家科技论文统计用刊和中国学术期刊评价数据库用刊,来稿时,请附上论文第一作者的出生年、性别、出生地、民族、职称、学位、职务等个人简况,作者单位要求到二级单位(学院、系、研究室、分厂、车间等),并有中英文对照。

(5)插图需描绘清晰,图宽限 70 mm 和 140 mm 两种。照片一般不大于 70 mm×50 mm,细节清晰,层次分明,图上可有可无的字和符号一律删除。图和照片插在稿件中。图和照片总和一般不超过 8 幅。

(6)参考文献只需择主要的列入,未公开发表的资料或论文请勿引用。参考文献的著录格式,采用顺序编码制,引用处依出现的先后用阿拉伯数字排序,并用方括号标注,在文末参考文献表中依次列出,注意用方括号在文献题名后注明文献类型标识,其书写格式如下(外文期刊名或图书出版单位可用标准缩写):

① 期刊类:[序号]　作者.题名[J].刊名,年,卷(期):起止页.

② 专著类:[序号]　著者.书名[M].出版地:出版单位,出版年:起止页.

③ 译著类:[序号]　原著者.译者.书名[M].出版地:出版单位,出版年:起止页.

④ 论文集:[序号]　作者.题名[A].编者.文集名[C].出版地:出版单位,出版年:起止页.

⑤ 报纸类:[序号]　作者.题名[N].报纸名,年-月-日(版次).

⑥ 专利文献:[序号]　专利申请者.专利题名[P].专利国别,专利文献种类,专利号.出版日期.

⑦ 技术标准:[序号]　标准代号,标准顺序号—发布年,标准名称[S].

⑧ 学位论文:[序号]　作者.题名[D].保存地:保存者,年份.

⑨ 会议论文:[序号]　作者.题名[Z].会议名称,会址,会议年份.

(7)来稿经审稿程序审查确认符合本刊要求者,将在 1～2 周内从编辑平台上通知作者,并附稿件形式自查要求和修改意见以及版面费用通知单;不符合本刊要求者,也将于 1～2 周内从编辑平台上通知作者,作者可自行查询。

(8)对不符合本刊风格的稿件,编辑部有责删改,作者如不希望删改,请投稿时说明。

(9)来稿请勿一稿多投,如该稿曾在学术会议上宣读或在内部刊物上刊出,请投稿时说明。

(10)本刊录用的稿件,将同时以印刷版、光盘版和网络版方式刊出,如不同意在光盘版、网络版上刊出者,请投稿时说明。

(11)稿件一经刊登,编辑部按稿件质量付给稿酬,并赠送当期杂志。本刊稿酬由作者稿费、专家审稿费、文字及图面加工费等组成,稿酬标准 30～60 元/千字。付给作者的稿费为印刷版、光盘版、网络版稿费之和。

（12）来稿请注明作者的详细通信地址、邮编和联系电话、电子信箱等。

（13）本刊电子信箱：zzjs＠263.net.cn，网络投稿平台：http://www.formarket.net。

（14）本刊投稿指南

自 2012 年 1 月 1 日起，本刊网络编辑平台已经正式运行。作者投稿、专家审稿、编辑加工以及稿件查询等工作均在此系统上进行。作者欲投稿，请登录本刊网络编辑平台：http://www.zhuzaojishu.net。本系统正式启用后，所有来稿均须经过本系统，本刊不再接收 E-mail 投稿。

为了方便广大作者投稿，现就本刊网上投稿系统中的相关问题做如下说明：

① 作者在网络编辑平台注册时请务必填写真实的信息，以方便编辑部与您联系、给您邮寄发票和样刊。

② 注册完成后系统会向您注册时填写的邮箱中发送一条确认的邮件，请作者妥善保存这条信息，此信息是以后查询稿件处理情况的唯一途径。

③ 为便于稿件及时有效地处理，请作者在投稿时确认一位通信作者，若没有确认，本刊默认为第一作者。

④ 作者登录系统后，点击"稿件处理"下的"我要投稿"按钮，系统会弹出有关版权声明和投稿注意事项的页面，请作者仔细阅读，只有同意该声明后方可继续下面的投稿流程。点击"同意"后，严格按照表格旁所提到的要求，根据所列出的项目填写文章的信息。

⑤ 所有信息填写完成后，上传稿件原文，然后点击"确认"。此时弹出已提交稿件的信息。作者可点击留言板下的"查看"按钮，在此可以给编辑部留言，咨询有关问题，和编辑进行沟通和互动。注意：留言板功能在稿件处于外审状态时不能使用。

⑥ 此时投稿过程已经完成。切记，一篇文章不要重复投稿；上传返修的稿件或者确认清样时，也不要用重新投稿的方法。

⑦ 投稿后编辑部会尽快处理您的稿件，并将稿件在审稿、编辑过程中所处的状态及时反映在编辑平台上，作者可随时查阅。

⑧ 本系统稿件处理流程中，有几个环节需要作者配合，文章才能发表，否则将会影响文章的正常发表。一是编辑部要求作者自查或返修的稿件，作者必须及时修改完善后上传回修改稿（不要重新投稿）；二是编辑部排好版的清样（PDF 格式）需经作者校核、确认。有关作者返修稿件、作者确认发表的具体操作方法见本平台"信息管理"下的"系统公告"。

注意：作者注册过程中，请务必将信息填写完整，明确注明发票抬头以及邮寄地址，如后期出现发票抬头、邮寄地址错误而导致样刊、发票遗失问题，作者自行承担。

2. 中文核心期刊《农机化研究》投稿须知

为防止学术不端行为和进一步提高期刊文章质量,自 2011 年起,本刊特对所投稿件做如下要求,望作者周知。

(1) 文章背景要求为基金项目,并给出资助项目名称和项目号。若非基金项目需经本刊编委初审并推荐。

(2) 文章最短篇幅为 4 版(双栏,每行 22 字,46 行,宋体 5 号,Word 2003),要求有引言和结论,摘要和关键词(包括英文)。同时,按如下格式提供作者简介:姓名(出生年月),性别(民族为汉可省略),籍贯(具体到市县),职称,学位,电子信箱和联系电话。

(3) 文章通常按如下分类:①理论研究类文章,一般针对农业的关键技术问题进行方法、理论、优化等分析与研究。主要格式为:引言—原有理论和方法—提出新的理论与方法—分析验证—结论。②设计制造类文章,一般为新机具(改进)、部件的设计或先进的加工方法。主要格式为:引言—总体阐述—关键部件及主要参数确定—试验效果—结论。③新技术应用类文章,一般为自动控制技术、计算机技术、数字化技术和生物工程技术等在农业中的应用。主要格式为:引言—新技术论述—应用的方式方法—获得的效果和突破—结论。④试验研究类文章,一般指新的农艺、方法、机具的试验分析评价。主要格式为:引言—试验项目—试验过程—结果分析与评价—结论。⑤综述类文章,一般指农业机械化发展、改革及政策方面的研究,主要格式为:引言—现状—存在的问题—措施和对策。

(4) 插图:①文中的插图均要有源文件,格式为 TIF(机械图要求以 CAD 2004 绘制)。②图片的分辨率要求为 600 万像素/英寸。其中,半栏图片的宽度为 7.5～8.5 cm,通栏宽度为 13～15 cm。③插图中文字用 Word 6 号字,变量字母为斜体。引线不要有箭头、短横线和黑圆点,图中不要有底色。④不要使用扫描后的图片和抓屏处理的图片,实物可用数码相机拍照,像素在 600 万以上。⑤不要使用彩色图片,更不要用颜色来区分不同的曲线。

(5) 表格:①建议使用三线表,表头横栏为主要参数,序号或年月等为竖栏。②有关设备、仪器介绍应采用叙述形式,尽量不用表格形式。③表中数字应小数点对齐,且同一项目数据要求小数点后保留位数一致。

(6) 计量单位:正文中计量单位应使用国际标准单位;禁止使用已废弃的单位,如亩、公斤、马力、比重等;而应用公顷(hm^2)、千克(kg)、千瓦(kW)和密度等。

(7) 公式:①公式中变量一律采用斜体,上下角标要清楚、到位。②文中公式应用 Word 公式编辑器排版,与正文字号统一(5 号字),并采用统一的序号,不要分章节而分编序号。

(8) 本刊已许可本刊合作单位以数字化方式复制、汇编、发行、信息网络传播本刊全文,相关著作权使用费与本刊稿酬一次性给付。作者向本刊提交文章发表的行为视为同意我刊上述声明。

（9）摘要和关键词：①摘要的主要内容为目的、目标、方式、方法、结果、结论；一般以 300～400 字为宜。②关键词一般选取 3～8 个，按 GB/T 3860 的原则和方法选取。

（10）投稿一律发到 njhyj@vip.sohu.com 信箱，修改意见在 3 天之内给出，录用意见在一周左右给出，请作者注意投稿信箱中的邮件回复。所投稿件无论是否录用，均有邮件回复，如一周无回复，请致电 0451-86662611 查询。

3. 中文核心期刊《机械设计与制造》投稿须知

（1）基本要求

① 稿件须有省市级及以上基金项目或攻关项目支持；"985""211"高校可不具备基金项目；知网查重率不能高于 10%；内容符合栏目：理论与方法研究、先进制造技术、数控与自动化、数字化设计与制造、模具、管理与综述。投稿注明栏目名称。

② 第一作者应具备以下基本条件：

a. "985"高校的博（硕）士研究生。

b. "211"高校具有硕士学位的教师。

c. 普通本科高校具有硕士学位的讲师。

d. 科研企事业单位具有硕士学位中级以上职称的技术人员。

③ 为提高来稿质量，本刊实行有偿审稿，投稿须缴纳审稿费，退稿不退费。

④ 稿件须具有创新性、学术性和前沿性。论点明确、论据可靠、论证严密。文字简练、结构完整、层次分明。

⑤ 稿件为原创，未在国内外公开出版物上发表过，非一稿多投。

⑥ 稿件以 4500 字（6500 字符）为宜。

⑦ 引用或参考他人论述、数据、结果，请将文献信息查全并在文中明确标引。

⑧ 稿件若有保密内容，应有投稿者单位出具无涉密证明，同意在《机械设计与制造》上公开发表。

⑨ 稿件一经录用，第一作者和单位不许改动。

（2）稿件编排格式

① 来稿须包括题名（中英文）、作者姓名（中英文）、作者单位（中英文）、摘要和关键词（中英文）、中图分类号、正文、参考文献。

② 题名要恰当、简明，充分反映文章中心内容，字数在 20 字以内，配译英文应与中文题名含义一致。一般不应有"基于×××"字样。

③ 作者单位要写全称，大学要具体到院（系）或研究所。如：东北大学机械工程与自动化学院　辽宁　沈阳　110819

④ 作者简介包括：姓名（出生年月）、籍贯、性别、职称、学位、研究方向。第一

作者是学生的,请加注导师简介等。作者数不能多于 4 位,提供第一作者联系方式。

⑤ 摘要应概括全文,简明扼要。中文摘要不少于 200 字。包括研究的目的、方法、结果和结论等,应具有独立性。采用第三人称的写法,不使用"本文""作者"等用语。建议用"对……进行研究""报告了……现状""进行了……的调查"等。英文摘要应与中文摘要文意一致。

⑥ 关键词应是文章主旨的核心词汇,以 6~8 个为宜。

⑦ 论文按中国图书馆图书分类法进行分类。

⑧ 基金项目写明项目名称及项目编号。

⑨ 论文采用三级标题顶格排序。

⑩ 论文正文中不应出现"本文""作者"等字样,避免出现公司、人物名称。文中附图表应精选,随文出现,图以 6 幅为宜。表格采用"三线表"。图题表题配译英文。

⑪ 简化计算过程,重要公式加序号,物理量和计量单位应符合国家标准。

⑫ 结论部分应准确、概括、精练、完整,有条理性。

⑬ 参考文献以 10 条为宜,应有本刊的参考文献,且应在论文引用中注明参考文献序号,中文参考文献配译英文。

(3) 参考文献排版格式

① 期刊:[序号]　作者.文章题名[J].刊名,年,卷(期):起止页码.

② 著作:[序号]　作者.书名[M].出版城市:出版社,出版年:起止页码.

③ 论文集:[序号]　作者.文献题名[C].论文集名.出版城市:出版者,出版年:起止页码.

④ 学位论文:[序号]　作者.论文名[D].出版地(城市名):出版单位,年份:起止页码.

⑤ 标准:[序号]　标准编号,标准名称[S].

⑥ 专利:[序号]　专利所有者.专利题名:国别,专利号[P].公告日期.

⑦ 电子文档:[序号]　主要责任者.题名[EB/OL].出版地:出版者,出版年(更新或修改日期)[引用日期].获取和访问路径.

(4) 注意事项

① 本刊执行《中华人民共和国著作权法》,文责自负。

② 60 天内未收到稿件录用通知书,稿件可自行处理。来稿不退,请自留备份。

③ 稿件刊出后,赠送当期刊物 1 册。本刊加入《中国学术期刊(光盘版)》和中国期刊网等,如作者不同意将文章编入数据库,请说明。

④ 投稿方式:http://jsyz.chinajournal.net.cn,联系电话:024-86899120。

6.2.2 科研专著及其出版

著书立说不仅是个人或工作单位发展的需要,更是科研成果代代相传的一种方式。相较于论文篇幅较短无法长篇大论不同,学术专著可以将研究目的、研究方法、研究过程、数据处理、研究结论等展开论述。

一般来说,国内的出版社大都可以出版学术专著,只是出版社出版实力、编审力量、选题方向、推广能力等各不相同,出版的著作质量和发行范围也参差不齐。

1. 专著出版注意事项

专著的出版一般要经历以下步骤:作者交稿→三审三校→定稿签字→排版→校对清样→封面版式设计→出胶片→印刷装订→出版发行。当然,作者关心的书号申请一般在三审后由出版社完成。

与教材教辅、科普读物的出版不同,专著的出版一般只能由作者主动找出版社(有一定知名度的作者除外)。作者若没有积累一定的出版经验、没有一定的出版社资源的话,登录出版社官方网站或者该社已出版图书的扉页寻找联系方式是最好的方法,因此不建议找文化公司等中介机构出书以防上当受骗。

与出版社建立联系以后,出版社一般会要求作者填写 2 页纸左右的"图书出版选题申请表",主要写明专著名称、内容简介、学科背景及学术价值、与同类书的比较优势、读者对象、作者基本信息及已出版著作,用于出版社内部会议讨论决定是否打算出版此书。出版社内部同意立项后,出版社会和作者签订出版合同,明确书稿明细、交稿期限、出版期限、出版费用或稿费支付方式。作者一般要在约定期限内将全部书稿交由出版社,出版社需向新闻出版机关申领书号、CIP 信息等数据。

为了保证书稿质量,一般出版社会交给作者一本本社的《作者手册》或《作者须知》类似的小册子,告知作者完整书稿的组成和一般格式,也会要求作者按本社规定的书稿层次、名词术语、单位符号、标点符号、插图插表、公式等要求规范待交书稿。

国家新闻出版广电总局《关于重申"三审三校"制度要求暨开展专项检查工作的通知》(新广出办发〔2017〕59 号)要求,各出版单位要严格执行"三审三校"制度,始终坚持把内容建设放在第一位、把提高质量放在第一位、把多出好书放在第一位,以严格的流程防止质量问题的发生。完整的书稿交由出版社后,需经"三审三校一通读"约 5 个月左右的时间方能正式出版,周期太短的著作往往未经三审三校,也就无法保证图书质量了。

"三审三校一通读"是出版社当前最流行的编校模式,可有效保障图书出版质量。

所谓"三审"是指原稿由责任编辑初审、编辑室主任复审、总编(副总编)终审,其目的是提供符合"齐、清、定"要求的书稿,交出版科发排。

所谓"三校"是指书稿发排出样时,先由照排人员毛校,然后出初样,送校对室校对。校对人员对初样一般是一校、二校连校(由不同人)。初样经两校后,称为"一校样"。一校样经照排人员改样后出样,交校对室进行第三次校对。按照《图书质量保障体系》的规定,校对人员第三次校对后,责任校对应负责校样的文字技术整理工作,监督检查各校次的质量,并负责付印前的通读工作。除重点图书外,许多出版社第三次校对后的校样,实际上就成了终校样。终校样经照排人员"灭红纠错"后出的新样,就是清样。

所谓"一通读"是指由责任编辑通读清样,以责任编辑的通读代替了责任校对的通读。责任编辑在通读中没有发现错误,就签字"付印";若发现清样中仍存在一定错误,就签字"改后付印"。也有一些出版社让责任编辑直接通读终校样,交照排人员改样后,再由责任编辑在微机荧屏上逐一核对"灭红"情况,然后出付印软片或硫酸纸片样。从这种编校模式的流程可以看出,编校质量的控制线,最后终止于通读清样这个环节上。

2. 国家一级出版社(全国百佳图书出版单位)名单

根据《经营性图书出版单位等级评估办法》和《关于对经营性图书出版单位进行首次等级评估工作的通知》精神,新闻出版总署经营性图书出版单位等级评估办公室自 2008 年 6 月正式启动评估工作,委托中央教育科学研究所、中国编辑学会和中国出版工作者协会科技出版工作者委员会 3 家中介机构,对全国 500 余家经营性图书出版单位在 2006—2007 年度的出版综合情况实施了等级评估。

对出版单位综合实力和竞争能力的定量化评定,主要以考察出版单位的图书出版能力、基础建设能力和资产运营能力这"三大能力"为基本内容,以 25 个评估项目为具体支撑。按照社科、科技、大学、教育、古籍、少儿、美术、文艺等分成 8 个类别,将图书出版单位的评估分为 4 个等级,由高到低,分别为一级、二级、三级和四级。评出一级出版单位 100 家,占 20%;二级出版单位 175 家,占 35%;三级出版单位 200 家,占 40%;四级出版单位 25 家,占 5%。经新闻出版总署研究,对首次被评为一级的 100 家图书出版单位授予"全国百佳图书出版单位"荣誉称号,详见表 6-1。

表6-1　全国百佳图书出版单位名单

（各类别不分先后，按拼音排序）

类别	出版社		
社科类 （31家）	安徽人民出版社 北京出版社 长春出版社 重庆出版社 党建读物出版社 法律出版社 湖南人民出版社 吉林出版集团有限责任公司 江苏人民出版社 江西人民出版社 解放军出版社	经济科学出版社 九州出版社 青岛出版社 山东人民出版社 商务印书馆 上海人民出版社 生活·读书·新知三联书店 外文出版社 学习出版社 知识产权出版社 中国财政经济出版社	中国大百科全书出版社 中国金融出版社 中国劳动社会保障出版社 中国民主法制出版社 中国青年出版社 中国社会出版社 中国时代经济出版社 中信出版社 中央编译出版社
科技类 （18家）	电子工业出版社 湖南科学技术出版社 化学工业出版社 机械工业出版社 江苏科学技术出版社 科学出版社	人民交通出版社 人民军医出版社 人民卫生出版社 人民邮电出版社 上海科学技术出版社 星球地图出版社	中国电力出版社 中国纺织出版社 中国建筑工业出版社 中国轻工业出版社 中国人口出版社 中国中医药出版社
大学类 （20家）	北京大学出版社 北京大学医学出版社 北京师范大学出版社 北京语言大学出版社 重庆大学出版社 东北财经大学出版社 复旦大学出版社	湖南师范大学出版社 华东师范大学出版社 清华大学出版社 上海外语教育出版社 外语教学与研究出版社 西安交通大学出版社 西南师范大学出版社	厦门大学出版社 浙江大学出版社 中国矿业大学出版社 中国人民大学出版社 中国人民公安大学出版社 中国政法大学出版社
教育类 （6家）	高等教育出版社 广东教育出版社	江苏教育出版社 教育科学出版社	人民教育出版社 浙江教育出版社
古籍类 （4家）	国家图书馆出版社 黄山书社	岳麓书社 中华书局	
少儿类 （6家）	安徽少年儿童出版社 二十一世纪出版社	江苏少年儿童出版社 接力出版社	明天出版社 浙江少年儿童出版社
美术类 （6家）	安徽美术出版社 湖南美术出版社	吉林美术出版社 江苏美术出版社	江西美术出版社 浙江人民美术出版社
文艺类 （9家）	长江文艺出版社 湖南文艺出版社 人民文学出版社	人民音乐出版社 上海文艺出版社 上海译文出版社	译林出版社 浙江摄影出版社 作家出版社

6.2.3　专利基础知识

《现代汉语词典》称："专利"是指法律保障创造发明者在一定时期内由于创造发明而独自享有的利益，属知识产权范畴。

专利从字面上理解是指专有的权利和利益。"专利"一词来源于拉丁语Litterae Patentes,意为公开的信件或公共文献,是中世纪的君主用来颁布某种特权的证明,后来指英国国王亲自签署的独占权利证书。

我国国家知识产权局专利局 2015 年受理了国内外申请者逾 110 万件专利申请,占全球总量的近 40%,超过美、日、韩三个国家的总和,英国《金融时报》指出,中国已成为首个在一年里受理专利申请超过 100 万件的国家。2016 年共受理专利申请 346.5 万件,日均受理专利申请近万件,其中发明专利申请受理量为 133.9 万件。2016 年发明专利审结 67.5 万件;《专利合作条约》国际申请受理超过 4 万件;国内有效发明专利拥有量突破 100 万件,每万人口发明专利拥有量为 8 件。

1. 专利类型

在现代,专利一般是由国家政府机关或者代表若干国家的区域性组织根据申请而颁发的一种文件,这种文件记载了发明创造的内容,并且在一定时期内受保护的法律状态,即获得专利的发明创造在一般情况下他人只有经专利权人许可才能予以实施。在我国,专利分为发明专利、实用新型专利和外观设计专利三种类型。

根据我国《专利法》第二条第二款的定义,发明是指对产品、方法或者其改进所提出的新的技术方案。发明专利并不要求它是经过实践证明可以直接应用于工业生产的技术成果,它可以是一项解决技术问题的方案或是一种构思,具有在工业上应用的可能性。

根据《专利法》第二条第三款的定义,实用新型是指对产品的形状、构造或者其结合所提出的适于实用的新的技术方案。同发明一样,实用新型保护的也是一个技术方案。但实用新型专利保护的范围较窄,它只保护有一定形状或结构的新产品,不保护方法以及没有固定形状的物质。实用新型的技术方案更注重实用性,其技术水平较发明而言,要低一些,多数国家实用新型专利保护的都是比较简单的、改进性的技术发明,可以称为"小发明"。实用新型是指对产品的形状、构造或者其结合所提出的适于实用的新的技术方案,授予实用新型专利不需经过实质审查,手续比较简便,费用较低,因此,关于日用品、机械、电器等方面的有形产品的小发明,比较适用于申请实用新型专利。

根据《专利法》第二条第四款的定义,外观设计是指对产品的形状、图案或其结合以及色彩与形状、图案的结合所做出的富有美感并适于工业应用的新设计。同时在《专利法》第二十三条对其授权条件进行了规定:"授予专利权的外观设计,应当不属于现有设计;也没有任何单位或者个人就同样的外观设计在申请日以前向国务院专利行政部门提出过申请,并记载在申请日以后公告的专利文件中","授予专利权的外观设计与现有设计或现有设计特征的组合相比,应当具有明显区别",以及"授予专利权的外观设计不得与他人在申请日以前已经取得的合法权利相冲突"。外观设计是指对产品的形状、图案或者其结合以及色彩与形状、图案的结合所做出的富有美感并适于工业应用的新设计。外观设计专利的保护对象,是产品的装饰性或艺术性外表设计,这种设计可以是平面图案,也可以是立体造型,更常见的是这二者的结合。

2. 专利主管部门

中华人民共和国国家知识产权局是国务院主管全国专利工作和统筹协调涉外知识产权事宜的直属机构。国家知识产权局(State Intellectual Property Office),原名中华人民共和国专利局(简称中国专利局),1980 年经国务院批准成立,1998年国务院机构改革,中国专利局更名为国家知识产权局,成为国务院的直属机构,主管专利工作和统筹协调涉外知识产权事宜。其中,国家知识产权局下设专利局,全称为国家知识产权局专利局,统一受理和审查专利申请,依法授予专利权。同时,各省、自治区、直辖市人民政府一般均设有知识产权局,负责本行政区域内的专利管理工作。

国家知识产权局是我国唯一有权接受专利申请的机关。国家知识产权局在全国 33 个城市设有代办处,受理专利申请文件,代收各种专利费用。

3. 专利申请流程

根据《专利法》的规定,发明专利申请的审批程序包括受理、初步审查、公布、实质审查以及授权 5 个阶段。实用新型和外观设计申请不进行早期公布和实质审查,只有 3 个阶段。

(1) 受理阶段

专利局收到专利申请后进行审查,如果符合受理条件,专利局将确定申请日,给予申请号,并且核实过文件清单后,发出书面或电子受理通知书,通知申请人。以下情况的专利申请不予受理:申请文件(包括请求书)未打字、印刷或字迹不清、有涂改的;或者附图及图片未用绘图工具和黑色墨水绘制、照片模糊不清有涂改的;或者申请文件不齐备的;或者请求书中缺申请人姓名或名称及地址不详的;或专利申请类别不明确或无法确定的,以及外国单位和个人未经涉外专利代理机构直接寄来的专利申请。

(2) 初步审查阶段

经受理后的专利申请按照规定缴纳申请费的,自动进入初审阶段。初审前发明专利申请首先要进行保密审查,需要保密的,按保密程序处理。

在初审时要对申请是否存在明显缺陷进行审查,主要包括审查内容是否属于《专利法》中不授予专利权的范围,是否明显缺乏技术内容不能构成技术方案,是否缺乏单一性,申请文件是否齐备及格式是否符合要求。若是外国申请人还要进行资格审查及申请手续审查。不合格的,专利局将通知申请人在规定的期限内补正或陈述意见,逾期不答复的,申请将被视为撤回。经答复仍未消除缺陷的,予以驳回。发明专利申请初审合格的,将发给初审合格通知书。对实用新型和外观设计专利申请,除进行上述审查外,还要审查是否明显与已有专利相同,不是一个新的技术方案或者新的设计,经初审未发现驳回理由的,将直接进入授权程序。

（3）公布阶段

发明专利申请从发出初审合格通知书起进入公布阶段,如果申请人没有提出提前公开的请求,要等到申请日起满 15 个月才进入公开准备程序。如果申请人请求提前公开的,则申请立即进入公开准备程序。经过格式复核、编辑校对、计算机处理、排版印刷,大约 3 个月后在专利公报上公布其说明书摘要并出版说明书单行本。申请公布以后,申请人就获得了临时保护的权利。

（4）实质审查阶段

发明专利申请公布以后,如果申请人已经提出实质审查请求并已生效的,申请人进入实审程序。如果发明专利申请自申请日起满 3 年还未提出实审请求,或者实审请求未生效的,该申请即被视为撤回。

在实审期间将对专利申请是否具有新颖性、创造性、实用性以及《专利法》规定的其他实质性条件进行全面审查。经审查认为不符合授权条件的或者存在各种缺陷的,将通知申请人在规定的时间内陈述意见或进行修改,逾期不答复的,申请被视为撤回,经多次答复申请仍不符合要求的,予以驳回。实质审查中未发现驳回理由的,将按规定进入授权程序。

（5）授权阶段

实用新型和外观设计专利申请经初步审查以及发明专利申请经实质审查未发现驳回理由的,由审查员做出授权通知,申请进入授权登记准备,经对授权文本的法律效力和完整性进行复核,对专利申请的著录项目进行校对、修改后,专利局发出授权通知书和办理登记手续通知书,申请人接到通知书后应当在 2 个月之内按照通知的要求办理登记手续并缴纳规定的费用,按期办理登记手续的,专利局将授予专利权,颁发专利证书,在专利登记簿上记录,并在 2 个月后于专利公报上公告,未按规定办理登记手续的,视为放弃取得专利权的权利。

4. 申请文件

申请专利时提交的法律文件必须采用书面形式,并按照规定的统一格式填写。申请不同类型的专利,需要准备不同的文件。

（1）申请发明专利的,申请文件应当包括:发明专利请求书、说明书(必要时应当有说明书附图)、权利要求书、摘要及其附图(具有说明书附图时须提供)。

（2）申请实用新型专利的,申请文件应当包括:实用新型专利请求书、说明书、说明书附图、权利要求书、摘要及其附图。

（3）申请外观设计的,申请文件应当包括:外观设计专利请求书、图片或者照片,以及外观设计简要说明。

对于发明专利和实用新型专利的申请来说,权利要求书应当以说明书为依据,说明发明或实用新型的技术特征,限定专利申请的保护范围。在专利权授予后,权利要求书是确定发明或者实用新型专利权范围的根据,也是判断他人是否侵权的根据,有直接的法律效力。权利要求分为独立权利要求和从属权利要求。独立权利要求应当从整体上反映发明或者实用新型的主要技术内容,它是记载构成发明或者实用新型的必要技术特征的权利要求。从属权利要求是引用一项或多项权利要求的权利要求,它是一种包括另一项(或几项)权利要求的全部技术特征,又含有进一步加以限制的技术特征的权利要求。进行权利要求的撰写必须十分严格、准确、具有高度的法律和技术方面的技巧。

5. 专利申请途径

(1) 申请人自己申请

申请人将符合要求的专利申请文件递交专利局或地方代办处,或通过专利局电子在线申请途径申请,专利申请受理后按通知要求缴纳相关费用。

(2) 委托专利代理机构申请

若申请人对专利申请流程及有关要求不甚清楚,可委托专业的专利代理机构进行申请,以避免由于自身对相关法律知识或相关程序了解不足而导致授权率降低或保护范围不当。

专利代理机构及其代理人一般是经过国家知识产权局批准的既懂专业技术又掌握有关法律知识的人员,可将申请人想要申请专利的一般技术资料撰写成符合审查要求的技术性、法律性文件,并使该文件具有较好的保护效果。

6. 专利申请费用

(1) 申请人自己申请的,需要缴纳官费。委托代理机构申请的,申请人需要缴纳代理费和官费,代理费数额依据申请所属技术领域的难易程度和工作量大小由申请人与代理机构协商后确定。

(2) 官费是交给国家知识产权局的费用。首笔官费包括:发明专利申请费950元(含印刷费50元);实用新型专利申请费500元;外观设计专利申请费500元;发明申请审查费2500元。另外,发明专利授权办理登记费255元,实用新型或外观设计专利授权办理登记费205元。首笔官费还包括第1年年费,若要继续保护该专利,后续还要按年缴纳年费。

(3) 专利申请人或专利权人符合下列条件之一的,可以向国家知识产权局请求减缴部分专利收费:上年度月均收入低于3500元(年收入4.2万元)的个人;上年度企业应纳税所得额低于30万元的企业;事业单位、社会团体、非营利性科研机构。两个或者两个以上的个人或者单位为共同专利申请人或共有专利权人的,应当分别符合前述规定。专利申请人或者专利权人可以请求减缴下列专利收费:申请费(不包括公布印刷费、申请附加费),发明专利申请实质审查费,自授予专利权当年起6年的年费,复审费。专利申请人或者专利权人为单个个人或者单个单位的,减缴上述收费的 85%。两个或者两个以上的个人或者单位为共同专利申请人或者共有专利权人的,减缴上述收费的 70%。

6.2.4　专利申请流程

总体来说,专利电子申请流程由以下 9 个步骤组成:第一步登录中国专利电子申请官网(cponline. sipo. gov. cn,原有网址 www. cponline. gov. cn 停止使用)进行用户实名注册;第二步在该网站下载 CPC 客户端并安装;第三步获取数字证书;第四步在 CPC 客户端制作专利申请文件;第五步在 CPC 客户端检查文件是否有效;第六步在 CPC 客户端进行数字签名;第七步在 CPC 客户端发送提交申请文件(若发送失败,可取消签名后再次发送);第八步在 CPC 客户端接收通知书;第九步在中国专利电子申请官网(cponline. sipo. gov. cn)进行专利受理情况及法律状态查询。要注意的是,官方会不定期对 CPC 系统进行升级,所以第七步单击"发送"按钮的时候会提示升级 CPC。对于申请人来说,升级的方法有两种:一是登录中国专利电子申请官网(cponline. sipo. gov. cn)的"工具下载"专栏下载"CPC 离线升级包"后在本地升级;二是在装有 CPC 客户端的计算机"开始"菜单"gwssi"(CPC 客户端开发商"长城计算机软件与系统有限公司"的英文简称)目录下运行"CPC 升级程序"在线升级。

1. 设计构思

发明人的一个奇思妙想即可申请为一个专利,比如可以是对某个产品的改良改进,或者是某种工艺(方法)的技术方案。对拟申报专利的"想法"进行必要的设计构思是确保专利被顺利授权的先决条件。

构思时可用草图的方式将构思内容画下来,边思考边完善,直至最后将完整的构思用文字表述出来,写成说明书。例如要对注塑模的侧抽芯机构申请专利,可在原有侧抽芯机构的基础上对图纸修改创新,然后用三维参数化设计软件进行仿真模拟,最后用文字叙述该结构的创新之处及有益效果。

如果不能确定自己的构思是否与前人重复,可首先到国家知识产权局进行专利检索(www. pss-system. gov. cn),也可到"中国知网"(www. cnki. net)进行同类专利查询并下载全文,没有"中国知网"帐号,可到 www. drugfuture. com/cnpat/cn_patent. asp 下载中国专利全文进行查看。

专利的构思和撰写是一件费时费脑的事情,既需要考虑到专利申请有着严格的程序、申请文件必须遵守严格的格式,同时还需要科学、严谨地扩大专利保护范围,以防别人侵权。

2. 从官网下载申请文件进行填报

虽然可通过 CPC 客户端进行离线制作申请文件,但最好在线下填写好有关申请文件(官网提供的每个申请文件末尾均有详细的填写说明和注意事项),以便在线申请可以更有效率、成功率更高。

各类专利申请的有关表格文件可以从国家知识产权局官方网站主页"表格下载"专栏下载(www.sipo.gov.cn/bgxz),如图 6-1 所示。

图 6-1　专利申请表格文件下载

专利申请需提交的文件主要有 6 种:专利请求书、说明书摘要、摘要附图、权利要求书、说明书和说明书附图。根据笔者过往的经验,从能否被授权的角度看,专利撰写的关键环节集中在权利要求书和说明书这两个文档上,其次才是其他申请文件。

(1) 权利要求书

权利要求书是整个专利申请文件的核心文档,一旦授权则具有法律效用。权利要求书限定了该专利受保护的范围。专利保护范围的核心是独立权项,一个权利要求书可以包含多个紧密相关的独立权项,每个独立权项可以认为是一个保护的核心,在这个核心的周围还可以有多个从属权项用于扩大或深化独立权项的保护范围,从而实现对专利保护范围的最大化。权利要求书是专利审查员判断该专利是否具有新颖性和创造性的依据,进而决定是否予以授权,同时也是日后发生侵权纠纷时,判断是否侵权的法律依据。权利要求书由一组权利要求(权项)组成,一份权利要求书至少有一项权利要求,权利要求中所描述技术特征的总和是该专利的技术方案。

权利要求书应当说明发明或者实用新型的技术特征,清楚和简要地表述请求保护的范围。权利要求书有几项权利要求时,应当用阿拉伯数字顺序编号,编号前不得冠以"权利要求"或者"权项"等词。权利要求书中使用的科技术语应当与说明书中使用的一致,可以有化学式或者数学式,必要时可以有表格,但不得有插图。不得使用"如说明书……部分所述"或者"如图……所示"等用语。每一项权利要求仅允许在权利要求的结尾处使用句号。

（2）说明书

专利说明书是对发明或者实用新型的结构、技术要点、使用方法做出清楚、完整的介绍,是对权利要求书的解释说明,除发明名称（不多于 25 字）外,一般应包含"技术领域""背景技术""发明内容""附图说明""具体实施方式"等内容,其中"技术领域"简要叙述发明的涉及领域,以便于专利审查机构分类;"背景技术"用于向专利审查员说明本专利的来由、背景、现有技术的优缺点,表明本发明的需求迫切性;"发明内容"说明如何解决问题,阐述专利的创新点（审查员判断是否能够授权的关键）,需要包含权利要求书的全部内容;"附图说明"要指出说明书附图的名称及图中所有编号对应的名称;"具体实施方式"中需要举出几个例子,向审查员证明权利要求书中所述的技术特征在现有技术条件下都是可行的（不可复现的东西是不能申请专利的）。专利说明书的主要作用一是清楚、完整地公开新的发明创造,二是请求或确定法律保护的范围。说明书是权利要求书的支持文档,也就是说权利要求书中涉及的所有技术特征都必须包括在说明书内。说明书还需要清楚、完整地公开要求保护的技术方案,记载足够的实施例,并需要确保本领域内的技术人员能够实现,从而实现向社会充分地公开发明内容。

说明书无附图的,说明书文字部分不包括附图说明及其相应的标题。说明书文字部分可以有化学式、数学式或者表格,但不得有插图。

（3）说明书附图

附图是说明书的一个组成部分,用图形补充文字部分的描述,帮助理解发明的每个技术特征和整体技术方案。实用新型专利及机械、电学、物理领域中涉及产品的发明,说明书中必须有附图;有多张附图时,用阿拉伯数字顺序编图号。实用新型专利申请的说明书附图中应当有表示要求保护的产品的形状、构造或者其结合的附图,不得仅有表示现有技术的附图,或者不得仅有表示产品效果、性能的附图。除一些必不可少的词语外,例如"水""蒸气""开""关""$A-A$ 剖面",图中不得有其他的注释。

（4）说明书摘要

说明书摘要文字部分应当写明发明或者实用新型的名称和所属的技术领域,清楚反映所要解决的技术问题,解决该问题的技术方案的要点及主要用途。说明书摘要文字部分不得加标题,文字部分（包括标点符号）不得超过 300 个字,对于进入国家阶段的国际申请,其说明书摘要译文不限于 300 个字。

摘要是说明书公开内容的概述,用在专利公开后的文档首页,它仅是一种技术情报,不具有法律效力。

(5) 摘要附图

说明书摘要附图应当选用最能说明该发明或者实用新型技术方案主要技术特征的一幅图,应当是说明书附图中的一幅,对于进入国家阶段的国际申请,其说明书摘要附图副本应当与国际公布时的摘要附图一致。摘要附图的大小及清晰度应当保证在该图缩小到 4 cm×6 cm 时,仍能清楚地分辨出图中的各个细节。摘要附图用在专利公开后的文档首页,它仅是一种技术情报,也不具有法律效力。与说明书附图一样,摘要附图要求清晰,符合专利局有关要求。

3. 官网实名注册

本案例的实用新型专利通过电子申请的方式向国家知识产权局电子申请系统进行申请,该系统于 2004 年 3 月正式开通,改版后的电子申请系统于 2010 年 2 月 10 日上线运行。电子申请系统全年 365 天、全天 24 小时开通,节假日不休(系统维护例外)。

所谓电子申请是指以互联网为传输媒介,将专利申请文件以符合规定的电子文件形式向国家知识产权局提出的专利申请。申请人可通过电子申请 CPC 客户端向国家知识产权局提交发明、实用新型、外观设计专利申请和中间文件,以及进入中国国家阶段的国际申请和中间文件。但要注意,电子申请系统不接收保密专利申请文件。

电子申请用户是指已经与国家知识产权局签订电子专利申请系统用户注册协议(以下简称用户注册协议),办理了有关注册手续,获得用户代码和密码的申请人和专利代理机构。申请人首先要办理用户注册手续,获得用户代码和密码,电子申请用户注册可通过电子申请网站(cponline. sipo. gov. cn)办理注册手续(免费办理),个人用户通过身份证实名注册。

专利电子申请数字证书是国家知识产权局注册部门为注册用户免费提供的用于用户身份验证的一种权威性电子文档,国家知识产权局可以通过电子申请文件中的数字证书验证和识别用户的身份。

电子签名是指通过国家知识产权局电子专利申请系统提交或发出的电子文件中所附的用于识别签名人身份并表明签名人认可其中内容的数据。

专利法实施细则第一百一十九条第一款所述的签字或者盖章,在电子申请文件中是指电子签名,电子申请文件采用的电子签名与纸件文件的签字或者盖章具有相同的法律效力。

4. 下载安装 CPC 客户端并获取数字证书

登录电子申请网站(cponline. sipo. gov. cn),下载右上角登录处下侧提供的"使用指导. doc",即《在线平台插件安装及证书安装教程》,并按有关要求下载并安装数字证书和客户端软件(见"工具下载"专栏下的"CPC 安装程序(20110218)"),

并按要求进行客户端和升级程序的网络配置。因官方网站提供了详细的说明,在此不再赘述。

5. 登录 CPC 客户端离线制作申请文件

申请人登录 CPC 客户端,可离线制作和编辑电子申请文件,然后使用数字证书签名电子申请文件,在线提交电子申请文件。

国家知识产权局专利局对电子申请文件格式有严格的要求,电子申请系统支持 XML、Word、PDF 三种文件格式的提交,具体要求如下:

(1) XML 格式文件

电子申请用户应使用电子申请离线客户端编辑器编辑提交 XML 文件。

① 字符集

编辑 XML 文件时,应使用 GB 18030 字符集范围以内的字符,不应使用自造字。

② 图片

XML 文件引用的图片格式应为 JPG、TIF 两种格式;说明书附图的图号应以文字形式表示,不应包含在图片中;外观图片或照片大小不应超过 150 mm×220 mm,其他图片大小不应超过 165 mm×245 mm;图片或照片分辨率应为 72~300 DPI。

③ 数学公式和化学公式

XML 文件中的数学公式、化学公式,应以图片方式提交。

④ 表格

XML 文件中的 $N×M$ 表格及表头有合并单元格的表格,可以用电子申请离线客户端编辑器编辑提交,其他表格应以图片方式提交。

⑤ 段号和权项号

新申请 XML 文件中的说明书段号和权项号由系统自动生成。

申请后提交的 XML 格式文件说明书段号应以 4 位数字编号;权利要求书权项号应以阿拉伯数字编号。

(2) MS－Word、PDF 格式文件

① 文件范围

发明专利申请和实用新型专利申请的权利要求书、说明书、说明书摘要、摘要附图、说明书附图等,可以提交 MS－Word、PDF 格式文件。

② 版本

MS－Word 文件应为 2003、2007 版本的 doc 和 docx 文件;PDF 文件应为符合 PDF Reference Version 1.3(含)以上版本的文件。

③ 权限

MS－Word 文件不应设置密码保护、文档保护功能;PDF 文件应具有打印权

限,不应设置加密功能。

④ 字符集

应使用 GB 18030 字符集范围以内的字符,不应使用自造字。

⑤ 图片

图片大小应限定在单页内,不应包含灰度图和彩图。

⑥ 版式要求

说明书不应添加任何形式的段落编号,文档页面设置应为纵向 A4 大小。所有文件应符合《审查指南》相关要求。

⑦ 其他要求

MS-Word、PDF 文件中,不应含有水印、宏命令、嵌入对象、超链接、控件、批注、修订模式等。

若需要相关 XML 详细技术标准规范,可向国家知识产权局专利局初审流程管理部电子数据管理处索取。

一般来说,为了保证申请文件符合上传语法格式要求,除说明书附图和摘要附图用 PDF 文件导入上传之外,其余文件都可以从离线制作的申请文件中一段一段复制文字至 CPC 客户端中去,且《权利要求书》和《说明书》的序号均无须输入,在单击"保存"后,CPC 客户端会自动生成序号、自动排版。要注意的是,"专利申请书"中的"申请文件清单"在 CPC 客户端不能手动输入,只能在所有申请文件全部编辑保存后,在 CPC 客户端"专利申请书"界面单击"表格向导"—"导入文件清单"命令完成。

在 CPC 客户端离线制作专利申请文件的几个关键步骤如下所示。

a. 打开 CPC 客户端软件,如图 6 - 2 所示。

b. 在 CPC 客户端主界面上单击选择专利类型,如图 6 - 3 所示。

图 6 - 2　打开 CPC 客户端的步骤

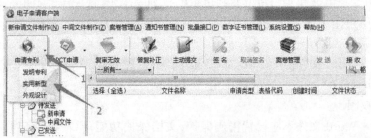

图 6 - 3　选择专利类型

c. 此时弹出"电子申请编辑器"窗口,双击"实用新型专利请求书",如图 6 - 4 所示。

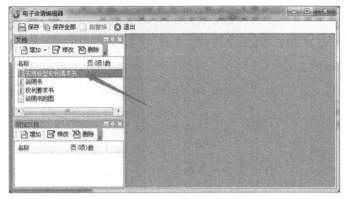

图 6 - 4　双击"实用新型专利请求书"

d. 此时 CPC 客户端调用本机安装的 Word 2003 打开请求书编辑界面(见图 6 - 5)。若无法打开该编辑界面,可能是 Word 版本太高,CPC 客户端仅支持 Word 2003 和 Word 2007。

图 6 - 5　打开请求书编辑界面

在图 6 - 4 的编辑界面中双击灰底区域即可添加修改内容(也可从之前在 Word 中填好的请求书中复制文字内容)。其中"用户代码"是此前在国家知识产权局官网实名注册时用于电子签名的身份证号码。

注意 CPC 客户端中的"实用新型专利请求书"里的"申请文件清单"无法手工

输入,需要等"说明书"等其他 5 个申请文件全部在 CPC 客户端中录入(或导入)完成,然后回到"实用新型专利请求书"编辑界面,并按如图 6-6 所示步骤导入文件清单(即依次单击"表格向导"—"导入文件清单")。

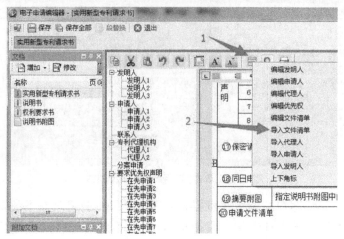

图 6-6　导入文件清单

在 CPC 客户端将《实用新型专利请求书》等申请文件填好后,务必单击左上角的"保存"或"保存全部"按钮。保存前若未填完整,系统会提示有何错误,如图 6-7所示。

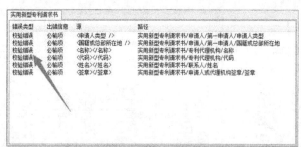

图 6-7　校验错误

如果"电子申请编辑器"中左侧文档列表中找不到想要编辑的申请文件,比如"说明书摘要",可按如图 6-8 所示步骤调出(若还找不到,如"摘要附图",可单击"文件…"子菜单调出)。

"摘要附图"和"说明书附图"一律通过附件上传PDF 文档的方式完成。要注意的是,列表中已有"说明书附图",要想以 PDF 附件方式上传"说明书附图",先要删除列表中已有的"说明书附图"(按如图

图 6-8　增加申请文件

6-9 所示步骤进行操作)。

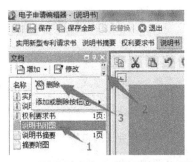

图 6-9　删除列表中已有的"说明书附图"

接下来就可以通过 PDF 文件导入"说明书附图"(如图 6-10 所示)。

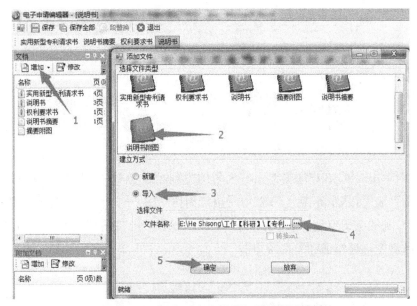

图 6-10　通过 PDF 文件导入"说明书附图"

需要提醒的是,为了提高附图质量,一般采用二维 CAD 软件(如 AutoCAD Mechanical、CAXA CAD 电子图板等)和三维 CAD 软件(如 Creo、SolidWorks 等)联合绘图,前者用来绘制平面图,后者用来绘制轴测图。

至此,完成了实用新型专利申请要用到的全部 6 个申请文件的制作。全部保存后(保存的过程会自动检查文件是否合规),单击"电子申请编辑器"界面上方的"退出"按钮,退出编辑界面,回到 CPC 客户端主界面。

6. 数字签名后发送提交申请文件并接收通知

按如图 6-11 所示步骤完成电子签名。若无问题,会提示"签名成功"。

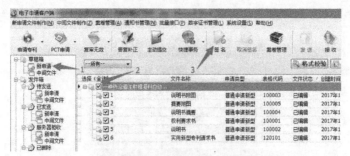

图 6-11 为刚刚完成的电子申请进行电子签名

接下来单击"发件箱"—"新申请",勾选刚刚签名成功的案卷名称,单击"发送"按钮(图 6-12),在弹出的"发送"对话框中单击"开始上传"按钮,即可完成申请文件的提交。

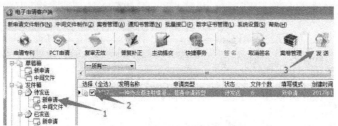

图 6-12 发送提交申请文件

此时单击 CPC 客户端主界面右上角的"接收"按钮 ,在"接收"对话框中单击"获取列表"可从服务器上下载"电子申请回执"(图 6-13),确认没问题后即完成了本项专利的电子申请,隔天就可在 CPC 客户端单击"接收"按钮 后在"收件箱"中收到受理通知书和缴费通知书。

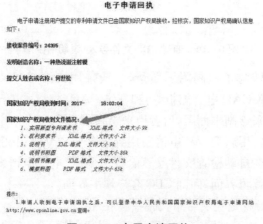

图 6-13 电子申请回执

（1）对于成功提交的文件，电子申请用户会收到电子申请回执。用户使用电子申请客户端提交电子申请文件后，文件自动转移到发件箱的"已发送"或"服务器拒收"目录下。

（2）对于国家知识产权局拒收的电子申请文件，电子申请系统会给出拒收原因。

电子申请文件通过 CPC 客户端提交后，可立即通过 CPC 客户端接收电子回执，表明专利局已收到申请。实用新型专利提交申请后，可随时登录电子申请网站查询电子申请相关信息，系统一般也会通过手机短信的方式告知申请人要及时（短信发出后 15 天内）登录 CPC 客户端接收通知。

申请人通过电子申请系统接收通知书，根据需要，针对所提交的电子申请提交补正等中间文件。

在 CPC 电子申请客户端主界面单击"接收"，在弹出的"接收"对话框中单击"获取列表"，可从电子申请系统获取未下载的通知（如图 6-14 所示）。

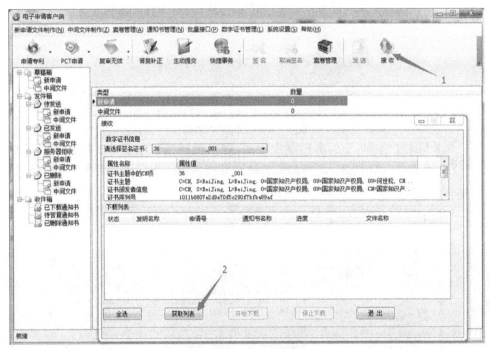

图 6-14　接收通知

此时在"接收"对话框中列出系统下达的通知（如图 6-15 所示），选取要下载的通知，单击"开始下载"即可将通知下载到本地电脑上以供查看、打印。

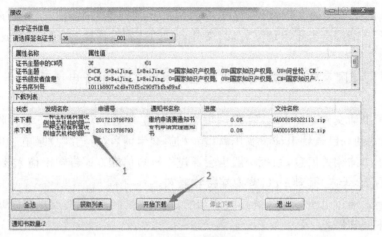

图 6-15　下载通知

客户端此时弹出"警告"对话框（如图 6-16 所示），提示即将要下载的是重要的法律文件，应当由电子申请用户本人下载阅读，单击"确定"按钮即可。

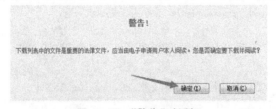

图 6-16　"警告"对话框

单击"退出"按钮，回到客户端主界面，在左侧树状目录中单击"收件箱"下的"已下载通知书"，双击相应的通知书名称即可查看刚刚下载的通知书（如图 6-17 所示）。

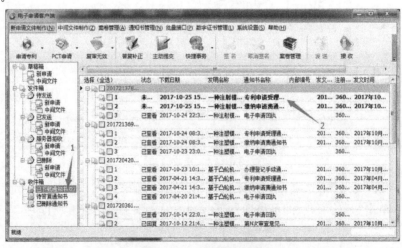

图 6-17　已下载通知书

　　例如要查看或打印"缴纳申请费通知书",则双击该名称,客户端自动调用"TIFF 图片查看器"打开通知书全文,单击图 6-18 中上方箭头处所示的"打印"图标,即可将通知书打印出来。

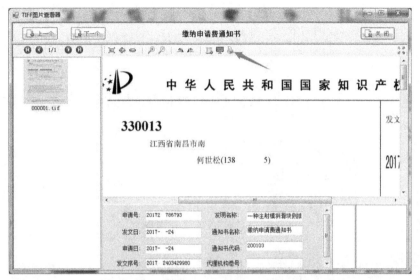

图 6-18　查看或打印"缴纳申请费通知书"

　　想要在其他电脑上查看电子通知书,可在客户端主界面上选择要导出通知的申请号后,单击"导出"命令按钮即可(图 6-19)。

图 6-19　导出"缴纳申请费通知书"

7. 缴纳有关费用

　　费用可通过网上缴费、银行转账、邮局汇款缴纳或到国家知识产权局面缴,其中网上缴费网址为 cponline. sipo. gov. cn;银行汇付开户银行为中信银行北京知春路支行,户名为中华人民共和国国家知识产权局专利局,帐号为7111710182600166032;邮局汇付收款人姓名为国家知识产权局专利局收费处,商户客户号为 110000860(可代替地址邮编),地址邮编为北京市海淀区蓟门桥西土城路 6 号（100088），传真为 010－62084312，电子邮件信箱为 shoufeichu@sipo.gov.cn。

汇款时应当准确写明申请号、费用名称（或简称）及分项金额，否则视为未办理缴费手续。另外，当事人汇款后未收到专利局收费收据需要查询的，可电话查询（010-62085566），查询时效为一年。

根据通知书要求（如图 6-20 所示为"缴纳申请费通知书"），申请人应在通知书发文后 2 个月内及时缴纳有关费用。

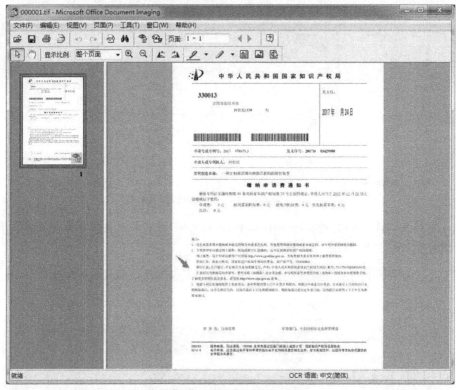

图 6-20　缴纳申请费通知书

具体收费标准如下：

（1）国内部分

项　目	全额（人民币：元）	个人减缓（人民币：元）	单位减缓（人民币：元）
① 申请费			
a. 发明专利	900	135	270
印刷费	50	不予减缓	不予减缓

（续表）

项　目	全额 （人民币：元）	个人减缓 （人民币：元）	单位减缓 （人民币：元）
b. 实用新型专利	500	75	150
c. 外观设计专利	500	75	150
② 发明专利申请审查费	2500	375	750
③ 复审费			
a. 发明专利	1000	200	400
b. 实用新型专利	300	60	120
c. 外观设计专利	300	60	120
④ 发明专利申请维持费	300	60	120
⑤ 著录事项变更手续费			
a. 发明人、申请人、专利权人的变更	200	不予减缓	不予减缓
b. 专利代理机构、代理人委托关系的变更	50	不予减缓	不予减缓
⑥ 优先权要求费每项	80	不予减缓	不予减缓
⑦ 恢复权利请求费	1000	不予减缓	不予减缓
⑧ 无效宣告请求费			
a. 发明专利权	3000	不予减缓	不予减缓
b. 实用新型专利权	1500	不予减缓	不予减缓
c. 外观设计专利权	1500	不予减缓	不予减缓
⑨ 强制许可请求费			
a. 发明专利	300	不予减缓	不予减缓
b. 实用新型专利	200	不予减缓	不予减缓
⑩ 强制许可使用裁决请求费	300	不予减缓	不予减缓
⑪ 专利登记、印刷费、印花税			
a. 发明专利	255	不予减缓	不予减缓
b. 实用新型专利	205	不予减缓	不予减缓
c. 外观设计专利	205	不予减缓	不予减缓
⑫ 附加费			
a. 第一次延长期限请求费每月	300	不予减缓	不予减缓
再次延长期限请求费每月	2000	不予减缓	不予减缓
b. 权利要求附加费从第 11 项起每项增收	150	不予减缓	不予减缓
c. 说明书附加费从第 31 页起每页增收	50	不予减缓	不予减缓
从第 301 页起每页增收	100	不予减缓	不予减缓

（续表）

项　目	全额 （人民币：元）	个人减缓 （人民币：元）	单位减缓 （人民币：元）
⑬ 中止费	600	不予减缓	不予减缓
⑭ 实用新型专利检索报告费	2400	不予减缓	不予减缓
⑮ 年费			
a. 发明专利			
1～3 年	900	135	270
4～6 年	1200	180	360
7～9 年	2000	300	600
10～12 年	4000	600	1200
13～15 年	6000	900	1800
16～20 年	8000	1200	2400
b. 实用新型			
1～3 年	600	90	180
4～5 年	900	135	270
6～8 年	1200	180	360
9～10 年	2000	300	600
c. 外观设计			
1～3 年	600	90	180
4～5 年	900	135	270
6～8 年	1200	180	360
9～10 年	2000	300	360

注：①维持费和复审费按照 80% 及 60% 两种标准进行减缓。②授权后三年的年费可以享受减缓。

（2）专利费用简称

① 发明专利费用种类	简称	② 实用新型及外观设计专利费用种类	简称
申请费	申	申请费	申
文件印刷费	文		
说明书附加费从第 31 页起每页 从第 301 页起每页	说附	说明书附加费从第 31 页起每页 从第 301 页起每页	说附
权利要求附加费从第 11 项起每项	权附	权利要求附加费从第 11 项起每项	权附
优先权要求费每项	优	优先权要求费每项	优
审查费	审		

（续表）

① 发明专利费用种类	简称	② 实用新型及外观设计专利费用种类	简称
维持费	维		
复审费	复	复审费	复
著录事项变更手续费： 发明人、申请人、专利权人变更 专利代理机构、代理人委托关系变更	变	著录事项变更手续费： 发明人、申请人、专利权人变更 专利代理机构、代理人委托关系变更	变
恢复权利请求费	恢	恢复权利请求费	恢
无效宣告请求费	无	无效宣告请求费	无
强制许可请求费	强求	强制许可请求费	强求
强制许可使用裁决请求费	强裁	强制许可使用裁决请求费	强裁
延长费： 第一次延长期请求费每月 再次延长期请求费每月	延	延长费： 第一次延长期请求费每月 再次延长期请求费每月	延
中止程序请求费	中	中止程序请求费	中
登记印刷费	登	登记印刷费	登
印花费	印	印花费	印
年费	年	年费	年
		检索报告费	实检

（3）PCT 申请国际阶段部分

项　目	经费（人民币：元）
① 传送费	500
② 检索费	2100
附加检索费	2100
③ 优先权文件费	150
④ 初步审查费	1500
初步审查附加费	1500
⑤ 单一性异议费	200
⑥ 副本复制费每页	2
⑦ 后提交费	200
⑧ 滞纳金	按应交费用的 50% 计收，若低于传送费按传送费收取；若高于基本费按基本费收取。

（续表）

项　目	经费（人民币：元）
⑨ 国际申请费	
a. 国际申请用纸不超过 30 页的	8858（1330 瑞朗）
b. 超出 30 页的部分每页加收	100（15 瑞朗）
⑩ 手续费	1332（200 瑞朗）

注：①9～10 项为国家知识产权局代世界知识产权组织国际局收取的费用，收费标准按 2008 年 6 月 1 日国家外汇管理局公布的外汇牌价折算。

（4）PCT 申请进入中国国家阶段部分

项　目	经费（人民币：元）
① 宽限费	1000
② 改正译文错误手续费（初审阶段）	300
③ 改正译文错误手续费（实审阶段）	1200
④ 单一性恢复费	900
⑤ 改正优先权要求请求费	300

注：进入国内阶段其他收费依照国内申请标准执行。

（5）集成电路布图设计

项　目	简称	经费（人民币：元）
① 登记费	登	2000
② 印花费	印	5
③ 复审费	复	2000
④ 恢复权利请求费	恢	1000
⑤ 著录事项变更手续费	变	100
⑥ 延长费	延	300
⑦ 非自愿许可请求费	非	300
⑧ 非自愿许可请求的裁决请求费	非裁	300

注：集成电路布图设计登记时，还应缴纳印花税 5 元，因此合计为 2005 元。

　　申请人或者专利权人缴纳专利费用确有困难的，可以请求减缓。可以减缓的费用包括五种：申请费（其中印刷费、附加费不予减缓）、发明专利申请审查费、复审费、发明专利申请维持费、自授予专利权当年起三年的年费。其他费用不予减缓。请求减缓专利费用的，应当提交费用减缓请求书，如实填写经济收入状况，必要时还应附具有关证明文件。

另外,专利申请通过后,专利局会通知申请人办理登记手续,此时应当缴纳专利登记费、公告印刷费、印花税和授予专利权当年的年费。发明专利申请需要缴纳申请维持费的,申请人应当一并缴纳各个年度的申请维持费。期满未缴纳或未缴足费用的,视为未办理登记手续。授予专利权当年的年费,应当在专利局发出的授予专利权通知书中指定的期限内缴纳,以后的年费应当在前一年度期满前一个月内预缴。需要缴纳申请维持费的情况是,发明专利申请自申请日起满两年尚未被授予专利权的,申请人应当自第三年度起缴纳申请维持费。

8. 补正答复

若审查员认为某专利申请文件有缺陷但可修正的时候,审查员会以"第 N 次审查意见通知书""第 N 次补正通知书"等形式告知申请人存在的问题。系统会将补正通知以短信形式发送到申请时填写的联系人手机号码上,提醒申请人登录 CPC 客户端下载通知全文。申请人应按通知要求在指定日期之前(一般是两个月内)进行意见陈述或补正。

补正文件应当包括具有数字签名或盖章的"补正书"一份,以及修改后的申请文件替换文件一份。"补正书"及替换文件均可在 CPC 客户端中完成编辑及上传。

在 CPC 电子申请客户端主界面单击"答复补正"按钮,弹出"电子申请编辑器"对话框,按如图 6-21 所示步骤即可完成"补正书"的编辑。要注意的是,步骤 1 要选择本次补正的专利申请号,步骤 2 要选中本次具体的补正通知书。

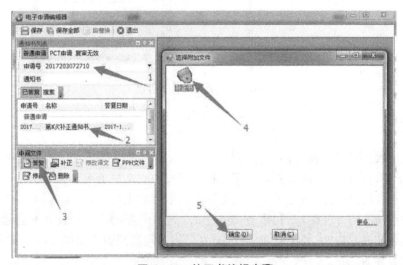

图 6-21　补正书编辑步骤

若图 6-21 步骤 4 没有将"补正书"列出,则按如图 6-22 所示步骤添加进来。

单击图 6-21 中的步骤 5,系统切换到补正书编辑界面,如图 6-23 所示,单击箭头 1 所指的"表格向导"—"编辑补正内容"命令完成补正书的编辑,保存后退出。

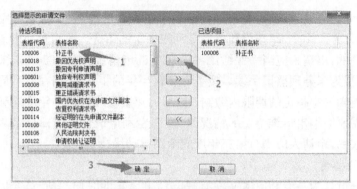

图 6-22　补正书显示步骤

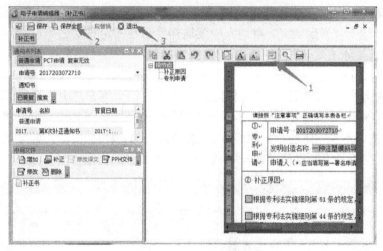

图 6-23　补正书编辑界面

编辑完成后的补正书在"草稿箱"的中间文件里。

申请文件的替换文件也要在 CPC 客户端中完成，需在系统里原有对应文件的基础上修改。补正书及替换文件均修改好后再签名发送即可，此时系统会自动发出"电子申请回执"，回执会明确国家知识产权局收到文件情况。

另外要注意一点，因近年来全国专利申请数量越来越多，国家知识产权局专利局会将申请文件分发给"专利审查协作中心"进行审查，所以下发的《补正通知书》等部分通知书是由"专利审查协作中心"发出的。国家知识产权局专利局专利审查协作中心分为北京、天津、江苏、河南、广东、四川、湖北 7 个分中心，属于聘用制事业单位，与员工的合同期为 4 年（实审），属于自收自支的事业单位，而国家知识产权局属于公务员编制。专利审查协作中心现为国家知识产权局二级局——专利局的下属单位，即国家知识产权局专利审查协作中心，成立于 2001 年 5 月，具有独立的法人资格，具有独立的人事、劳资、财务管理权，受国家知识产权局的委托，承担部分发明专利申请的实质审查、部分 PCT 国际申请的国际检索和国际初步审查等多项业务工作,并为企业提供专利申请和保护相关的技术和法律咨询服务。

9. 专利授权

目前实用新型专利申请一般从缴纳申请费起计算,6 个月左右会下达授权通知或补正通知,系统会通过手机短信的方式通知申请人登录 CPC 客户端接收通知。

授权前专利局会发出《办理登记手续通知书》,主要是告知申请人要及时足额缴纳各项费用,否则视为放弃取得专利权的权利。通知书还会详细说明专利费的缴纳方式及时限。

此后,申请人和发明人便可等待专利局的授权公告和专利证书了,亦可登录官方网站 cpquery. sipo. gov. cn 查询专利的状态(包括费用信息和发文信息)。

6.2.5 专利申请案例(实用新型专利)

下面以工程机械车载热电制冷器具上某塑件注塑模的侧抽芯机构创新设计为例,阐述一项实用新型专利的电子申请文件写作方法。

如前所述,专利申请文件主要有 6 种(按顺序):专利请求书、说明书摘要、摘要附图、权利要求书、说明书和说明书附图,所以申请人和发明人要准备好这 6 种文件。下面以已授权实用新型专利《一种注塑模侧抽芯机构》为例进行说明,所有申请表格均可在国家知识产权局网站 www. sipo. gov. cn 下载,表格后面会附有"注意事项""缴费须知"等要求(本书删略)。

1. 实用新型专利请求书

请按照"注意事项"正确填写本表各栏			此框内容由国家知识产权局填写
⑦实用新型名称	一种注塑模侧抽芯机构		①
			申请号　　　　(实用新型)
			②分案
			提交日
⑧发明人	何世松；贾颖莲		③申请日
			④费减审批
			⑤向外申请审批
⑨第一发明人国籍 中国　居民身份证件号码(填18位身份证号)			⑥挂号号码
⑩申请人(1)	姓名或名称 何世松		申请人类型 个人
	居民身份证件号码或组织机构代码(填18位身份证号) □请求费减且已完成费减资格备案		电子邮箱(填 E-mail 地址)
	国籍或注册国家(地区) 中国	经常居所地或营业所所在地 中国	
	邮政编码 330013	电话 (填手机号)	
	省、自治区、直辖市 江西省		
	市县 南昌市		
	城区(乡)、街道、门牌号 南昌经开区双港东大街644支路395号江西交通职业技术学院		

⑩申请人	申请人(2)	姓名或名称				申请人类型		
		居民身份证件号码或组织机构代码			☐请求费减且已完成费减资格备案			
		国籍或注册国家(地区)			经常居所地或营业所所在地			
		邮政编码		电话				
		省、自治区、直辖市						
		市县						
		城区(乡)、街道、门牌号						
	申请人(3)	姓名或名称				申请人类型		
		居民身份证件号码或组织机构代码			☐请求费减且已完成费减资格备案			
		国籍或注册国家(地区)			经常居所地或营业所所在地			
		邮政编码		电话				
		省、自治区、直辖市						
		市县						
		城区(乡)、街道、门牌号						

⑪联系人	姓　名 何世松		电话(填手机号)	电子邮箱(填E-mail地址)
	邮政编码 330013			
	省、自治区、直辖市 江西省			
	市县 南昌市			
	城区(乡)、街道、门牌号 南昌经开区双港东大街644支路395号江西交通职业技术学院			

⑫代表人为非第一署名申请人时声明	特声明第____署名申请人为代表人

⑬专利理机构	☐声明已经与申请人签订了专利代理委托书且本表中的信息与委托书中相应信息一致			
	名称		机构代码	
	代理人1	姓　名	代理人(2)	姓　名
		执业证号		执业证号
		电　话		电　话

⑭分案申请	原申请号		针对的分案申请号		原申请日 　年 　月 　日

⑮要求优先权声明	原受理机构名称	在先申请日	在先申请号	⑯不丧失新颖性宽限期声明	☐已在中国政府主办或承认的国际展览会上首次展出 ☐已在规定的学术会议或技术会议上首次发表 ☐他人未经申请人同意而泄露其内容
				⑰保密请求	☐本专利申请可能涉及国家重大利益，请求保密处理 ☐已提交保密证明材料

⑱	☐声明本申请人对同样的发明创造在申请本实用新型专利的同日申请了发明专利

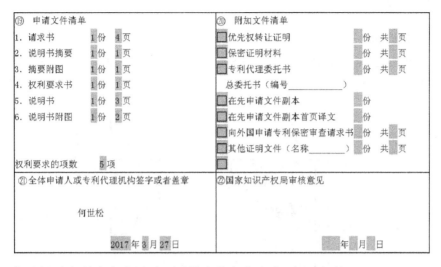

实用新型专利请求书同时还要提交英文信息表（如下表所示）。

实用新型名称	A side core pulling mechanism of injection mould
发明人姓名	He Shisong
	Jia Yinglian
申请人名称及地址	He Shisong
	Jiangxi V&T College of Co mmunications, No. 395, 644 Branch, Shuanggang East Street, Nanchang Economic and Technological Development Zone, Jiangxi

2. 说明书摘要（不得超过 300 个字）

一种注塑模侧抽芯机构,属于注塑模具专用机构技术领域,用于解决侧型芯机构定位与复位精度不高、成型塑件质量不稳定等问题。机构由楔块、簧柱、弹簧Ⅰ、顶销、弹簧Ⅱ、滑块、限位挡块、侧型芯和动模板组成。开模时,滑块摆脱楔块的作用在弹簧力的作用下相对限位挡块上移,侧抽芯机构确保型芯离开成型位置、模具合模前侧型芯的准确开模位置;使用顶销插入滑块的水平锥孔中,与限位挡块共同对滑块和侧型芯进行定位,从而提高闭模的准确度。合模时,滑块借助楔块在合模力的作用下开始下移,顶销在滑块的作用下往左运动,侧型芯正确复位,使侧抽芯过程更平稳准确地进行,从而提高塑件的质量,同时降低模具的加工难度和制造成本。

3．摘要附图

下图中：1—定模板；2—楔块；3—簧柱；4—弹簧Ⅰ；5—顶销；6—弹簧Ⅱ；7—支撑板；8—滑块；9—限位挡块；10—侧型芯；11—推杆；12—凸模；13—塑件；14—动模板。

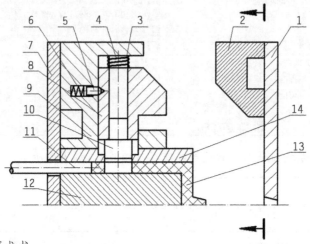

4．权利要求书

（1）一种注塑模侧抽芯机构，包括楔块、簧柱、弹簧Ⅰ、顶销、弹簧Ⅱ、滑块、限位挡块、动模板和侧型芯；所述弹簧Ⅰ安装在簧柱上；所述楔块安装固定在定模板上，并在开合模时固定不动；所述弹簧Ⅱ的一端固定在滑块上，一端连接顶销，弹簧Ⅱ和顶销在合模状态下处在限位挡块中；所述簧柱一端安装固定在限位挡块上，另一端穿过滑块；所述滑块安装在限位挡块中；所述侧型芯与滑块连接固定；所述限位挡块固定在支撑板上，并在开合模时随动模一起往复运动。

（2）根据权利要求(1)所述的一种注塑模侧抽芯机构，其特征在于：所述滑块开设水平方向的锥孔和竖直方向的直孔。

（3）根据权利要求(1)所述的一种注塑模侧抽芯机构，其特征在于：所述限位挡块开设水平方向的销孔。

（4）根据权利要求(1)所述的一种注塑模侧抽芯机构，其特征在于：所述弹簧Ⅰ、Ⅱ，型号各不相同；要求弹簧Ⅰ在合模时处于拉伸状态，要求弹簧Ⅱ在合模时处于压缩状态。

5．说明书

一种注塑模侧抽芯机构

（1）技术领域

本实用新型属于注塑模具专用机构技术领域，具体是一种注塑模侧抽芯机构。

（2）背景技术

随着经济社会的不断发展，塑料制品在机械、电子、轻工和日用品等各行各业的应用也越来越广泛，塑件质量的要求随之也越来越高。注塑模具作为成型塑料制品的重要工艺装备，在大批量塑件生产过程中起着缺一不可的作用。当成型塑件外表面上的侧凹和侧孔时，由于这些小型芯与主开模方向形成一定的角度，塑件脱模前，这些小型芯必须采用侧抽芯机构离开成型位置后塑件才能脱模。但是现有的带斜导柱侧抽芯机构注塑模在塑件脱模过程中容易出现斜导柱自身参与侧抽芯的情况，使滑块停留位置不符合原结构设计要求，影响成型带侧凹和侧孔的塑件质量；并且斜导柱侧抽芯机构制造加工难度更大，增加了企业的制造成本。

（3）发明内容

本实用新型的目的是针对上述不足，提供一种结构简单、使用方便，能提高塑件质量和降低模具制造成本的注塑模侧抽芯机构。

本实用新型的技术方案如下：

一种注塑模侧抽芯机构，包括楔块、簧柱、弹簧Ⅰ、顶销、弹簧Ⅱ、滑块、限位挡块、侧型芯和动模板；所述弹簧Ⅰ安装在簧柱上；所述楔块安装固定在定模板上，并在开合模时固定不动；所述弹簧Ⅱ的一端固定在滑块上，一端连接顶销，弹簧Ⅱ和顶销在合模状态下处在限位挡块中；所述簧柱一端安装固定在限位挡块上，另一端穿过滑块；所述滑块安装在限位挡块中；所述侧型芯与滑块连接固定；所述限位挡块固定在支撑板上，并在开合模时随动模一起往复运动。

上述滑块开设水平方向的锥孔和竖直方向的直孔。

上述限位挡块开设水平方向的销孔。

作为本实用新型进一步方案：所述弹簧Ⅰ、Ⅱ，型号各不相同。

作为本实用新型进一步方案：要求弹簧Ⅰ在合模时处于拉伸状态。

作为本实用新型进一步方案：要求弹簧Ⅱ在合模时处于压缩状态。

本实用新型具有如下有益的效果：本实用新型是一种结构简单、使用方便，能提高塑件质量和降低模具制造成本的注塑模侧抽芯机构。当模具处于合模状态时，在楔块的作用下安装在簧柱上的弹簧Ⅰ处于拉伸状态，在滑块的作用下安装在顶销侧的弹簧Ⅱ处于压缩状态；开模时，在开模力的作用下，楔块和定模板固定不动，滑块、侧型芯、限位挡块、动模板等随动模一起离开定模；由于摆脱了楔块的作用，滑块和侧型芯在弹簧Ⅰ的弹力作用下相对限位挡块向上移动；继续开模，当滑块相对限位挡块向上运动到滑块左侧的锥孔时，顶销在弹簧Ⅱ的作用下弹出，插入锥孔，滑块停止运动，在与限位挡块的共同作用下，滑块在合模前始终处于该位置，完成侧抽芯，从而实现精准定位；合模时，在楔块的作用下滑块相对限位挡块下移，顶销在滑块的作用下向左运动，滑块、侧型芯和顶销正确复位。本实用新型在很大程度上减少了模具加工难度和制造成本，提高了成型带侧凹和侧孔塑件的质量。

（4）附图说明

图1为本实用新型在模具中的合模状态局部剖视图。

图2为本实用新型在模具中的开模状态局部剖视图。

图3为本实用新型在模具合模状态的结构示意图。

图4为本实用新型在模具开模状态的结构示意图。

图1～图4中：1—定模板；2—楔块；3—簧柱；4—弹簧Ⅰ；5—顶销；6—弹簧Ⅱ；7—支撑板；8—滑块；9—限位挡块；10—侧型芯；11—推杆；12—凸模；13—塑件；14—动模板。

（5）具体实施方式

下面结合具体实施例对上述方案做进一步说明。应理解这些实施例是用于说明本实用新型而不是限制本实用新型的范围。实施例中采用的实施条件未注明的通常为常规实验中的条件。

请参照图1、图2、图3和图4所示的本实用新型实施例的一种注塑模侧抽芯机构，包括2—楔块、3—簧柱、4—弹簧Ⅰ、5—顶销、6—弹簧Ⅱ、8—滑块、9—限位挡块、10—侧型芯、14—动模板；所述4—弹簧Ⅰ安装在3—簧柱上；所述2—楔块安装固定在1—定模板上，并在开合模时固定不动；所述6—弹簧Ⅱ的一端固定在8—滑块上，一端连接5—顶销，6—弹簧Ⅱ和5—顶销在合模状态下处在9—限位挡块中；所述3—簧柱一端安装固定在9—限位挡块上，另一端穿过8—滑块；所述8—滑块安装在9—限位挡块中；所述10—侧型芯与8—滑块连接固定；所述9—限位挡块固定在7—支撑板上，并在开合模时随动模一起往复运动。

作为进一步的方案：所述8—滑块开设水平方向的锥孔和竖直方向的直孔；所述9—限位挡块开设水平方向的阶梯孔；所述弹簧Ⅰ、Ⅱ，型号各不相同；所述弹簧Ⅰ在合模时处于拉伸状态；所述弹簧Ⅱ在合模时处于压缩状态；所述侧抽芯机构要求对塑件外侧抽芯。

本实用新型是一种结构简单、使用方便，能提高塑件质量和降低模具制造成本的注塑模侧抽芯机构。当模具处于合模状态时，在楔块的作用下安装在簧柱上的弹簧Ⅰ处于拉伸状态，在滑块的作用下安装在顶销侧的弹簧Ⅱ处于压缩状态；开模时，在开模力的作用下，楔块和定模板固定不动，滑块、侧型芯、限位挡块、动模板等随动模一起离开定模；由于摆脱了楔块的作用，滑块和侧型芯在弹簧Ⅰ的弹力作用下相对限位挡块向上移动；继续开模，当滑块相对限位挡块向上运动到滑块左侧的锥孔时，顶销在弹簧Ⅱ的作用下弹出，插入锥孔，滑块停止运动，在与限位挡块的共同作用下，滑块在合模前始终处于该位置，完成侧抽芯，实现精准定位；合模时，在楔块的作用下滑块相对限位挡块下移，顶销在滑块的作用下向左运动，滑块、侧型芯和顶销正确复位。本实用新型在很大程度上降低了模具加工难度和制造成本，提高了成型带侧凹和侧孔塑件的质量。

　　最后应说明的是,以上实施例仅用于说明本实用新型的技术方案而非对本实用新型保护范围的限制。虽然说明书的实施例对本实用新型做了详细的描述,但并非每个实施方式仅包含一个独立的技术方案,本领域技术人员可以对本实用新型各实施例中的技术方案进行适当修改,形成本领域技术人员可以理解的其他实施方式。

　　6. 说明书附图

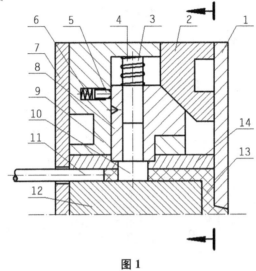

图 1

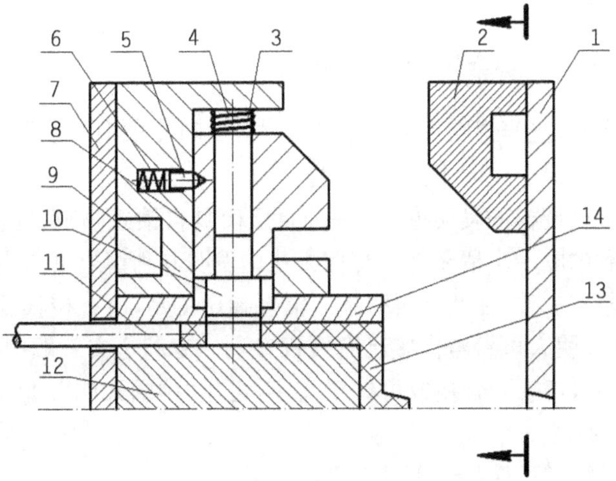

图 2

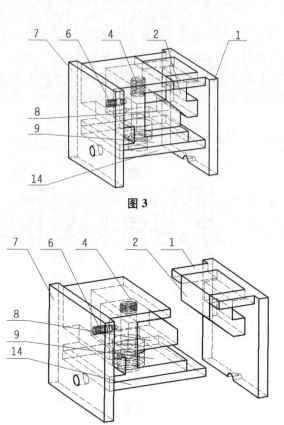

图 3

图 4

6.2.6 专利申请案例（发明专利）

申请发明专利,应当提交发明专利请求书、权利要求书、说明书、说明书摘要,有附图的应当同时提交说明书附图,并指定其中一幅作为摘要附图。下面以海尔集团公司申请且已授权的发明专利《一种叠层模具自锁式喷嘴》为例进行说明,阐述一项发明专利的电子申请文件的写作方法。发明专利请求书与实用新型专利请求书表格样式基本一致,在此不再赘述。需要指出的是,所有授权的专利全文都会公开,申请人和发明人可参考借鉴已有授权专利。专利全文一般扫描成图片、CAJ或 PDF 文档公开,若想要转换成可编辑文字,可用"中国知网"的 CAJ Viewer 打开后进行 OCR 识别。

1. 说明书摘要(不得超过 300 个字)

本发明涉及一种叠层模具自锁式喷嘴,安装在定模板的主流道中,包括主体和安装在主体底部的喷嘴头组件,主体加长至其顶端直接与注塑机的喷嘴固定连接,喷嘴头组件包括喷嘴头、截流塞、自锁挡块和弹性元件,喷嘴头的底部为用于胶料流出的喷嘴口,喷嘴头固定在主体上,自锁挡块固定安装在截流塞的上方,弹性元件安装在自锁挡块和截流塞之间,自锁挡块上设置有用于胶料通过的通孔,截流塞安装在喷嘴头内并利用进入喷嘴头内的胶料产生的压力而上下移动以封堵或脱离喷嘴口。本发明通过采用加长的自锁式喷嘴结构,简化了模具结构,大幅降低了模具成本,在注塑的同时进行进胶和封胶,注塑效率提高,同时有效解决了注塑溢料的问题。

2. 摘要附图

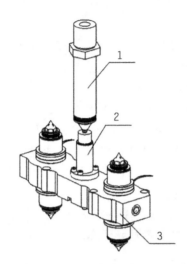

3. 权利要求书

(1) 一种叠层模具自锁式喷嘴,安装在定模板的主流道中,其特征在于:所述自锁式喷嘴包括主体及安装在主体底部的喷嘴头组件,所述主体加长至其顶端直接与注塑机的喷嘴固定连接。

(2) 一种叠层模具自锁式喷嘴,安装在定模板的主流道中,其特征在于:所述自锁式喷嘴包括主体和安装在主体底部的喷嘴头组件,所述喷嘴头组件包括喷嘴头、截流塞、自锁挡块和弹性元件,所述喷嘴头的底部为用于胶料流出的喷嘴口,所述喷嘴头固定在所述主体上,所述自锁挡块固定安装在所述截流塞的上方,所述弹性元件安装在所述自锁挡块和截流塞之间,所述自锁挡块上设置有用于胶料通过进入喷嘴头的通孔,所述截流塞安装在所述喷嘴头内并利用进入所述喷嘴头内的胶料产生的压力而上下移动以封堵或打开喷嘴口。

(3) 根据权利要求(2)所述的叠层模具自锁式喷嘴,其特征在于:所述截流塞包括三部分,上部为圆环形的第一凸台,中间为向外延伸的用于承载胶料压力的圆台,下部为长圆柱形的塞柱,所述塞柱的直径与所述喷嘴口的直径相匹配用于封堵喷嘴口,所述弹簧安装在上部第一凸台的中间空腔内,所述圆台的直径大于塞柱的直径并小于喷嘴头的内径。

(4) 根据权利要求(3)所述的叠层模具自锁式喷嘴,其特征在于:所述自锁挡块的中心具有向下延伸的一个圆环形第二凸台,所述弹簧安装在所述截流塞的第一凸台和自锁挡块的第二凸台之间。

(5) 根据权利要求(4)所述的叠层模具自锁式喷嘴,其特征在于:在所述第二凸台的外周固定连接一个密封套筒,所述密封套筒向下延伸至所述截流塞的第一凸台,将所述弹簧、第二凸台和第一凸台包围在其中。

(6) 根据权利要求(2)所述的叠层模具自锁式喷嘴,其特征在于:所述喷嘴头由两部分组成,上部为一个圆筒,安装在所述主体的内部,下部为一伸出所述主体外的锥头,所述锥头的底部为所述喷嘴口。

(7) 根据权利要求(6)所述的叠层模具自锁式喷嘴,其特征在于:在所述喷嘴头的外壁上设置有一圈卡槽,所述主体的底端部具有向中心收拢的圆环形底壁,所述卡槽卡在所述底壁的边缘上实现固定。

(8) 根据权利要求(6)所述的叠层模具自锁式喷嘴,其特征在于:所述自锁挡块上具有一环形槽,所述喷嘴头的顶部卡固在所述环形槽内。

(9) 根据权利要求(2)所述的叠层模具自锁式喷嘴,其特征在于:在所述自锁挡块的上方设置一个用于限定所述自锁挡块的喷嘴连接件,所述喷嘴连接件与所述主体通过过盈配合固定连接。

(10) 根据权利要求(2)所述的叠层模具自锁式喷嘴,其特征在于:所述主体加长至其顶端直接与注塑机的喷嘴固定连接。

4. 说明书

一种叠层模具自锁式喷嘴

(1) 技术领域

本发明涉及叠层注塑模具,特别涉及一种叠层模具自锁式喷嘴,属于注塑模具技术领域。

(2) 背景技术

叠层模具技术是区别于普通注塑模具的一种模具前沿技术,与普通注射模不同的是,在一副模具中将多个型腔在合模方向重叠布置,这种模具通常有多个分型面,每个分型面上可以布置一个或多个型腔,呈重叠式排列,简单地说,叠层模具就相当于将多副单层模具叠放在一起,安装在一台注塑机上进行注塑生产。与常规模具相比,叠层式模具锁模力只提高了 5%~10%,但产量可以增加 90%~95%,这就极大地提高了设备利用率和生产效率,具有产量高、生产及维护成本低和占地少等优点。此外,由于模具制造要求基本上与常规模具相同,且将多副型腔组合在一副模具中,所以模具制造周期也大大缩短。近几年来,叠层模具主要应用在小型扁平制品的注塑生产中。目前,采用叠层模具技术对于大型制品进行注塑生产也逐渐成为模具行业的发展方向。

叠层模具因特殊的模具结构形式,其浇注系统由两部分组成:第一部分是与注塑机喷嘴接触的模具主流道进胶系统,此部分固定在叠层模具的定模部分,不参与运动;

第二部分是与主流道进胶系统对接的用于成型型腔制品的辅流道进胶系统,此部分位于中间板部分,在开模过程中要与主流道喷嘴分离,同中间部分一同向开模方向运动。

鉴于叠层模具这一特殊的结构特点,对热流道浇注系统提出了更高的要求,特别是在主流道进胶系统与辅流道进胶系统对接位置极易造成溢料,引起熔料泄露粘于导柱、导套而影响模具的运转,进而影响模具生产。为解决热流道对接位置溢料的问题,通常采用两阀式热流道对接的方式,当模具闭合时与注塑机喷嘴相连接,注塑时两阀针打开,注塑结束,两阀针关闭,开模。但这种方式注塑工艺控制复杂、注塑工艺控制困难、模具成本高,针对一些外观要求不高的简单制品,不宜采用两阀式热流道对接的方式。

(3) 发明内容

本发明主要目的在于解决上述问题和不足,提供一种结构简单,可有效实现封胶,且大幅降低模具成本,提高注塑效率的叠层模具自锁式喷嘴。

为实现上述目的,本发明的技术方案是:

一种叠层模具自锁式喷嘴,安装在定模板的主流道中,所述自锁式喷嘴包括主体及安装在主体底部的喷嘴头组件,所述主体加长至其顶端直接与注塑机的喷嘴固定连接。

本发明的另一个技术方案是:

一种叠层模具自锁式喷嘴,安装在定模板的主流道中,所述自锁式喷嘴包括主体和安装在主体底部的喷嘴头组件,所述喷嘴头组件包括喷嘴头、截流塞、自锁挡块和弹性元件,所述喷嘴头的底部为用于胶料流出的喷嘴口,所述喷嘴头固定在所述主体上,所述自锁挡块固定安装在所述截流塞的上方,所述弹性元件安装在所述自锁挡块和截流塞之间,所述自锁挡块上设置有用于胶料通过进入喷嘴头的通孔,所述截流塞安装在所述喷嘴头内并利用进入所述喷嘴头内的胶料产生的压力而上下移动以封堵或打开喷嘴口。

进一步,所述截流塞包括三部分,上部为圆环形的第一凸台,中间为向外延伸的用于承载胶料压力的圆台,下部为长圆柱形的塞柱,所述塞柱的直径与所述喷嘴口的直径相匹配用于封堵喷嘴口,所述弹簧安装在上部第一凸台的中间空腔内,所述圆台的直径大于塞柱的直径并小于喷嘴头的内径。

进一步,所述自锁挡块的中心具有向下延伸的一个圆环形第二凸台,所述弹簧安装在所述截流塞的第一凸台和自锁挡块的第二凸台之间。

进一步,在所述第二凸台的外周固定连接一个密封套筒,所述密封套筒向下延伸至所述截流塞的第一凸台,将所述弹簧、第二凸台和第一凸台包围在其中。

进一步,所述喷嘴头由两部分组成,上部为一个圆筒,安装在所述主体的内部,下部为一伸出所述主体外的锥头,所述锥头的底部为所述喷嘴口。

进一步,在所述喷嘴头的外壁上设置有一圈卡槽,所述主体的底端部具有向中心收拢的圆环形底壁,所述卡槽卡在所述底壁的边缘上实现固定。

进一步,所述自锁挡块上具有一环形槽,所述喷嘴头的顶部卡固在所述环形槽内。

进一步,在所述自锁挡块的上方设置一个用于限定所述自锁挡块的喷嘴连接件,所述喷嘴连接件与所述主体通过过盈配合固定连接。

进一步,所述主体加长至其顶端直接与注塑机的喷嘴固定连接。

综上内容,本发明所述的一种叠层模具自锁式喷嘴,与现有技术相比,具有如下优点:

① 通过采用将自锁式喷嘴加长的结构,简化了模具结构,大幅降低了模具成本,在注塑的同时进行进胶和封胶,注塑效率提高。

② 采用加长的自锁式喷嘴结构,与辅流道对接喷嘴精密配合对接,有效解决了注塑溢料的问题。

③ 模具结构简单,动作可靠,自锁式喷嘴直接封胶技术减少了油缸、控制器等辅助设备,结构大幅简单化,且运动可靠,可满足生产需求。

（4）附图说明

图1是本发明自锁式喷嘴对接后的结构示意图。

图2是本发明自锁式喷嘴结构剖面图。

图3是本发明喷嘴头结构示意图。

图4是本发明截流塞结构示意图。

图5是本发明自锁挡块结构示意图。

如图1至图5所示,1—自锁式喷嘴,2—对接喷嘴,3—分流道,4—螺纹,5—主体,6—喷嘴头,6a—圆筒,6b—锥头,7—截流塞,7a—第一凸台,7b—圆台,7c—塞柱,8—自锁挡块,8a—第二凸台,9—喷嘴连接件,10—密封套筒,11—弹簧,12—喷嘴口,13—通孔,14—卡槽,15—底壁,16—环形槽。

（5）具体实施方式

下面结合附图与具体实施方式对本发明做进一步详细描述:

如图1所示,本发明所提供的一种叠层模具自锁式喷嘴,一般叠层模具都包括有动模板、定模板及中间板,在定模板中设置有主流道,在中间板中设置有辅流道,主流道与注塑机喷嘴接触,在进胶时,辅流道与主流道对接,胶料由注塑机进入主流道,再进入辅流道,最终进入型腔,在开模过程中,辅流道要与主流道分离,同时辅流道与中间板一同向开模方向运动。在主流道中设置有1—自锁式喷嘴,在辅流道中设置有2—对接喷嘴,辅流道与主流道对接是通过1—自锁式喷嘴和2—对接喷嘴相互对接实现的。在注塑时,1—自锁式喷嘴的12—喷嘴口可以自动打开,注塑结束后,1—自锁式喷嘴的12—喷嘴口可以自动关闭,切断主流道和辅流道,避免了在12—喷嘴口处溢料。辅流道包括两个3—分流道,胶料从主流道流入后,从两个3—分流道分别进入两个型腔。

如图 1 所示,本实施例中,将主流道内 1—自锁式喷嘴的 5—主体加长,使其顶端部直接与注塑机的喷嘴(图中未示出)连接,实现一体结构,注塑机内的胶料直接进入 1—自锁式喷嘴内,不但简化了模具结构,降低了模具成本,而且有利于 1—自锁式喷嘴的对接。在 1—自锁式喷嘴底部的外圆周表面上设置有 4—螺纹,1—自锁式喷嘴通过该 4—螺纹固定在定模板上。

如图 2 所示,本实施例中,1—自锁式喷嘴由 5—主体和安装在 5—主体底部的喷嘴头组件组成,喷嘴头组件包括 6—喷嘴头、7—截流塞、8—自锁挡块、9—喷嘴连接件、10—密封套筒和弹性元件。其中,弹性元件采用 11—弹簧,5—主体为长的圆筒状结构,其顶部与注塑机的喷嘴通过插接等方式固定连接,胶料由注塑机的喷嘴流出后直接进入 1—自锁式喷嘴的 5—主体内部。

如图 2 和图 3 所示,6—喷嘴头安装在 5—主体的底部,6—喷嘴头由两部分组成,上部为一个 6a—圆筒,安装在 5—主体的内部,6—喷嘴头的下部为一 6b—锥头,6b—锥头伸出 5—主体外,6b—锥头的底部为 12—喷嘴口,胶料从 12—喷嘴口中流出进入辅流道。6—喷嘴头的下部采用锥头结构,更有利于与 2—对接喷嘴顶部的流入口对接,密封性更好。在喷嘴头 6 的外壁上设置有一圈断面呈三角形的 14—卡槽,5—主体的底端部具有向中心收拢的圆环形 15—底壁,14—卡槽卡在 15—底壁的边缘上实现固定。

7—截流塞安装在 6—喷嘴头的内部,7—截流塞向下可以封堵 6—喷嘴头底部的 12—喷嘴口,胶料不会从 12—喷嘴口中流出;7—截流塞向上则可以打开 12—喷嘴口,以使胶料从 12—喷嘴口中流出进入 2—对接喷嘴内。

如图 4 所示,7—截流塞包括三部分,上部为圆环形的 7a—第一凸台,中间为向外延伸用于承载胶料压力的 7b—圆台,下部为长圆柱形的 7c—塞柱,7c—塞柱的直径与 12—喷嘴口的直径相匹配用于封堵 12—喷嘴口,11—弹簧安装在上部圆环形 7a—第一凸台的中间空腔内,7b—圆台的直径要大于 7c—塞柱的直径,同时 7b—圆台的直径还要小于 6—喷嘴头上部 6a—圆筒的内径,使 7—截流塞可以在 6—喷嘴头内自由上下移动,同时有利于胶料从 7—截流塞的上方进入下方以利用胶料的压力向上顶起 7b—圆台,使 7—截流塞向上移动。

8—自锁挡块安装在 11—弹簧的上方,如图 5 所示,8—自锁挡块中间向下延伸出一个圆环形的 8a—第二凸台,11—弹簧就安装在 7—截流塞的 7a—第一凸台和 8—自锁挡块的 8a—第二凸台之间。8—自锁挡块的上方为 9—喷嘴连接件,9—喷嘴连接件与 5—主体的内壁通过过盈配合固定连接,8—自锁挡块的下方为 6—喷嘴头,8—自锁挡块上具有一 16—环形槽,6—喷嘴头的顶部卡固在 16—环形槽内,8—自锁挡块被 9—喷嘴连接件和 6—喷嘴头固定在 5—主体内。在 8—自锁挡块的圆周上设置有多个 13—通孔,13—通孔的设置位置位于 6—喷嘴头的内侧,以使进入主体 5 内部的胶料通过 13—通孔进入 6—喷嘴头内,进而再利用胶料的压力向上顶起 7b—圆台,使 7—截流塞向上移动。

如图 2 所示,在 8a—第二凸台的外周固定连接一个 10—密封套筒,10—密封套筒向下延伸至 7—截流塞的 7a—第一凸台,10—密封套筒将 11—弹簧、7—截流塞的 7a—第一凸台和 8—自锁挡块的 8a—第二凸台密封包围在其中,以避免胶料进入而影响 11—弹簧的正常工作。

5—主体底部的直径大于上半部的直径,用于容纳 6—喷嘴头等。

在进行注塑前,先将主流道上的自锁式喷嘴 1 与辅流道上的 2—对接喷嘴进行对接,对接时,将 1—自锁式喷嘴底部的 6—喷嘴头的 6b—锥头部分插入 2—对接喷嘴中的胶料流入口中,此时,7—截流塞将 12—喷嘴口严密封堵。

开始注塑时,胶料由注塑机的喷嘴进入 1—自锁式喷嘴的 5—主体内,胶料穿过 8—自锁挡块上的多个 13—通孔进入 6—喷嘴头的内部,胶料顺着 7—截流塞与 6—喷嘴头之间的间隙继续向下流动,随着胶料的增加,压力也越来越大,进而向上顶起 7—截流塞中间部的 7b—圆台,使 7—截流塞向上移动,11—弹簧被压缩,7—截流塞的 7c—塞柱脱开 12—喷嘴口,12—喷嘴口被打开,胶料从 12—喷嘴口流入进入 2—对接喷嘴的内部,再通过两个 3—分流道分别进入两个型腔进行注塑。

注塑结束制品成型后,注塑机压力减小,胶料不再进入 1—自锁式喷嘴的 5—主体内,胶料越来越少,压力也随之降低,7—截流塞在 11—弹簧的作用下向下移动,7—截流塞的 7c—塞柱堵住 12—喷嘴口,剩余的胶料不会再从 12—喷嘴口中溢出,实现封胶。

如上所述,结合附图所给出的方案内容,可以衍生出类似的技术方案。但凡是未脱离本发明技术方案的内容,依据本发明的技术实质对以上实施例所做的任何简单修改、等同变化与修饰,均仍属于本发明技术方案的范围内。

5. 说明书附图

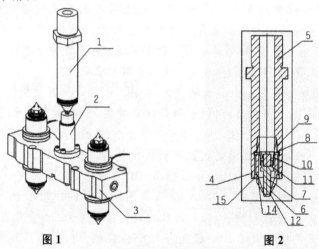

图 1   图 2

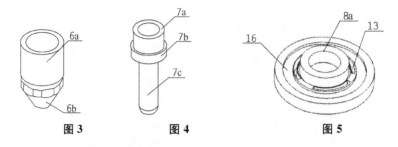

图 3　　　　　　　图 4　　　　　　　图 5

6.2.7　专利申请案例（外观设计专利）

申请外观设计专利,应当提交外观设计专利请求书、外观设计图片或照片,以及外观设计简要说明。下面以已授权的外观设计专利《车载冰箱(BCD 42)》(申请人:徐光焰)为例进行说明,阐述一项外观设计专利的电子申请文件的写作方法,由于外观设计专利申请较为简单,下面仅列出该外观设计专利的图片和简要说明。

1. 外观设计图片

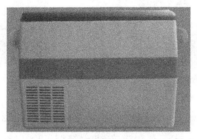

主视图

仰视图

俯视图

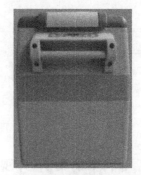

右视图   左视图

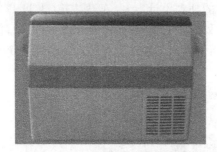

后视图   立体图

2. 外观设计简要说明

(1) 本外观设计名称为车载冰箱(BCD 42),用于冷藏。

(2) 本外观设计的设计要点在于车载冰箱(BCD 42)的外形。

(3) 立体图能表明设计要点。

参 考 文 献

[1] 国家知识产权局专利局. 专利电子申请使用流程简介[EB/OL]. [2015 - 05 - 12]. http://cponline. sipo. gov. cn/apply/953. jhtml.

[2] 《铸造技术》编辑部. 《铸造技术》投稿指南及稿约[EB/OL]. [2015 - 05 - 12]. http://www. formarket. net/bookinfo. aspx? type=4.

[3] 何世松,贾颖莲. 一种注塑模侧抽芯机构:中国,201720361980. 7[P]. 2017 - 10 - 22.

[4] 张平,王涛,黄俊. 一种叠层模具自锁式喷嘴:中国,201410101496. 1[P]. 2015 - 09 - 23.

[5] 徐光焰. 车载冰箱(BCD 42):中国,201330024642. 1[P]. 2013 - 06 - 19.

[6] 国家新闻出版广电总局. 关于重申"三审三校"制度要求暨开展专项检查工作的通知[Z]. 新广出办发〔2017〕59 号.

[7] 百度百科. 软件著作权[EB/OL]. [2017 - 07 - 19]. https://baike. baidu. com/item/%E8%BD%AF%E4%BB%B6%E8%91%97%E4%BD%9C%E6%9D%83.

[8] 董洁,黄付杰. 中国科技成果转化效率及其影响因素研究——基于随机前沿函数的实证

分析[J].软科学,2012,26(10)：15-20.

[9] 孙建中,黄玉杰.高校科技成果转化系统的因素分析与对策研究[J].河北经贸大学学报,2002(02)：88-92.

[10] 姚昆仑.美国、印度科技奖励制度分析——兼与我国科技奖励制度的比较[J].中国科技论坛,2006(06)：136-140.

[11] 危怀安,胡晓军.国家科技奖励获奖成果的经济效益分析[J].科研管理,2007(02)：146-151.

[12] 张功耀,罗娅.我国科技奖励体制存在的几个问题[J].科学学研究,2007(S2)：350-353.

[13] 张藤予.浅谈高校专利申请质量影响因素[J].知识产权,2014(04)：80-83.

[14] 张米尔,国伟,李海鹏.专利申请与专利诉讼相互作用的实证研究[J].科学学研究,2016,34(05)：684-689.

[15] 谭龙,刘文澜,宋赛赛.高新技术企业认定促进专利申请量增长的实证分析[J].技术经济,2013,32(04)：1-6.

[16] 梁正,罗猷韬,姚金伟.中国专利快速增长背后的结构性分析——基于专利申请统计数据[J].科技管理研究,2016,36(17)：158-165.

[17] 郭秋梅,刘莉.高校科技投入、专利申请及专利管理分析[J].研究与发展管理,2005(04)：87-93.

[18] 牟莉莉.高技术企业专利申请动机、行为与绩效关系研究[D].大连：大连理工大学,2011.

[19] 饶旻,林友明,郭红.专利申请与授权量的时间序列分析[J].运筹与管理,2007(06)：157-161.

[20] 张群,何丽梅,刘玉敏.从专利申请看高校科研创新能力的提升[J].图书情报工作,2006(08)：120-123.

[21] 侯媛媛,刘云,刘文澜,等.我国知识产权试点示范工作对专利申请活动的影响[J].技术经济,2014,33(02)：9-14.

[22] 郭风顺,左萌.高校专利申请特点研究与分析[J].技术与创新管理,2013,34(04)：309-311.

[23] 江楠.财政补贴对企业专利申请量的影响：中介作用及情景价值[D].成都：电子科技大学,2016.

[24] 金玉成,程龙.高校专利申请质量影响因素及提升策略[J].技术经济与管理研究,2017(04)：39-42.

附　　录

作为本书的重要组成部分,以下列出全球工程机械制造商50强、2016年度江苏省科学技术奖获奖名单、2016年度江西省科学技术奖名单等资料,供有关科研人员参考借鉴。

附录A　全球工程机械制造商50强

2017年9月18—9月19日,由中国工程机械工业协会、美国设备制造商协会、韩国建设机械制造商协会主办的第四届全球工程机械产业大会在北京召开。

大会发布了"2017年全球工程机械制造商50强排行榜"。在本届50强榜单中,中国企业入选数量最多,为12家,日本次之,为11家。此外,美国6家,德国5家,瑞典3家,法国3家。中国企业排名靠前的有徐工集团、三一重工、中联重工等。徐工集团成为唯一入选10强的中国企业。

全球工程机械50强榜单见表A-1。

表A-1　全球工程机械50强

排序	工程机械制造商	国别
1	卡特彼勒	美国
2	小松制作所	日本
3	日立建机	日本
4	利勃海尔	德国
5	沃尔沃建筑设备	瑞典
6	约翰迪尔	美国
7	徐工集团	中国
8	特雷克斯	美国
9	斗山工程机械	韩国
10	阿特拉斯·科普柯	瑞典

（续表）

排序	工程机械制造商	国别
11	豪士科	美国
12	三一重工	中国
13	山特维克	瑞典
14	JCB	英国
15	中联重科	中国
16	维特根集团	德国
17	神钢建机	日本
18	CNH 工业集团	意大利
19	美卓	芬兰
20	久保田	日本
21	现代工程机械	韩国
22	马尼托瓦克	美国
23	住友重机械	日本
24	多田野	日本
25	柳工集团	中国
26	威克诺森	德国
27	曼尼通集团	法国
28	海瑞克集团	德国
29	帕尔菲格	奥地利
30	阿斯太克	美国
31	卡哥特科(希尔博)	芬兰
32	法亚集团	法国
33	安迈集团	瑞士
34	铁建重工	中国
35	竹内制作所	日本
36	宝峨集团	德国
37	加藤制作所	日本

（续表）

排序	工程机械制造商	国别
38	利纳马集团（Skyjack）	加拿大
39	山推股份	中国
40	国机重工	中国
41	龙工	中国
42	爱知公司	日本
43	欧历胜集团	法国
44	厦工机械	中国
45	古河机械金属株式会社	日本
46	贝尔设备公司	南非
47	日工株式会社	日本
48	雷沃重工	中国
49	山河智能	中国
50	北方股份	中国

附录 B　关于 2016 年度江苏省科学技术奖推荐工作的通知

（苏科成发〔2016〕103 号）

各省辖市科技局（委）、省各有关部门、有关单位：

根据《江苏省科学技术奖励办法》的有关规定，现将 2016 年度省科学技术奖的推荐事项通知如下：

一、推荐方式

1. 单位推荐方式。各推荐单位应当建立科学合理的遴选机制，推荐本地区、本部门优秀项目。推荐的项目应在申报项目单位进行公示，公示内容包括主要完成人及其主要工作、项目简介、经济社会效益、知识产权和论文等。公示无异议或虽有异议但经核实处理后再次公示无异议的项目方可推荐。单位推荐仍实行限额，超指标推荐的不予受理。

各省辖市科技局（委）负责本地区（含驻地部省属科研院所）的推荐工作；省有关部门负责本部门（含直属单位）的推荐工作；部、省属高等院校由省教育厅归口推荐；医疗卫生单位由省卫生厅归口推荐。

推荐指标：南京 50 项（含在宁部属院所）、苏州 40 项、无锡 40 项、常州 40 项、南通 30 项、扬州 30 项、镇江 30 项、泰州 30 项、徐州 20 项、淮安 20 项、盐城 20 项、连云港 20 项、宿迁 20 项、昆山 5 项、常熟 5 项、泰兴 3 项、海安 3 项、沭阳 2 项；省教育厅 110 项、省卫生厅 100 项（含省医学会 10 项）、省总工会 3 项、其他厅局各 3 项、中科院南京分院 10 项、省农科院 10 项、省科协 10 项。

2. 专家推荐方式。四十周岁（1976 年 1 月 1 日）以下青年人牵头完成的基础类项目，可由 3 位专家联名推荐，其中 1 位应为中国科学院院士或中国工程院院士。专家应推荐本人所从事的学科或专业领域的项目，且每年只能推荐 1 次。专家推荐的项目无指标限制。当推荐项目出现异议时，推荐专家有责任协助处理。我厅进行项目公示时将同时公布推荐专家姓名。

二、推荐要求

1. 推荐省科学技术奖的项目，应当是在我省辖区内从事科学技术活动取得的。

2. 获 2015 年度省科学技术（一、二、三等）奖的前三名完成人今年不能参加申报项目。

3. 同一年度一人只能参加一个项目。

4. 涉密项目（或部分内容涉密）不能申报。

5. 2015 年度省科学技术拟奖励项目公示期间申请撤销的今年不能申报。2016 年起，省科学技术奖任何一次公示期间申请退出的项目，需间歇 2 年才能再次申报。

6. 应用类项目的 10 个核心知识产权、基础类项目的 8 篇代表性论文，必须是以前成果中未使用过的。有一个重复的，将作为形式审查不合格项目，取消今年的申报资格。

7. 申报省科学技术奖的项目必须填写《科技成果登记表》。《科技成果登记表》软件请在江苏省科学技术厅网站（http://www.jstd.gov.cn/kjgz/kjjL/index.html）上自行下载填写。由各推荐单位汇总后（只需电子版）与奖励推荐项目同时报送。

三、推荐材料及报送要求

1. 推荐材料包括

（1）推荐函 1 份，内容包括推荐项目公示结果以及推荐项目汇总表。推荐函应加盖推荐单位公章；专家推荐项目须是专家亲笔签名的推荐信。

（2）省科学技术一、二、三等奖推荐项目的纸质推荐书 2 份（原件、复印件各 1 份）。

2. 报送时间、地点

申报系统关网时间：2016 年 6 月 1 日 24 时（申报系统 IP、账号及密码另行通知）。

纸质推荐材料报送截止时间：2016 年 6 月 3 日止，逾期不受理。

报送地址：南京市龙蟠路 175 号，江苏省生产力促进中心 310 室（科技项目管理处）。

四、联系方式

省科技厅成果处：兰涛、张逍越，025—83213295、83213360

省生产力促进中心科技项目管理中心：刘耀东，025—85485929

附件：2016 年度省科学技术一、二、三等奖申报说明

江苏省科学技术厅

2016 年 4 月 12 日

附件

2016 年度省科学技术一、二、三等奖申报说明

一、申报重点

2016 年度省科学技术奖励工作，以增强自主创新能力，加速科技成果转化和产业化，促进创新驱动发展为核心，以推动企业技术创新、产业技术创新和社会发

展创新为重点,鼓励企业及产学研联合申报。重点奖励实现技术突破的原创性成果、带动产业整体升级和高端攀升的应用性成果、基础研究中被国内外同行所公认的科学发现以及显著改善民生和促进社会发展的重要成果。

二、专业设置

2016 年度省科学技术奖仍设 9 个专业组(见附件),请根据申报项目的专业内容准确选择填写。基础类成果按应用前景选择填写。

三、申报条件

1. 应用类科技成果

应是技术创新性突出,在实施技术发明、技术开发、社会公益、重大工程等项目中,取得关键技术或系统集成上的重要创新,而且是 2 年(2014 年 1 月 1 日)前完成整体技术应用并且效益显著、为江苏的经济建设和社会发展做出了重要贡献的。

应用类科技成果申报材料提供的 10 个核心知识产权,必须是以前获奖项目中未使用过的。有 1 个重复的,作为形式审查不合格项目,取消今年的申报资格。

2. 基础类科技成果

应是在科学研究中取得重要突破,其原创性成果为国内外同行所公认,提供的主要论文论著应当公开发表 2 年(2014 年 1 月 1 日)以上,且研究成果具有明确的应用前景,对提高江苏地区的科技创新能力有重要意义的。

基础类科技成果申报材料提供的 8 篇代表性论文论著,必须是以前获奖项目中未使用过的。有 1 篇重复的,作为形式审查不合格项目,取消今年的申报资格。

3. 申报省科学技术奖工人创新项目的必须是生产一线的工人。

四、填写要求

申报材料由《推荐书》和附件组成,分电子版和纸质版两种。《推荐书》是省科学技术奖励评审的主要依据,文字描述要准确、客观,突出项目的科学发现、技术发明或科技创新内容。《推荐书》需由各推荐单位按照分配的 IP 地址、账号和密码组织申报单位(人选)登录省科学技术奖励申报系统在线填写、打印生成,字型不小于 5 号,与各种附件材料的原件合订,即为纸质版"原始件"。电子版附件为 4M,将各种附件原件扫描排版通过申报系统打印、竖装,A4 纸型,与《推荐书》合订,即为纸质版"复印件"。一式 2 套(原始件 1 套、复印件 1 套)。

应用类科技成果的附件材料包括反映该成果实际应用两年(即关键技术在 2014 年 1 月 1 日前)以上的证明材料,如生产应用证明(必须有单位公章)、经济效益证明(必须有单位财务专用章)、技术转让协议、专利许可证明等。反映关键技术的 10 个核心知识产权持有人应是申报项目的完成人。

基础类科技成果的附件材料包括反映该成果内容的 8 篇代表性论文论著,以及 8 篇代表性论文论著主要他引论文引用页等证明。非申报项目完成人的论文不能作为 8 篇代表性论文。8 篇代表性论文论著必须是 2014 年 1 月 1 日前公开发表且主体工作为国内完成；如果是申报人在国外完成的，论文所署单位须有作者国内工作单位；论文有共同通讯作者（或共同第一作者）的，须有共同通讯作者（或共同第一作者）的签名同意书。

工人创新项目需提供被推荐人属于生产一线工人的证明。

五、公示制度

2016 年度省科学技术奖实行形式审查合格项目、专业组评审结果、拟奖励成果三阶段公示制度。形式审查合格项目公示时间 20 天，公示内容包括项目名称、完成人、完成单位和项目简介、主要知识产权目录、代表性论文论著目录、推广应用情况等；专业组评审结果公示 15 天，公示入围项目名称、完成人和完成单位；综合评审结果公示 7 天，公示拟奖励项目名称、奖励等级和项目完成人及完成单位。有异议的人员或者单位请在公示阶段提出异议，接受（实名）举报，过期不予受理。驻科技厅监察室负责监督评审全过程。

附：2016 年度省科学技术奖专业组（略）

附录 C　省政府关于 2016 年度江苏省科学技术奖励的决定
（苏政发〔2017〕13 号）

各市、县（市、区）人民政府，省各委办厅局，省各直属单位：

根据《江苏省科学技术奖励办法》的规定，经省科学技术奖励评审委员会组织评审，并报省人民政府批准，授予东南大学吕志涛院士 2016 年度江苏省科学技术突出贡献奖；授予"面向泛在服务的分布协同支撑技术及应用"等 187 个项目 2016 年度江苏省科学技术奖，其中，一等奖 30 项，二等奖 48 项，三等奖 109 项；授予宝胜科技创新股份有限公司等 6 家企业 2016 年度江苏省企业技术创新奖；授予雷伊•鲍曼（Ray Hengry Baughman）等 8 人 2016 年度江苏省国际科学技术合作奖。

当前，全省上下正在深入贯彻习近平总书记系列重要讲话特别是视察江苏重要讲话精神，认真践行新发展理念，按照省第十三次党代会的部署，凝心聚力推进"两聚一高"新实践。希望获奖单位和个人珍惜荣誉，担当使命，继续攀登科技高峰、创造新的业绩。广大科技工作者要向获奖者学习，大力发扬求真务实、勇于创新的科学精神，深入实施创新驱动发展战略，瞄准科技前沿，紧扣发展需求，在全面提高科技创新能力和深化科技体制改革方面不断取得新突破，为支撑经济转型升级、加快新旧动能转换、建设"强富美高"新江苏作出更大贡献，以优异成绩迎接党的十九大胜利召开。

附件：2016 年度江苏省科学技术奖获奖名单

江苏省人民政府

2017 年 2 月 17 日

附件

2016 年度江苏省科学技术奖获奖名单（主要完成人略）

一、省科学技术突出贡献奖（1 人）

吕志涛　东南大学

二、省科学技术一等奖（30 项）

1. 面向泛在服务的分布协同支撑技术及应用

完成单位：南京大学、国电南瑞科技股份有限公司

2. 卫星与无线通信融合系统研发及产业化

完成单位：东南大学、南京中网卫星通信股份有限公司、江苏大学

3. 半导体纳米结构调控、集成及器件应用基础

完成单位：南京大学

4. 系列传染病基因工程抗原、诊断试剂及检测技术的研制和应用

完成单位：中国人民解放军南京军区军事医学研究所、中国人民解放军军事医学科学院放射与辐射医学研究所、北京贝尔生物工程有限公司、深圳市普瑞康生物技术有限公司、无锡市申瑞生物制品有限公司

5. 冬夏双高效空调系统关键技术及建筑节能集成应用

完成单位：东南大学、江苏省建筑科学研究院有限公司、南京市建筑设计研究院有限责任公司、江苏河海新能源股份有限公司、南京五洲制冷集团有限公司

6. 农林废弃物资源能源化多联产工程化关键技术

完成单位：江苏强林生物能源材料有限公司、中国林业科学研究院林产化学工业研究所、东南大学、江苏乾翔新材料科技有限公司

7. 电力工控系统信息安全主动防御关键技术及核心装备

完成单位：国网江苏省电力公司电力科学研究院、南京南瑞集团公司、国网江苏省电力公司无锡供电公司、全球能源互联网研究院、北京智芯微电子科技有限公司、中国人民解放军理工大学、南京信息技术研究院

8. 肿瘤光学治疗与新型诊疗技术中的功能纳米材料研究

完成单位：苏州大学

9. 肿瘤相关标志物的识别与光电分析新方法研究

完成单位：南京大学

10. 功能型建筑化学外加剂专用端烯基聚醚的构建及应用

完成单位：江苏苏博特新材料股份有限公司、南京博特新材料有限公司

11. 高效光电极构建及太阳能-化学能转化研究

完成单位：南京大学

12. 全工况高性能泵关键技术研究及工程应用

完成单位：江苏大学、中国船舶重工集团公司第七〇二研究所、江苏振华泵业股份有限公司

13. 高速精密切削加工机床设计理论及其工程应用

完成单位：东南大学、南京航空航天大学、无锡机床股份有限公司、南京二机齿轮机床有限公司、南通航智装备科技有限公司

14. 高速大功率磁悬浮鼓风机关键技术

完成单位：南京航空航天大学、南京磁谷科技有限公司、沈阳工业大学

15. 全系列国家工频高电压标准装置研制与应用

完成单位：国网江苏省电力公司、中国电力科学研究院、国网电力科学研究院、苏州华电电气股份有限公司、国网青海省电力公司电力科学研究院、南京新联

电子股份有限公司

16．核岛用高性能关键金属构件精密塑性成形技术及装备

完成单位：南京航空航天大学、江苏华阳金属管件有限公司、中兴能源装备有限公司、丹阳市龙鑫合金有限公司

17．路面状况检测器设计理论、关键技术及其应用

完成单位：东南大学、交通运输部公路科学研究所、无锡市杰德感知科技有限公司、凯迈（洛阳）环测有限公司

18．距今 6 亿年前磷酸盐化动物和胚胎化石的发现与研究

完成单位：中国科学院南京地质古生物研究所、南京大学、中国科学院高能物理研究所

19．深井冻结法凿井关键技术与提升装备

完成单位：中国矿业大学、中煤邯郸特殊凿井有限公司、中煤特殊凿井有限责任公司、中煤科工集团南京设计研究院有限公司、山东新巨龙能源有限责任公司、内蒙古昊盛煤业有限公司、煤炭工业济南设计研究院有限公司、中煤科工集团武汉设计研究院有限公司、江苏省建筑科学研究院有限公司

20．湖泊光学的理论方法与水色遥感应用

完成单位：中国科学院南京地理与湖泊研究所、南京师范大学

21．中国东南部地幔性状及壳幔相互作用研究

完成单位：南京大学

22．船舶与海洋工程结构物全寿期可靠性评估与风险控制技术及应用

完成单位：江苏科技大学

23．钢桥面沥青铺装养护与保存技术

完成单位：东南大学、苏交科集团股份有限公司、天津城建滨海路桥有限公司、南通东南公路工程有限公司

24．国家级新品种京海黄鸡的培育与分子设计辅助育种

完成单位：扬州大学、江苏京海禽业集团有限公司

25．茶叶加工过程智能在线监测技术及新产品开发

完成单位：江苏大学、南京融点食品科技有限公司、安徽农业大学

26．足细胞损伤机制及临床转化研究

完成单位：南京军区南京总医院

27．肠道病毒 71 型疫苗临床应用关键技术

完成单位：江苏省疾病预防控制中心、东南大学、国药中生生物技术研究院有限公司、连云港市疾病预防控制中心、东海县疾病预防控制中心、射阳县疾病预防控制中心

28．中药资源产业化过程循环利用模式与适宜技术体系创建及其推广应用

完成单位：南京中医药大学、江苏苏中药业集团股份有限公司、江苏康缘药业股份有限公司、山东步长制药股份有限公司、陕西中医药大学、江苏神龙药业有限公司

29. 肝癌免疫微环境相关分子靶标发现及临床综合治疗新技术研发

完成单位：南京医科大学第一附属医院

30. 基于心血管病干预靶点的基础与临床研究

完成单位：南京医科大学

三、省科学技术二等奖（48 项）

1. 果蔬休闲食品组合干燥技术创新与应用

完成单位：江苏省农业科学院、江南大学、兴化市联富食品有限公司、苏州优尔食品有限公司

2. 气候变化对灌溉需水的影响与调控技术

完成单位：水利部交通运输部国家能源局南京水利科学研究院、河海大学、江苏省农村水利科技发展中心、南京信息工程大学

3. 清洁智能化大型饲料加工装备与成套系统的研发及产业化

完成单位：江苏牧羊控股有限公司、南京理工大学、江苏牧羊集团有限公司

4. 重布线/嵌入式圆片级封装技术及高密度凸点技术研发及产业化

完成单位：江苏长电科技股份有限公司

5. 海上风机基础的安装、运行维护关键技术研究与应用

完成单位：江苏海上龙源风力发电有限公司、江苏龙源振华海洋工程有限公司

6. 满足国Ⅴ排放标准的汽油车尾气催化剂及产业化

完成单位：无锡威孚环保催化剂有限公司、天津大学

7. 脉冲耦合网络趋同行为的理论与方法

完成单位：东南大学、重庆师范大学

8. 城市地理信息系统关键技术与应用

完成单位：南京师范大学、中国科学院地理科学与资源研究所、南京大学、江苏省测绘地理信息局、常州市公安局

9. 城市治安防控系统关键技术研究及集成应用

完成单位：南京市公安局、东南大学、南京邮电大学

10. "智慧沪宁高速"信息化系统工程创新

完成单位：江苏省邮电规划设计院有限责任公司、江苏宁沪高速公路股份有限公司、南京大学

11. 基于脂质技术突破甘草酸口服吸收瓶颈的肝病药物开发

完成单位：正大天晴药业集团股份有限公司

12．新型开关磁阻电机系统及其关键技术

完成单位：中国矿业大学、南京怡咖电气科技有限公司

13．大型新能源电站智能控制与运维关键技术研发及产业化

完成单位：中国电力科学研究院、国电南瑞南京控制系统有限公司、国网电力科学研究院

14．基于荷电态深循环技术的新型高效铅碳储能电池关键技术开发与应用

完成单位：江苏华富储能新技术股份有限公司、南京航空航天大学、江苏华富能源有限公司

15．大型电站燃烧制粉系统环保节能优化运行关键技术及装备

完成单位：江苏中能电力设备有限公司、西安热工研究院有限公司、西安交通大学

16．电动客车整车控制系统关键技术

完成单位：苏州海格新能源汽车电控系统科技有限公司、江苏大学

17．海洋油气工程用多耐多防电缆

完成单位：江苏远洋东泽电缆股份有限公司

18．大π共轭体系的结构设计、构筑及生物传感应用

完成单位：南京邮电大学、南京工业大学

19．军民两用网架式免充气空心轮胎

完成单位：江苏江昕轮胎有限公司、北京化工大学、重庆大学

20．洁净钢冶炼技术开发

完成单位：江苏沙钢集团有限公司

21．高分辨率电子电路光刻胶制备关键技术与应用

完成单位：江南大学、江苏广信感光新材料股份有限公司

22．油气输送用特殊环境管线钢工艺技术开发与应用

完成单位：南京钢铁股份有限公司、郑州大学、南京巨龙钢管有限公司

23．大规格高速精密磨轧辊砂轮研发与产业化

完成单位：江苏华东砂轮有限公司、湖南大学、盐城工学院、江苏华辰磨料磨具有限公司

24．新型钛系催化剂的研制及其在环保型聚酯上的应用技术开发

完成单位：中国石化仪征化纤有限责任公司、中国石化上海石油化工研究院

25．高性能重载挖掘机关键技术开发与应用

完成单位：三一重机有限公司、南京工业大学

26．同步回转油气混输泵及系统装置

完成单位：大丰丰泰流体机械科技有限公司、西安交通大学、西安庆港洁能科技有限公司、盐城市农业机械试验鉴定站、江苏策略自动化系统有限公司、南京杰

英普机械流体科技有限公司、盐城师范学院

27．全架控动拖混合型城轨车辆技术研究及应用

完成单位：中车南京浦镇车辆有限公司、南京地铁集团有限公司、南京中车浦镇城轨车辆有限责任公司

28．复合式土压平衡盾构机关键技术研发及产业化

完成单位：徐工集团凯宫重工南京有限公司、江苏凯宫隧道机械有限公司、大连理工大学

29．全自动智能探空装备

完成单位：南京大桥机器有限公司

30．第三代多功能超深水集约型海洋风电安装船的关键设计及制造技术

完成单位：南通中远船务工程有限公司、中远船务（启东）海洋工程有限公司、东南大学、江苏科技大学、江苏大学、江苏理工学院

31．电力计量终端可靠性保障关键技术、体系及应用

完成单位：国网江苏省电力公司电力科学研究院、中国电力科学研究院、东南大学、南京新联电子股份有限公司、国网江苏省电力公司镇江供电公司、江苏林洋电子股份有限公司

32．采煤成套机电装备智能控制关键技术及应用

完成单位：中国矿业大学、中平能化集团机械制造有限公司、苏州福德保瑞科技发展有限公司、西安煤矿机械有限公司、平顶山天安煤业股份有限公司、徐州华峰测控技术有限公司

33．高精密电子产品数字化成套生产线

完成单位：苏州博众精工科技有限公司

34．CRH6 型系列城际动车组齿轮箱

完成单位：中车戚墅堰机车车辆工艺研究所有限公司

35．深部含瓦斯煤体卸荷损伤增透理论与工程应用

完成单位：中国矿业大学

36．城市尺度高分辨率大气污染物排放清单技术研发及应用

完成单位：南京市环境保护科学研究院、南京大学

37．基于云计算的矿山安全生产物联网关键技术及应用

完成单位：中国矿业大学、南京理工大学、江苏三恒科技股份有限公司、中国科学技术大学苏州研究院、徐州江煤科技有限公司、无锡南理工科技发展有限公司

38．巨型复杂流域水电站群高效运行控制技术及应用

完成单位：南京南瑞集团公司、国网电力科学研究院

39．食品多模式超声辅助生物加工装备创制及其产业化应用

完成单位：江苏大学、江南大学、江苏江大五棵松生物科技有限公司、江苏恒

顺醋业股份有限公司、浙江古越龙山绍兴酒股份有限公司、江苏天琦生物科技有限公司

40. 长江中下游杨树食叶害虫暴发机制研究及可持续防控技术示范

完成单位：江苏省林业科学研究院、南京林业大学、湖北省林业科学研究院、徐州市林业有害生物检疫防治站、江苏省林业有害生物检疫防治站

41. 绿色水产营养调控技术体系构建及其在淡水鱼虾中的应用

完成单位：南京农业大学、中国水产科学研究院淡水渔业研究中心、江苏省淡水水产研究所、通威股份有限公司、江苏金康达集团

42. 水禽主要疫病快速诊断与防控技术的研究和应用

完成单位：江苏农牧科技职业学院、中国农业科学院上海兽医研究所、四川农业大学、福建省农业科学院畜牧兽医研究所、湖北省农业科学院畜牧兽医研究所

43. 土壤－植物系统中多环芳烃迁移转化过程及控制原理

完成单位：南京农业大学

44. 脑胶质瘤精准诊疗新技术的临床应用与机理研究

完成单位：南京医科大学第一附属医院、北京市神经外科研究所、天津医科大学总医院

45. 非小细胞肺癌个体化诊治新靶标非编码 RNA 的筛查及应用

完成单位：南京医科大学第一附属医院、南京医科大学第二附属医院、南京医科大学、江苏省肿瘤医院

46. 烧创伤创面修复相关材料的基础及应用研究

完成单位：无锡市第三人民医院、苏州大学、江南大学、无锡贝迪生物工程股份有限公司

47. 2 型糖尿病胰岛 β 细胞损伤的分子机制研究

完成单位：南京医科大学

48. PPI 逆转肿瘤酸性微环境改善胃癌恶性生物学行为的机制研究

完成单位：南京大学医学院附属鼓楼医院、复旦大学

四、省科学技术三等奖(109 项)

1. 基于融合架构的 ICT 云开放平台产品及大规模应用

完成单位：南京中兴新软件有限责任公司、南京邮电大学、上海交通大学

2. 基于 SDN 的下一代云数据中心产业应用

完成单位：南京中兴新软件有限责任公司

3. 轨道交通收费系统网络化运营关键技术

完成单位：南京熊猫信息产业有限公司、南京熊猫电子股份有限公司、东南大学

4. 复杂系统辨识、同步控制及其应用

完成单位：南京邮电大学、江南大学、东南大学

5. 泛在环境下的无线多媒体感知与传输技术应用及产业化

完成单位：南京邮电大学、南京三宝科技股份有限公司、中兴软创科技股份有限公司、江苏省精创电气股份有限公司

6. 协同无线网络中非理想条件下信号处理与资源优化

完成单位：中国人民解放军理工大学

7. 低损耗大容量石英光纤及其高效率制备的关键技术与产业化

完成单位：江苏亨通光纤科技有限公司、江苏亨通光电股份有限公司

8. 面向自然语言文本的句子级与篇章级语义分析研究

完成单位：苏州大学

9. 虚拟化安全可信双云解决方案

完成单位：南京中兴软件有限责任公司、浙江大学

10. 基于大数据的用电信息采集线损分析专家系统

完成单位：光一科技股份有限公司

11. 基于新一代基因测序技术的个性化医疗云计算平台

完成单位：江苏华生基因数据科技股份有限公司、河海大学、盐城工学院

12. 微信营业厅平台研发与产业化

完成单位：亚信科技（南京）有限公司

13. 盐酸莫西沙星原料及其制剂的技术再创新与产业化

完成单位：南京优科制药有限公司、南京优科生物医药集团股份有限公司、南京优科生物医药研究有限公司

14. 胃癌相关特异性标志物的研究和血清学诊断试剂盒的研制及应用

完成单位：江苏省原子医学研究所、南京市第一医院、无锡市人民医院

15. 模式生物家蚕在生命科学研究中的应用

完成单位：江苏大学、江苏科技大学、中国科学院上海生命科学研究院

16. 水凝胶生物材料的应用基础研究

完成单位：南京理工大学

17. 新能源汽车动力电池材料烧成炉及自动化上下料系统

完成单位：苏州汇科机电设备有限公司

18. 新能源汽车用高能锂离子电池动力电源系统关键技术研究与应用

完成单位：江苏春兰清洁能源研究院有限公司、江苏大学、泰州职业技术学院

19. 2MW 低风速双馈风力发电机组

完成单位：国电联合动力技术（连云港）有限公司、淮海工学院

20. 特高压用节能型输电材料及产品关键技术研究及应用

完成单位：江苏中天科技股份有限公司、上海中天铝线有限公司、上海交通大

学、中天电力光缆有限公司、江东金具设备有限公司

21. 大规模间歇能源接入下电网互补协调优化与闭环控制技术研究与应用

完成单位：国电南瑞南京控制系统有限公司、国网江苏省电力公司、国网江苏省电力公司苏州供电公司、国电南瑞科技股份有限公司、国网北京市电力公司

22. 矿用高性能无传感器开关磁阻调速系统关键技术与应用

完成单位：中国矿业大学、徐州中矿大传动与自动化有限公司

23. 纳米级超光滑大尺寸热交换法蓝宝石衬底技术研发及产业化

完成单位：江苏吉星新材料有限公司

24. 新型电力谐波污染治理与节能装置关键技术及应用

完成单位：江苏德顺祥电气有限公司、南京航空航天大学、镇江中茂电子科技有限公司

25. 工业秸秆灰废渣资源化生产低温胶凝材料的研发及产业化

完成单位：淮安市楚城水泥有限公司

26. 高比容量锂离子电池电解液

完成单位：张家港市国泰华荣化工新材料有限公司

27. 特高压 GIS 现场冲击试验技术研究、装备开发及示范应用

完成单位：国网江苏省电力公司电力科学研究院、国网江苏省电力公司南京供电公司、中国电力科学研究院、西安交通大学、扬州市鑫源电气有限公司

28. 基于无线专网全寿命周期的智能配用电测控保护计量集成系统关键技术与应用

完成单位：东南大学、江阴长仪集团有限公司

29. 风力发电并网接入关键技术研究及成套设备研制

完成单位：国电南瑞科技股份有限公司、河海大学、国网江苏省电力公司、国电南瑞南京控制系统有限公司、国网江苏省电力公司苏州供电公司

30. 广域协同式变电站监控系统研发与应用

完成单位：国电南瑞科技股份有限公司、国网江苏省电力公司、国网江苏省电力公司苏州供电公司

31. 大型商用核电站寿命评价关键技术及应用

完成单位：苏州热工研究院有限公司

32. 坚强智能配用电开关设备关键技术创新及其产业化应用

完成单位：江苏现代电力科技股份有限公司、国网江苏省电力公司南通供电公司、国网江苏省电力公司盐城供电公司

33. 超高强铝合金材料的增材制造关键技术研究与应用

完成单位：江苏理工学院、常州大学、常州市蓝托金属制品有限公司

34. 超低温氟橡胶的关键技术研发及产业化

完成单位：江苏梅兰化工有限公司

35. 高性能淀粉基环保纺织浆料的关键制备技术与产业化应用

完成单位：江南大学、宜兴市军达浆料科技有限公司

36. 高强度压实钢丝绳关键技术研发及产业化

完成单位：江苏赛福天钢索股份有限公司

37. 工业涂装用环保型树脂及涂料水性化关键技术、产业化及应用

完成单位：中海油常州涂料化工研究院有限公司、中海油常州环保涂料有限公司

38. 高效变频电机用纳米粒子改性超高耐电晕绝缘系统

完成单位：苏州巨峰电气绝缘系统股份有限公司

39. 高效生物分离纯化介质的规模化生产技术

完成单位：苏州纳微科技有限公司

40. 基于膜技术的制盐清洁生产新工艺及其产业化

完成单位：中盐金坛盐化有限责任公司、南京工业大学、江苏久吾高科技股份有限公司

41. 面向多维构筑高效荧光量子点杂化材料的设计与器件研究应用

完成单位：南京工业大学

42. 新型电解槽与氯化钴电积新技术研究及其产业化

完成单位：江苏凯力克钴业股份有限公司、北京矿冶研究总院

43. 功能导向的先进微纳米结构材料的可控合成及构效关系

完成单位：江苏大学、南京大学

44. 韧性铁-铬-铝铁素体电热合金

完成单位：江苏星火特钢有限公司

45. 太阳集能少反射铝箔

完成单位：江阴新仁科技有限公司

46. 绿色轮胎用超高强度钢帘线关键技术研发及产业化

完成单位：江苏兴达钢帘线股份有限公司、东南大学、南京科润工业介质股份有限公司

47. 二维材料-贵金属复合体系的光学性质检测与调控

完成单位：东南大学、泰州巨纳新能源有限公司

48. 用于风力发电领域关键性高强度耐腐蚀发电机主轴大型模锻成型技术研发及运用

完成单位：江阴南工锻造有限公司

49. 炼油装置热高分高压快速切断球阀的研发及应用

完成单位：无锡智能自控工程有限公司

50. 1000 MW 等级汽轮机末级长叶片产业化关键制造技术研究及应用

完成单位：江南大学、无锡透平叶片有限公司

51. 海洋钻井平台升降系统研发及产业化

完成单位：上海振华重工集团（南通）传动机械有限公司、上海振华重工（集团）股份有限公司、南通大学

52. 新一代高性能激光夜视关键技术的研究与应用

完成单位：江苏精湛光电仪器股份有限公司、扬州大学、南京邮电大学

53. 特大型混流泵和轴流泵及装置研制与应用

完成单位：扬州大学、江苏航天水力设备有限公司、上海凯泉泵业（集团）有限公司、江苏省水利勘测设计研究院有限公司

54. 高效油气输送用泵关键技术研究及产业化

完成单位：江苏大学、上海凯泉泵业集团有限公司、江苏国泉泵业制造有限公司、山东硕博泵业有限公司

55. 步履式液压挖掘机关键技术研究及产业化

完成单位：徐工集团工程机械股份有限公司

56. 磁悬浮电机系统基础理论与应用关键技术

完成单位：江苏大学

57. 大型管道穿越关键技术研究及装备应用

完成单位：徐州徐工基础工程机械有限公司、中国地质大学（武汉）、东南大学、黄山金地电子有限公司

58. SMC－5000 智能化电液控制滑模摊铺机的研发及应用

完成单位：江苏四明工程机械有限公司、东南大学

59. 高精度数控回转工作台关键技术研究及开发应用

完成单位：南京工业大学、南京工大数控科技有限公司、烟台环球机床附件集团有限公司

60. 47～90 吨大型液压挖掘机关键技术应用及产业化

完成单位：徐州徐工挖掘机械有限公司

61. 风电安装关键技术研究及吊装设备开发

完成单位：徐州重型机械有限公司

62. 超（超）临界发电机组配套电动执行机构

完成单位：扬州电力设备修造厂有限公司

63. 承压容器、管道智能焊接装备

完成单位：昆山华恒焊接股份有限公司、昆山华恒工程技术中心有限公司、昆山华恒机器人有限公司

64. 嫦娥二号伽马射线谱仪

完成单位：中国科学院紫金山天文台

65. 地铁高效冷水机组的研究开发和应用

完成单位：南京天加空调设备有限公司、广州地铁集团有限公司

66. 环保轻量化瓶装饮用水吹灌旋一体化关键技术装备及应用

完成单位：江苏新美星包装机械股份有限公司、江南大学

67. 智能化安全型随车起重机的开发及应用

完成单位：三一帕尔菲格特种车辆装备有限公司、三一汽车起重机械有限公司

68. 大型抗结焦乙烯裂解炉

完成单位：卓然（靖江）设备制造有限公司、西安交通大学、中海石油炼化有限责任公司惠州炼化分公司、中国石化工程建设公司

69. 玻镁板成型工艺及高效加工成套装备

完成单位：张家港市玉龙科技板材有限公司、江苏科技大学

70. 聚合物挤出法非织造气流拉伸关键技术及应用

完成单位：苏州大学、东华大学

71. 锂电池全自动焊接卷绕一体机的研发及产业化

完成单位：无锡先导智能装备股份有限公司

72. 可变径柔性滚弯高精度数控二辊卷板机

完成单位：南通超力卷板机制造有限公司、南京航空航天大学

73. 非公路车辆翻车保护技术及应用

完成单位：徐州工程机械集团有限公司、吉林大学

74. 起重机械安全与节能保障关键技术与工程应用

完成单位：江苏省特种设备安全监督检验研究院、南京理工大学、中国矿业大学

75. 轻纺消费品中生态安全危害因子监控技术的研究及应用

完成单位：江苏出入境检验检疫局工业产品检测中心、江苏省检验检疫科学技术研究院

76. 江苏省饮用水源地环境安全保障关键技术与应用

完成单位：江苏省环境科学研究院、上海市环境科学研究院、河海大学、江苏省环境应急与事故调查中心

77. 消费品高效节能与环境安全关键影响因子检测技术研究与应用

完成单位：中华人民共和国南京出入境检验检疫局、中华人民共和国江苏出入境检验检疫局、南京诺威尔光电系统有限公司

78. 南京地铁试运营安全保障关键技术及应用

完成单位：南京地铁集团有限公司、中国安全生产科学研究院、中铁电化集团

南京有限公司

79. 基于物联网技术的火灾环境监测及预防反演研究

完成单位：南京理工大学、北方信息控制集团有限公司

80. 资源环境承载力评估方法及应用

完成单位：南京大学、江苏省土地勘测规划院

81. 基于物联网的饮用水全过程在线监测与管理系统集成关键技术及应用

完成单位：江苏美森环保科技有限公司、中国水利水电科学研究院、常州大学

82. 现代工程材料多尺度力学理论方法及高性能仿真技术

完成单位：河海大学

83. 桥梁协同减隔震关键技术研究与应用

完成单位：南京工业大学、中交公路规划设计院有限公司、江苏省交通工程建设局、苏交科集团股份有限公司、江苏省交通规划设计院股份有限公司

84. 敏感环境下复合地层盾构隧道工程综合技术与应用

完成单位：南京地铁建设有限责任公司、上海隧道工程有限公司、广州地铁设计研究院有限公司、上海市城市建设设计研究总院、上海盾构设计试验研究中心有限公司

85. 铰链式混凝土生态护坡关键技术创新及其推广应用

完成单位：金陵科技学院、河海大学、江苏科技大学、南京市长江河道管理处、连云港市市区水工程管理处

86. 超大型散货船和油船水动力性能预报优化技术研究

完成单位：中国船舶重工集团公司第七〇二研究所、上海船舶运输科学研究所

87. 城市轨道交通综合监控系统

完成单位：国电南京自动化股份有限公司、南京国电南自轨道交通工程有限公司

88. 农林剩余物低能耗清洁制浆关键技术及产业化

完成单位：中国林业科学研究院林产化学工业研究所、山东晨鸣纸业集团股份有限公司、山东华泰纸业股份有限公司、江苏金沃机械有限公司

89. 小麦抗病抗逆种质资源的发掘与创新利用

完成单位：江苏省农业科学院、江苏瑞华农业科技有限公司

90. 稻田农药精准减量使用关键技术及其应用

完成单位：江苏省农业科学院、南京农业大学、江苏省植物保护站、全国农业技术推广服务中心、扬州大学

91. 创制杀菌剂丁吡吗啉

完成单位：江苏耕耘化学有限公司、中国农业大学、中国农业科学院植物保护

研究所

92. 生态高效发酵床养猪技术体系创建与应用

完成单位：江苏省农业科学院、南京农业大学、扬州大学、江苏省畜牧总站、江苏沿海地区农业科学研究所

93. 精细农作高性能变量施肥播种装备关键技术研究及应用

完成单位：连云港市威迪机械有限公司、淮海工学院、连云港市神龙机械有限公司

94. 耐盐柳树育种关键技术创新与应用

完成单位：江苏沿江地区农业科学研究所、山东省林业科学研究院、南通市通州区林业技术指导站

95. 江滩地区血吸虫病传播阻断关键技术创新与集成示范

完成单位：江苏省血吸虫病防治研究所、中国疾病预防控制中心寄生虫病预防控制所、扬州市疾病预防控制中心、扬州市邗江区疾病预防控制中心、湖北金海潮科技有限公司

96. 孕期尼古丁对宫内胎儿发育影响的评估及胎源性心血管疾病编程机制的研究应用成果

完成单位：苏州大学附属第一医院

97. 血管狭窄性疾病干预的创新与应用

完成单位：苏州大学附属第一医院、华东理工大学

98. 内分泌与代谢性疾病的分子遗传学及与代谢因素的交互作用研究

完成单位：徐州市中心医院、上海交通大学医学院附属瑞金医院

99. 中国汉族 DEL 血型形成的分子机理及临床应用

完成单位：无锡市第五人民医院、深圳市第二人民医院、深圳市血液中心

100. 多发性骨髓瘤预后相关分子靶标研究及临床应用

完成单位：南京医科大学第一附属医院、江苏省省级机关医院

101. 肿瘤辐射增敏机制及其临床应用研究

完成单位：苏州大学、上海交通大学医学院附属瑞金医院、常州市第二人民医院

102. 肝癌表观遗传学修饰表型的建立与化疗耐药相关分子机制研究

完成单位：常州市肿瘤医院、上海东方肝胆外科医院

103. 前列腺癌的发病机制研究及早期诊断、治疗预后的临床应用研究

完成单位：南京医科大学附属无锡第二医院、第二军医大学第一附属医院、江苏省老年医院

104. 阿尔茨海默病的血管-免疫异常机制研究与调控

完成单位：江苏省苏北人民医院、南京医科大学、南京市第一医院、武汉市普爱医院

105. 手部屈肌腱早期临床修复方法的创新和应用及系列基础研究

完成单位：南通大学附属医院、南通大学

106. Sigma‐1受体对阿尔茨海默病的预防和治疗作用及其分子机制的研究

完成单位：南京医科大学、南京医科大学第一附属医院

107. 肺癌外科综合诊疗技术集成创新及转化

完成单位：江苏省肿瘤医院、南京医科大学第一附属医院、江苏省老年医院、无锡市第四人民医院

108. 新型基因分型技术平台的系统研发与临床转化

完成单位：苏州市立医院、天昊生物科技有限公司

109. 炎症信号分子在斑块演进致"心‐脑组织"缺血‐损伤的相关研究

完成单位：江苏大学附属医院

五、省企业技术创新奖（6家）

1. 宝胜科技创新股份有限公司

2. 南京高速齿轮制造有限公司

3. 中利科技集团股份有限公司

4. 江苏协鑫硅材料科技发展有限公司

5. 常州强力电子新材料股份有限公司

6. 江苏省邮电规划设计院有限责任公司

六、省国际科学技术合作奖（8人）

1. 雷伊·鲍曼（Ray Hengry Baughman）（美国籍）

合作单位：江南石墨烯研究院

2. 邹晓蕾（ZOU XIAOLEI）（美国籍）

合作单位：南京信息工程大学

3. 马库·库马拉（Markku Kulmala）（芬兰籍）

合作单位：南京大学

4. 博世强（John L. Brash）（加拿大籍）

合作单位：苏州大学

5. 章·迈克·瑞根斯坦（Joe Regenstein）（美国籍）

合作单位：江南大学

6. 邓林红（DENG LINHONG）（加拿大籍）

合作单位：常州大学

7. 查尔斯·杰里米·布朗（Charles Jeremy Brown）（英国籍）

合作单位：江苏亨通光电股份有限公司

8. 皮特·达米安·霍奇森（Peter Damian Hodgson）（澳大利亚籍）

合作单位：江苏华能电缆股份有限公司

附录 D　江西省科学技术厅关于做好 2016 年度 江西省科学技术奖励推荐工作的通知

(赣科发成字〔2016〕20 号)

各设区市科技局,省直有关部门,有关单位:

根据《江西省科学技术奖励办法》《江西省科学技术奖励办法实施细则》以及《江西省科技厅关于科技奖励制度改革工作的意见》要求,现将 2016 年度省科学技术奖推荐工作的有关事项通知如下:

一、推荐办法和要求

2016 年度江西省科学技术奖推荐工作采取单位推荐或专家推荐两种方式。

(一)单位推荐

1. 江西省自然科学奖、技术发明奖和科学技术进步奖

各推荐单位应当建立科学合理的遴选机制,推荐本地区、本部门的优秀项目。推荐的项目应在本地区、本部门范围内进行公示,并责成项目主要完成人所在单位进行相应公示,公示无异议或虽有异议但经核实处理后再次公示无异议的项目方可推荐。

省科技奖的申报推荐程序,原则上按照候选项目第一候选单位(人)的直属或属地关系逐级申报,经符合《奖励办法》规定的推荐单位审查合格后推荐。两个或两个以上单位合作完成的科技进步奖候选项目,若第一候选单位是省外的,且已在我省实施应用,创造了显著的经济效益或者社会效益,对我省的经济建设、社会发展做出重要贡献的,经征得第一候选单位及其主管部门同意,可以按照省内排序最前候选单位的直属或属地关系申报推荐。

中央在赣单位完成的项目,可以按照属地关系或行业归口关系或代管关系申报推荐。省科技厅直属单位和没有明确主管单位的候选项目、候选人由所在地设区市推荐。

2. 江西省国际科学技术合作奖

应当是经 2 年以上(距 2016 年 4 月 30 日满 2 年)与在赣中国公民或组织的国际科学技术合作中,对我省科学技术事业做出重要贡献的外国科学家、工程技术人员、科技管理人员和科学技术研究、开发、管理等组织。

(二)专家推荐

中国科学院院士、中国工程院院士,国家自然科学奖、国家技术发明奖获得者,或国家科技进步一等奖的获得者(名列前二位),可 2 人以上共同推荐所熟悉的学科(专业)1 项。

（三）推荐项目（人选）的基本条件

凡推荐 2016 年度省科学技术奖的候选人、候选单位、候选项目，其科技成果必须在 2016 年 3 月 25 日前完成登记，并在 4 月 30 日前成果无异议；同时推荐项目（人选）必须符合《江西省科学技术奖励条例实施细则》中规定的推荐要求和下列条件：

1. 推荐江西省自然科学奖项目提供的主要论文论著应当于 2014 年 4 月 30 日前公开发表；技术发明奖和科学技术进步奖项目应当于 2014 年 4 月 30 日前完成整体技术应用。

2. 列入国家或省部级、市厅级计划、基金支持的项目，应当在项目整体验收通过后推荐。

3. 候选人同一年度只能作为 1 个推荐项目的前三位完成人参加省科技奖评选。候选人不是候选单位或申报单位的，应当经所在工作单位出具书面同意意见，并提供对项目所做出的创造性贡献的原始证明后推荐。在科学研究、技术开发等项目中仅从事组织管理和辅助服务的工作人员，以及在项目实施期间身份为党政机关公务人员的，一律不得作为省科技奖的候选人。

二、推荐书填写要求

推荐书是江西省科学技术奖评审的主要依据，请推荐单位（专家）按照《2016 年度江西省科学技术奖励推荐工作手册》要求填写审核，推荐书应当完整、真实，内容要准确、客观。候选项目（人选）申报需在江西省科学技术奖励办公室网站（http://218.64.59.122/）下载"2016 科技奖项目填写系统（2016 客户端）"，离线填写推荐书，登录"江西省科技成果奖励评审系统"，按照要求上传、提交。

候选项目（人选）不得有涉密内容。

三、推荐材料报送要求

请推荐单位按规定做好 2016 年度江西省科学技术奖推荐材料的填写、审核工作，并以正式公函的方式报送推荐材料。发函要求为：各设区市推荐单位应是人民政府或办公厅发文，省直有关部门、直属机构，以及其他直属事业单位和社会团体等推荐单位应是部门发文；经省科技厅认定的符合资格条件的其他推荐单位，应以单位法人名义行文，并由本单位法人代表签字认可后报送发文。

报送的推荐材料包括：（1）推荐函 1 份，内容应包括推荐项目公示情况及结果，推荐项目数量和汇总表（附件 1）；（2）纸质推荐书原件 1 份，推荐书主件、附件应一并装订，不要封皮；（3）江西省科学技术进步奖科普类项目还需附 3 套科普作品。

四、推荐工作安排

1. 推荐单位对拟申报的项目进行遴选后，于 3 月 25 日之前一次性向省科技奖励办公室申请推荐指标。

各单位于 2016 年 3 月 25 日起，进入"江西省科技成果奖励评审系统"，根据推荐指标数,生成报奖项目的密码,并分发给相应的项目候选人(候选单位)。由专家推荐的报奖项目的推荐号和校验码,由推荐人到省奖励办公室领取。

2. 申报单位(人)用项目推荐号和校验码登录《江西省科学技术奖励申报推荐系统》,按规定填写项目推荐书主件,导入附件电子文档,确认填写完整、准确后,在网上向推荐单位(专家)提交,将在线打印的纸质推荐书主件、连同附件按要求提交给推荐单位审核。

3. 推荐单位(专家)对提交的项目应当在网上进行严格的形式审查,确认完整、真实、无误后,填写推荐意见并完成网上推荐。网上申报推荐截止日期为 4 月 24 日。

4. 项目纸质推荐材料报送截止日期为 4 月 30 日,逾期不予受理。

五、联系方式

联系人及电话:史建红 0791 - 86253639

赵　华 0791 - 86263488

传真:0791 - 86255132

附件:1. 推荐 2016 年度江西省科学技术奖项目(人选)汇总表

2. 2016 年度江西省科学技术奖励推荐工作手册(网上另发)

江西省科学技术厅

2016 年 2 月 5 日

附录 E　江西省人民政府关于 2016 年度江西省科学技术奖励的决定

（赣府发〔2017〕22 号）

各市、县（区）人民政府，省政府各部门：

为贯彻落实新发展理念，促进创新引领、产业转型、发展升级，根据《江西省科学技术奖励办法》，省政府决定对为我省科学技术进步、经济社会发展作出重要贡献的科技工作者和组织给予奖励。

授予"非常规结构光催化剂构建及其性能调控机制"等 2 项成果省自然科学奖一等奖，"微生物与纳米技术的交叉应用"等 6 项成果省自然科学奖二等奖，"几类线性与非线性矩阵方程的高效数值求解方法研究"等 9 项成果省自然科学奖三等奖；授予"基于云计算的高可用安全计算环境关键技术及应用"省技术发明奖一等奖，"蜜蜂仿生免移虫产浆和育王新技术"等 5 项成果省技术发明奖二等奖，"平板显示器用防静电超薄镀膜基板加工技术研发及产业化"等 10 项成果省技术发明奖三等奖；授予"柴油升级后重大质量事故成因分析与关键技术开发"等 7 项成果省科学技术进步奖一等奖，"以电网低碳化为特征的智能电网综合集成技术研究与示范"等 25 项成果省科学技术进步奖二等奖，"红壤旱地秸秆全程覆盖提升技术研究与示范"等 41 项成果省科学技术进步奖三等奖。

全省科技工作者要向获奖者学习，深入学习贯彻习近平总书记系列重要讲话精神，继续发扬求真务实、勇于创新的科学精神和服务社会、造福人民的优良传统，加快科技创新步伐，为决胜全面小康、建设富裕美丽幸福江西作出新的更大贡献。

附件：2016 年度江西省科学技术奖名单

江西省人民政府
2017 年 5 月 27 日

附件

2016 年度江西省科学技术奖名单

一、自然科学奖（17 项）

一等奖（2 项）

1. 项目名称：非常规结构光催化剂构建及其性能调控机制

主要完成人：余长林（江西理工大学），谢宇（南昌航空大学），杨凯（江西理工大学），樊启哲（江西理工大学）

2. 项目名称：恶性室性心律失常的遗传学基础和防治研究

主要完成人：洪葵（南昌大学第二附属医院），程晓曙（南昌大学第二附属医院），胡金柱（南昌大学第二附属医院），颜素娟（南昌大学第二附属医院）

二等奖（6 项）

1. 项目名称：微生物与纳米技术的交叉应用

主要完成人：王小磊（南昌大学），辛洪波（南昌大学），朱慧（南昌大学）

2. 项目名称：功能氧化物纳米薄膜表面构造与仿生润湿性能研究

主要完成人：薛名山（南昌航空大学），郭沁林（中国科学院物理研究所），欧军飞（南昌航空大学），王法军（南昌航空大学）

3. 项目名称：恶性肿瘤细胞双重靶向两亲性载药系统的构建与应用基础研究

主要完成人：余敬谋（九江学院），车向新（九江学院），李卫东（九江学院），谢鑫（九江学院）

4. 项目名称：新型多重调控二芳烯荧光开关分子的构建及其化学传感特性

主要完成人：蒲守智（江西科技师范大学），刘刚（江西科技师范大学），范丛斌（江西科技师范大学），王仁杰（江西科技师范大学）

5. 项目名称：新型绿色高效催化体系的设计开发及应用

主要完成人：张宁（南昌大学），赵丹（南昌大学），邓圣军（南昌大学），陈超（南昌大学）

6. 项目名称：多复变几何函数论若干重要问题的研究

主要完成人：徐庆华（江西师范大学），刘太顺（湖州师范学院）

三等奖（9 项）

1. 项目名称：几类线性与非线性矩阵方程的高效数值求解方法研究

主要完成人：汪祥（南昌大学），卢琳璋（厦门大学），牛强（西交利物浦大学）

2. 项目名称：量子相干介质中的相干操控及其在量子信息处理中的应用

主要完成人：陈爱喜（华东交通大学），杨文星（东南大学），张建松（华东交通大学）

3. 项目名称：过渡金属催化炔卤的官能团化研究

主要完成人：陈正旺（赣南师范大学），刘良先（赣南师范大学）

4. 项目名称：功能有机小分子的绿色合成方法及其应用研究

主要完成人：彭以元（江西师范大学），丁秋平（江西师范大学），陈知远（江西师范大学），邱观音生（江西师范大学）

5. 项目名称：新型纳米生物传感器研究

主要完成人：汪莉（江西师范大学），宋永海（江西师范大学），陈受惠（江西师范大学）

6. 项目名称：PRL－3 促进胃癌腹膜转移及分子调控机制

主要完成人：李正荣（南昌大学第一附属医院），曹毅（南昌大学第一附属医院），揭志刚（南昌大学第一附属医院），王昭（中山大学附属第一医院）

7. 项目名称：强化难降解有机污染物光催化降解效率的调控原理

主要完成人：罗旭彪（南昌航空大学），涂新满（南昌航空大学），邓芳（南昌航空大学），李可心（南昌航空大学）

8. 项目名称：钙信号在调控线粒体动态变化中作用机制的研究

主要完成人：韩小建（南昌大学附属眼科医院）

9. 项目名称：水稻特色种质资源的创制与遗传解析

主要完成人：谢建坤（江西师范大学），张帆涛（江西师范大学），胡标林（江西省农业科学院），罗向东（江西师范大学）

二、技术发明奖（16 项）

一等奖（1 项）

项目名称：基于云计算的高可用安全计算环境关键技术及应用

主要完成人：马勇（国网江西省电力公司信息通信分公司），张小松（电子科技大学），付萍萍（国网江西省电力公司信息通信分公司），殷平（国网江西省电力公司），李凡（成都盛思睿信息技术有限公司）

二等奖（5 项）

1. 项目名称：蜜蜂仿生免移虫产浆和育王新技术

主要完成人：曾志将（江西农业大学），吴小波（江西农业大学），颜伟玉（江西农业大学），张飞（南昌同心紫巢生物工程有限公司），潘其忠（瑞金市好客山里郎生态农业有限公司）

2. 项目名称：3,5-二氯苯甲酰氯制备新技术与应用

主要完成人：郑土才（江西吉翔医药化工有限公司），聂孝文（江西吉翔医药化工有限公司），况庆雷（江西吉翔医药化工有限公司），郑建霖（江西吉翔医药化工有限公司），魏源（江西吉翔医药化工有限公司）

3. 项目名称：基于微涡旋基础上的絮凝澄清组合工艺

主要完成人：童祯恭（华东交通大学），胡锋平（华东交通大学），唐朝春（华东交通大学），傅宏志（鄱阳县供排水公司），卢普平（南昌铁路局房建生活段）

4. 项目名称：DSGJ 系列高效双速四功率节能三相异步电动机（装置）

主要完成人：房华（景德镇市景德电机有限公司），胡爱秋（景德镇市景德电机有限公司），吴松桂（景德镇市景德电机有限公司），胡金泉（景德镇市景德电机有限公司），熊银海（景德镇市景德电机有限公司）

5. 项目名称：双回路水介质基桩自反力平衡静载试验装置的研制及应用

主要完成人：易教良（南昌永祺科技发展有限公司），万凌志（南昌永祺科技发展有限公司），钱崑（南昌永祺科技发展有限公司），邓建宇（赣州市建设工程质量监

督管理站),孙万红(南昌市建筑科学研究所)

三等奖(10项)

1. 项目名称:平板显示器用防静电超薄镀膜基板加工技术研发及产业化

主要完成人:张迅(江西沃格光电股份有限公司),易伟华(江西沃格光电股份有限公司),张伯伦(江西沃格光电股份有限公司),阳威(江西沃格光电股份有限公司),郑芳平(江西沃格光电股份有限公司)

2. 项目名称:光纤温度/应变监测系统

主要完成人:万生鹏(南昌航空大学),何兴道(南昌航空大学),史久林(南昌航空大学),陈学岗(南昌航空大学)

3. 项目名称:人血白蛋白制备工艺优化

主要完成人:梁小明(江西博雅生物制药股份有限公司),何淑琴(江西博雅生物制药股份有限公司),黄璠(江西博雅生物制药股份有限公司),杨笃才(江西博雅生物制药股份有限公司),饶振(江西博雅生物制药股份有限公司)

4. 项目名称:高性能硬质合金纳米涂层数控刀片关键技术的研究及产业化

主要完成人:江启军(江西江钨硬质合金有限公司),李衍军(江西稀有金属钨业控股集团有限公司),汤昌仁(江西江钨硬质合金有限公司),李艳鑫(江西江钨硬质合金有限公司)

5. 项目名称:一种密闭无粉尘制粒干燥整粒一体化制药设备

主要完成人:刘振峰(宜春万申制药机械有限公司),梁水根(宜春万申制药机械有限公司)

6. 项目名称:一次性使用无菌注射器生产线

主要完成人:乔艳(江西科伦医疗器械制造有限公司),兰海(江西科伦医疗器械制造有限公司),殷成军(江西科伦医疗器械制造有限公司),肖雪梅(江西科伦医疗器械制造有限公司),杨帆(江西科伦医疗器械制造有限公司)

7. 项目名称:锂矿石提锂制备高纯锂盐技术及产业化应用

主要完成人:李良彬(江西赣锋锂业股份有限公司),彭爱平(江西赣锋锂业股份有限公司),王彬(江西赣锋锂业股份有限公司),罗光华(江西赣锋锂业股份有限公司),郁兴国(江西赣锋锂业股份有限公司)

8. 项目名称:三羟甲基丙烷

主要完成人:潘孝明(江西高信有机化工有限公司),郭勇(江西高信有机化工有限公司),刘仰明(江西高信有机化工有限公司),宋仁高(江西高信有机化工有限公司),袁维金(江西高信有机化工有限公司)

9. 项目名称:一种用环保胶黏剂生产高导热挠性板工艺

主要完成人:陈永务(九江福莱克斯有限公司),黄利勇(九江福莱克斯有限公司),杨帆(九江福莱克斯有限公司),谭珍祥(九江福莱克斯有限公司),黄俊(九江

福莱克斯有限公司）

10. 项目名称：一种镀锌钢丝再加工工艺

主要完成人：游胜意（奥盛（九江）新材料有限公司），周生根（奥盛（九江）新材料有限公司），倪晓峰（奥盛（九江）新材料有限公司），张德勤（九江学院），彭宏（奥盛（九江）新材料有限公司）

三、科学技术进步奖（73 项）（主要完成人略）

一等奖（7 项）

1. 项目名称：柴油升级后重大质量事故成因分析与关键技术开发

主要完成单位：江西师范大学，江西西林科股份有限公司，江西苏克尔新材料有限公司

2. 项目名称：幽门螺杆菌致病、耐药及根除治疗的应用研究

主要完成单位：南昌大学第一附属医院

3. 项目名称：中药大品种肾宝片创制及其产业化关键技术集成应用

主要完成单位：江西汇仁药业股份有限公司，中国药科大学，江西省药品检验检测研究院，江西天之海药业股份有限公司

4. 项目名称：再生铜冶炼系统工艺及装备开发

主要完成单位：中国瑞林工程技术有限公司，江西铜业集团公司，江西理工大学，江西瑞林装备有限公司

5. 项目名称：鹅掌楸属种质资源收集、保存与良种选育及应用推广

主要完成单位：江西省科学院生物资源研究所，江西省林业科技推广总站，南昌工程学院

6. 项目名称：硫化铜矿伴生金属钼铼综合回收新技术与产业化

主要完成单位：江西铜业股份有限公司，中南大学

7. 项目名称：江铃凯锐 800 轻中型载货汽车平台自主开发

主要完成单位：江铃汽车股份有限公司

二等奖（25 项）

1. 项目名称：以电网低碳化为特征的智能电网综合集成技术研究与示范

主要完成单位：国网江西省电力科学研究院，中国电力科学研究院，清华大学，湖南大学，南京南瑞集团公司

2. 项目名称：区域小水电群/新能源互补微网技术研究与应用

主要完成单位：国网江西省电力科学研究院，中国电力科学研究院，南京南瑞集团公司，东南大学，清华大学

3. 项目名称：超（超）临界电站锅炉安全运行和节能降耗技术研究及应用

主要完成单位：国网江西省电力科学研究院，武汉大学，华能国际电力股份有限公司井冈山电厂，江西科晨高新技术发展有限公司

4. 项目名称：分布式光伏屋顶高效低衰减全黑光伏晶体硅电池组件技术研究及应用

主要完成单位：晶科能源有限公司

5. 项目名称：桥隧地质建模系统的应用

主要完成单位：江西省交通设计研究院有限责任公司,江西省高速公路投资集团有限责任公司万载至宜春高速公路项目建设办公室

6. 项目名称：大跨度斜拉桥施工及成桥阶段减振抑振综合技术

主要完成单位：江西省高速公路投资集团有限责任公司,中铁大桥科学研究院有限公司,江西省交通设计研究院有限责任公司

7. 项目名称：基于光电旋转传输技术的连接器

主要完成单位：九江精密测试技术研究所

8. 项目名称：高性能粘结钕铁硼磁性材料产业化及应用

主要完成单位：江西江钨稀有金属新材料股份有限公司

9. 项目名称：利用仿真分析技术研发的高效节能电机

主要完成单位：江西特种电机股份有限公司

10. 项目名称：江西省气候变化影响评估和适应关键技术研究

主要完成单位：江西省气候中心

11. 项目名称：侧颅底入路治疗复杂颅底肿瘤的临床应用

主要完成单位：南昌大学第一附属医院

12. 项目名称：优化晚期胃癌治疗体系的研究与应用

主要完成单位：南昌大学第一附属医院

13. 项目名称：极端气象条件下金属矿山尾矿库防灾技术研究

主要完成单位：中国瑞林工程技术有限公司,江西省气象台,中南大学,北京矿冶研究总院,江西铜业集团公司

14. 项目名称：樟树药用、香料、油用品系定向选育及精深加工利用研究

主要完成单位：江西省林业科学院,南昌大学,江西思派思香料化工有限公司

15. 项目名称：高纯度坎地沙坦酯的关键技术研究与应用

主要完成单位：江西同和药业股份有限公司

16. 项目名称：黑色氧化锆粉体

主要完成单位：江西赛瓷材料有限公司

17. 项目名称：维生素 B_1 绿色合成技术

主要完成单位：江西天新药业有限公司

18. 项目名称：水量分配方案约束下流域非汛期水量调度研究及其在抚河流域的应用

主要完成单位：江西省水利科学研究院,东华大学,南昌工程学院

19. 项目名称：骨髓间充质干细胞治疗难治性神经系统疾病基础研究与临床应用

主要完成单位：江西省人民医院

20. 项目名称：中药吊篮式循环提取与 MVR 浓缩技术集成研究

主要完成单位：江中药业股份有限公司

21. 项目名称：几种真菌生物农药系列新产品的创制、生产工艺与应用技术

主要完成单位：江西天人生态股份有限公司,安徽农业大学,江西省科学院微生物研究所,中国农业大学,吉安市植保植检局

22. 项目名称：江西省水稻施肥决策关键技术集成与推广应用

主要完成单位：江西农业大学,江西省土壤肥料技术推广站,吉安市土壤肥料站,宜春市土壤肥料站,抚州市土壤肥料站

23. 项目名称：双季机插稻生产关键技术研究与应用

主要完成单位：江西农业大学,江西省农业科学院

24. 项目名称：蚕桑高效生产与利用关键技术研究与示范

主要完成单位：江西省蚕桑茶叶研究所,江西井冈蚕种科技有限公司

25. 项目名称：风电用摩擦材料

主要完成单位：江西华伍制动器股份有限公司

三等奖(41 项)

1. 项目名称：红壤旱地秸秆全程覆盖提升技术研究与示范

主要完成单位：江西省红壤研究所

2. 项目名称：辣椒疫病治理对策研究与推广应用

主要完成单位：江西省农业科学院植物保护研究所

3. 项目名称：黄樟高右旋芳樟醇化学类型选育与利用研究

主要完成单位：吉安市林业科学研究所

4. 项目名称：鄱阳湖沙化土地生态治理技术研究与示范

主要完成单位：江西师范大学,中国科学院地理科学与资源研究所,江西省、中国科学院庐山植物园

5. 项目名称：江西乡土景观槭树高效培育技术创新及产业化

主要完成单位：江西金乔园林有限公司

6. 项目名称：人工湿地处理小城镇污水技术研究及示范工程

主要完成单位：江西省环境保护科学研究院

7. 项目名称：盐酸沙格雷酯中间体合成新工艺

主要完成单位：江西力田维康科技有限公司

8. 项目名称：中医冲任理论在多囊卵巢综合征中的转化应用与发展

主要完成单位：江西中医药大学,黑龙江中医药大学附属第一医院

9. 项目名称：江西特色药材野木瓜和野木瓜注射液标准化技术研究与应用

主要完成单位：江西省药品检验检测研究院

10. 项目名称：光通信用氧化锆精密陶瓷材料

主要完成单位：景德镇大川陶瓷材料有限公司

11. 项目名称：特高压高强度低膨胀率自洁型悬式瓷绝缘子

主要完成单位：萍乡市海克拉斯电瓷有限公司

12. 项目名称：苎麻高支混纺技术开发及产业化应用

主要完成单位：江西恩达麻世纪科技股份有限公司

13. 项目名称：临川虎奶菇0121新品种选育及产业化关键技术研究与示范

主要完成单位：抚州市临川金山生物科技有限公司，东华理工大学，江西省农业科学院农业应用微生物研究所

14. 项目名称：江南丘陵区双季稻田周年多作复合共生种植技术研究与示范

主要完成单位：江西农业大学，江西省农业科学院，余江县农业科学研究所

15. 项目名称：高品质乙酸镍的研制与产业化

主要完成单位：江西核工业兴中科技有限公司

16. 项目名称：棘胸蛙仿生态一键式养殖技术研究与示范推广

主要完成单位：龙南源头活水生态科技有限责任公司

17. 项目名称：四大家鱼原种资源评估与选育的分子技术研究

主要完成单位：南昌大学，江西省瑞昌长江四大家鱼原种场，江西省水产科学研究所

18. 项目名称：赣昌鲫杂种优势利用研究

主要完成单位：江西省水产技术推广站，南昌县莲塘鱼病研究所，江西生物科技职业学院，江西省水产科学研究所

19. 项目名称：二十八烷醇生产新工艺与产业化应用

主要完成单位：江西省科学院生物资源研究所，新建县恒源香料厂

20. 项目名称：应用人工合成云母制备高性能金色珠光颜料

主要完成单位：瑞彩科技股份有限公司

21. 项目名称：四肢血压差异临床价值及其推广应用

主要完成单位：南昌大学第二附属医院

22. 项目名称：大黄干预维持性血液透析患者微炎症及不同血透频次对其预后的影响

主要完成单位：南昌大学第二附属医院

23. 项目名称：儿童散发性伯基特淋巴瘤免疫表型、分子遗传学特征

主要完成单位：江西省儿童医院

24. 项目名称：多模态磁共振成像技术创新在神经系统病变诊断的应用

主要完成单位：南昌大学第一附属医院

25. 项目名称：16SrRNA 分型技术在多重耐药鲍曼不动杆菌同源性研究中的应用

主要完成单位：南昌大学第二附属医院

26. 项目名称：磁共振脑功能成像预测急性 CO 中毒后迟发性脑病的临床价值研究及应用

主要完成单位：南昌大学第二附属医院

27. 项目名称：复杂主动脉疾病微创治疗关键技术及临床应用

主要完成单位：南昌大学第二附属医院

28. 项目名称：围手术期综合血液管理的关键技术及临床应用

主要完成单位：南昌大学第二附属医院

29. 项目名称：全脊柱内镜微创技术治疗复杂腰椎疾病

主要完成单位：南昌大学第二附属医院

30. 项目名称：新型微创治疗早期宫颈鳞癌及复杂性癌前病变术式的创新和临床应用

主要完成单位：江西省妇幼保健院

31. 项目名称：基于 RIA 的省际气象共享数据处理显示技术集成应用

主要完成单位：江西省气象信息中心

32. 项目名称：AC313 民用直升机适坠性座椅设计、试验及取证技术

主要完成单位：中国直升机设计研究所，航宇救生装备有限公司

33. 项目名称：蒙皮镜像铣代替化铣制造技术研究

主要完成单位：江西洪都航空工业集团有限责任公司

34. 项目名称：等温压缩无油润滑往复式空气压缩机

主要完成单位：江西置业泵表有限公司

35. 项目名称：U2 钢印可移动罐柜

主要完成单位：江西制氧机有限公司

36. 项目名称：高功率锂电池专用铜锂复合带制备技术及产业化应用

主要完成单位：奉新赣锋锂业有限公司

37. 项目名称：输变电设备防腐材料开发及应用关键技术

主要完成单位：国网江西省电力科学研究院，中国科学院金属研究所，新冶高科技集团有限公司，清华大学

38. 项目名称：混凝土工作应力与损伤的超声波识别技术研究及应用

主要完成单位：江西省公路桥梁工程有限公司，江西省交通科学研究院，重庆交通大学，江西省交通运输厅赣州至崇义高速公路项目建设办公室

39. 项目名称：电网生产大数据平台及其在运检管理中的研究及应用

主要完成单位：国网江西省电力公司信息通信分公司，国网江西省电力科学研究院，泰豪软件股份有限公司

40. 项目名称：非线性负荷下电能计量校验系统的研制与技术分析平台的建立

主要完成单位：国网江西省电力科学研究院

41. 项目名称：江西省土地使用权和矿业权网上实时交易系统研发与应用

主要完成单位：江西省国土资源交易中心，江西省国土资源厅信息中心，昆明云金地科技有限公司

后　记

完成最后一次统稿，已是深秋时节。此时国家优质高职院校建设项目正稳步推进，笔者承担的几项科学技术研究项目也已进入鉴定阶段。

曾几何时，高等职业院校的教师是否要利用教学工作之余兼职从事科学研究工作引起了圈内人士的讨论。而如今，讨论更多的是如何促进高等职业院校教师从事科技创新和社会服务，如何更切实际地出台有关科研激励政策。

因为生源的不同，不同类型高等学校的教师工作侧重点也不一样。如果把当前高考录取规则最后一批次的学生放在清华大学、北京大学，为了把他们培养成才，清华大学、北京大学的教授们也不大可能有太多的时间从事科研工作。自然，现实情况就是，高等职业院校的教师获得的科研成果就偏少。在同一套评价体系下对所有高等学校类型排名，结果不言而喻。在新时代的今天，高等职业院校在把主要精力放在人才培养的同时，国家也要求高职院校要为社会服务和技术技能积累做出自身的贡献。

也是在这种背景下，笔者积极探索如何兼顾教学和科研，如何同时做好人才培养和社会服务，因此近些年来积极承担了一些横向技术服务项目和纵向科学研究课题。

本书就是笔者承担的省级科技项目"基于Creo的车载热电制冷器具关键塑件及其模具设计"（项目编号：GJJ161389）和"工程机械随车热电制冷设备结构设计与虚拟仿真研究"（项目编号：GJJ151427）等基金项目的研究成果之一，也是"国家优质高等职业院校"立项建设项目的阶段性建设成果之一，在此对支持项目立项的单位表示真诚的谢意。同时，对华东交通大学博士生导师黄志超教授等专家的指导表示衷心的感谢。

在专著写作过程中，得到了工作单位江西交通职业技术学院领导的大力支持，书中部分内容在教学实践中得到了应用验证，部分科研成果也在企业得到了应用推广。

我们坚信天资不足勤奋补，在别人打牌、唱歌、旅游、钓鱼、逛街的时候，我们在实验室、在电脑前埋头工作；我们坚信付出必有收获，也不曾惧怕付出后的失败。我们今后将继续努力，为科技创新与科技进步，以及技术技能人才培养而不懈努力。

著　者

2017 年 10 月 25 日

内容提要

　　本书首先介绍了工程机械及其车载设备研发现状,热电制冷器具制冷原理及其车载方法,然后介绍了3D设计软件与2D绘图软件的优势与局限,并以美国 PTC 公司的 Creo、SolidWorks 公司的 SolidWorks 和 Autodesk 公司的 AutoCAD Mechanical 为设计平台,示例了 3D 设计与 2D 绘图的具体流程,详细阐述了工程机械车载热电制冷器具关键零部件设计、装配与仿真,列举了几款典型产品的研发与虚拟仿真案例,并对工程机械车载热电制冷器具等产品的维护、维修与回收进行了必要的论述,全书最后阐述了科技成果的培育与申报流程。

　　本书可供从事机械工程领域的科研人员或工程技术人员使用,也可作为普通高等学校机械类专业大学生和研究生计算机辅助设计课程的教材。

图书在版编目(CIP)数据

　　工程机械车载热电制冷器具产品研发与虚拟仿真/何世松,贾颖莲著.—南京:东南大学出版社,2018.7
　　ISBN 978 - 7 - 5641 - 7566 - 5

　　Ⅰ.①工… Ⅱ.①何…②贾… Ⅲ.①工程机械-机械设备-制冷机-研究 Ⅳ.①TB651

　　中国版本图书馆 CIP 数据核字(2017)第 319479 号

工程机械车载热电制冷器具产品研发与虚拟仿真

出版发行	东南大学出版社	
出 版 人	江建中	
社　　址	江苏省南京市四牌楼 2 号(210096)	
经　　销	全国各地新华书店	
印　　刷	虎彩印艺股份有限公司	
开　　本	700mm×1 000mm　1/16	
印　　张	15.5	
字　　数	305 千字	
版　　次	2018 年 7 月第 1 版	
印　　次	2018 年 7 月第 1 次印刷	
书　　号	ISBN 978 - 7 - 5641 - 7566 - 5	
定　　价	68.00 元	

(若有印装质量问题,请与营销部联系。电话:025 - 83791830)